Jesco von Puttkamer † 27. 12. 2012

PROJEKT MARS

Jesco von Puttk

mer Projekt Mars

Menschheitstraum und Zukunftsvision

Mit über 100 Abbildungen

HERBiG

Bildnachweis:

NASA: Titelei, 13, 24, 30 (r.), 33, 41 (alle), 45, 57, 67, 69, 74 (alle), 78, 81, 82/83 (alle), 85, 88/89, 93, 95, 98 (alle), 100, 102, 107, 108, 109, 110/111 (alle), 113, 115, 128, 131, 134, 141, 143, 147 (alle), 151, 155 (P. Rawlings), 157, 161, 164, 167, 168, 172, 177, 178/179, 180, 182 (alle), 186/187, 195, 197, 199 (alle), 201, 204/205 (alle), 208, 215 (P. Rawlings), 217, 218, 219, 225, 229, 235, 240, 245.

ESA/NASA: 71, 106, 120, 121.

ESA: 171.

Privatarchiv des Autors: 17, 19 (entnommen aus »Astronomiae instauratae mechanica« von Tycho Brahe, 1598), 23, 30 (l.), 35, 37, 38, 39, 48, 53, 59, 60, 117 (alle), 127, 137, 138, 139 (M. Wade), 140, 144, 223.

Vollständig überarbeitete Neuausgabe des 1997 im Herbig Verlag erschienenen Titels »Jahrtausendprojekt Mars. Chance und Schicksal der Menschheit«

Besuchen Sie uns im Internet unter:
www.herbig-verlag.de

© 2012 F. A. Herbig
Verlagsbuchhandlung GmbH, München
Umschlaggestaltung: Wolfgang Heinzel
Umschlagbild: NASA/Phil Rawlings
Herstellung und Satz: VerlagsService Dr. Helmut Neuberger
& Karl Schaumann GmbH, Heimstetten
Gesetzt aus der 11,75/15 Punkt Adobe Garamond
Druck und Binden: Print Consult, München
Printed in Europe
ISBN 978-3-7766-2685-8

Inhalt

Vorwort

»Die Expedition zum Mars sollte als die Krönung einer schrittweisen und oft schmerzlich langsamen Entwicklung der bemannten Raumfahrt betrachtet werden, die viele Jahrzehnte beanspruchen dürfte.«
Wernher von Braun (Paulskirche Frankfurt/Main, 1956)

Am 26. November 2011 startete die NASA ihren neuesten Forschungsroboter zum Mars; eine Atlas-V541-Rakete brachte das automobilgroße, fast 900 kg schwere Mars Science Laboratory MSL *Curiosity* auf den Weg zum Roten Planeten. Sein Ziel, der Krater Gale, soll »Neugier« im August 2012 erreichen.

Die Vertreter der ihm vorausgegangenen Rovergeneration der NASA, *Spirit* und *Opportunity*, haben den Mars seit ihrer Landung Anfang 2004 unermüdlich erforscht und von ihm laufend neue Entdeckungen gemeldet.

Als *Curiosity* zum Mars aufbrach, war *Opportunity* gerade auf seinem seit der Landung zurückgelegten 33-km-Entdeckungszug mit der Erforschung des 22 km weiten faszinierenden Kraters Endeavour beschäftigt. Dort untersuchte der Rover unter anderem einen ungewöhnlichen Felsbrocken von Fußbank-Größe und merkwürdiger Färbung, wie bisher noch bei keinem anderen Marsgestein vorgefunden. »Tisdale 2«, so die informelle Bezeichnung für den offensichtlich durch einen Einschlag aus der Kraterwand herausgeschmetterten Brocken, enthält neben einer Vielfalt von Fragmenten wie anderes vulkanisches Gestein viel mehr Zink und Brom, als man bisher in Marsgestein entdeckt hat. Beide NASA-Rover, *Opportunity* und sein Zwilling *Spirit*, waren eigentlich nur für eine Lebensdauer von 90 Tagen ausgelegt. Während *Spirit* fast sieben Jahre lang funktionierte, bis seine Nachrichtenverbindung zur Erde im März 2010 abbrach, setzt *Opportunity* unver-

7

drossen seinen epischen Forschungszug auf unbestimmte Zeit fort, getreu seiner Rolle als früher Wegbereiter später nachfolgender menschlicher Forscher. Denn das ultimative Ziel all unserer robotischen und menschlichen Explorationszüge ins All ist und bleibt Mars.

Warum?

Eine unabdingbare Gesetzmäßigkeit der Evolution ist der Vorstoß ins Unbekannte – ohne diesen ist jene nicht möglich. Zu ihm gehört auch die Erforschung fremder Welten. Schon bald, in höchstens 20–25 Jahren, wird der Mensch zum ersten Mal seinen Fuß auf den Boden des Mars setzen. Ein wichtiger Schritt ist bereits getan: Im Mai 2007 veröffentlichte die neugegründete ISECG (International Space Exploration Coordination Group), ein Gremium von derzeit 14 internationalen Raumfahrtagenturen, die Rahmenbedingungen für eine zunächst unverbindliche Post-ISS-Zusammenarbeit im All. Dabei geht es um die Festlegung und Koordinierung praktikabler und nachhaltiger gemeinschaftlicher Bemühungen um die Erforschung des Weltraums über die erdnahen Orbits hinaus – zum Mond, zu erdnahen Asteroiden und zum Mars mit seinen Monden. Wahrscheinlich werden Menschen dieses erste weltweite Übereinkommen einst als historischen Moment sehen.

Hervorgegangen aus der überaus erfolgreichen, bislang 14-jährigen globalen Zusammenarbeit beim Bau und Betrieb der Internationalen Raumstation ISS und aufbauend auf einer gemeinsamen Vision koordinierter Erkundung unseres Sonnensystems durch Menschen und Roboter, stellten die Raumfahrtagenturen von Deutschland, Europa, Frankreich, Italien, Japan, Kanada, Südkorea, Indien, Russland, Ukraine, Vereinigtes Königreich und Vereinigte Staaten von Amerika durch ISECG Ende August 2011 im japanischen Kyoto eine »Global Exploration Roadmap« (GER) vor, eine Art Fahrplan möglicher »Rangier«-Wege zur Realisierung der Vision in den nächsten 25 Jahren. Dabei sind sich die Länder darin einig, dass die gemeinsame Verfolgung dieser Wege die Zukunft der Menschheit bereichern und stärken, die Nationen in einem friedensfördernden »Common Cause« (gemeinsame Sache) auf neutralem, unumstrittenen Boden zusammenbringen, neues Wissen enthüllen, Menschen anregen und inspirieren sowie technische und kommerzielle Innovationen auslösen wird. Diese erste Version der Roadmap soll der internationalen Gemeinschaft dabei helfen, sich für ihre produktive Beteiligung zu informieren, zu positionieren und zu stärken. Sie soll im Lauf der

Zeit aktualisiert werden und einen wachsenden globalen Konsens über die Explorationsziele, die damit verbundenen Architekturen und die von den einzelnen Ländern zu übernehmenden Rollen realisieren. Durch den Austausch früher Ergebnisse dieser Arbeit mit der Öffentlichkeit wollen die Raumfahrtbehörden außerdem das breitere Publikum zu innovativen Ideen und Lösungsansätzen für die Herausforderungen der Zukunft anregen.

Die Aufgabe, neue Menschheitsziele auszuspähen und als Initiativen vorzustellen, ist allen Bereichen unserer Kultur gestellt. Raumfahrt ist deren nur einer: eine trotz seiner 50 Jahre noch junge Ausdrucksform des Geistes und der Gesinnung des Menschen, doch hat sie das langfristige Potenzial, uns zu vormals undenkbaren Horizonten führen zu können. Mars ist dabei das nächste Ziel: Menschheitstraum und Zukunftsvision. Warum Mars, und wie es dazu kam und kommt, dass der Rote Planet als unser Schicksal und unsere Chance dieses Millenniums charakterisieren wird – ein Jahrtausendprojekt, an dessen umfassende Globalität kein anderes Ziel auch nur entfernt heranreicht –, das zeigt dieses Buch.

Kapitel 1
Beginn der Forschung:
Mars mit bloßem Auge

Wesentliche Voraussetzung für die Entwicklung einer Raumfahrtvorstellung war die Akzeptanz anderer Welten im All. Heute erscheint uns dies selbstverständlich. Aber jahrtausendelang glaubte der Mensch sich und seinen Heimatplaneten einzig und allein in der Schöpfung dastehend oder jedenfalls hermetisch gegen »draußen« abgeschlossen. 500 Jahre vor Beginn unserer Zeitrechnung lagen sich die Philosophen über die Frage der Vielfalt der Welten in den Haaren, und im Mittelalter, ja selbst noch nach der Renaissance flammte der Streit immer wieder in verschiedenen Formen auf. Er mag uns heute absurd erscheinen, aber er illustriert, wie tief verwurzelt und hart umkämpft das Fundament der Grundidee war, das wir heute im Raumfahrtzeitalter als so selbstverständlich annehmen, dass es kaum der Rede wert erscheint.

Einer der gewaltigsten Gegner war der große Aristoteles. Von einer Pluralität der Welten, ganz gleich in welcher Form, wollte er nichts wissen: Der unwandelbare Himmel mache jeden Glauben an andere Erden unmöglich, und da alle Materie in einer Welt angesammelt sei, könne es nicht noch andere geben. Seine Worte sollten später, vom Mittelalter bis zur Renaissance, auch im Dienst der Kirche als »Wahrheit« angenommen werden und damit den Fortschritt (d. h. das, was dem Menschen die Augen öffnet) für Jahrhunderte zum Halten bringen.

Typisch für das Dogma des hohen Mittelalters war die Ansicht der »Sibylle vom Rhein« Hildegard von Bingen (1098–1179), Äbtissin des Benediktinerklosters Disibodenberg und eine vielerorts als Heilige angesehene visionäre Mystikerin, die in ihrer Heilkunde schrieb: »… Das Firmament dreht sich mit großer Geschwindigkeit. Die Sonne samt den fünf Planeten läuft ihm dabei in umgekehrter Richtung etwas langsamer entgegen und hemmt so seine Geschwindigkeit. Würde die Sonne mit dieser Blockade das Firmament nicht bremsen oder würde sie mit den übrigen Planeten ihm mit der gleichen Geschwindigkeit entgegenwirken, mit welcher dieses sich selber dreht, dann müsste alles durcheinandergeraten, und das Weltgefüge als Ganzes würde auseinanderbersten. Wäre indes das Firmament gänzlich unbeweglich und würde sich nicht drehen, dann müsste die Sonne nahezu den ganzen Sommer über der Erde stehen, ohne dass es Nacht würde, und fast den ganzen Winter ohne Tag unter der Erde bleiben. Nun aber dreht es sich auf diese Weise: während es selber der Sonne entgegenwirkt und diese dem Firmament, wird es um so schneller von ihrer Wärme verdichtet und gefestigt; die Sonne durchläuft dann nämlich das ganze Firmament und durchdringt und durchströmt es mit ihrem Feuer.«

Schuld an der Bewegung des Firmaments war nach Meinung der Seherin Adams Sündenfall. Vor ihm war das Firmament »unbeweglich gewesen und drehte sich nicht; erst nach dem Sündenfall begann es sich zu bewegen. Nach dem Jüngsten Tag aber wird es wieder unbeweglich dastehen, so wie es im ursprünglichen Schöpfungsstand vor Adams Fall gewesen war.«

Noch 1600, am frühen Morgen des 17. Februar, wurde der »abtrünnige« Dominikanermönch Giordano Bruno in Rom auf dem Campo dei Fiori nach acht Jahren Verhör und Einzelhaft lebendig auf dem Scheiterhaufen verbrannt, weil er unter anderem die Theorie vertrat, dass sich die Erde um die Sonne bewegte und unzählige andere mit Lebewesen bevölkerte Welten im Universum existierten: »Die Erschaffung einer begrenzten Welt ist mir der göttlichen Güte und Macht unwürdig erschienen, wenn Gott neben ihr noch eine andere und unbegrenzt mehrere andere erschaffen konnte. Daher habe ich erklärt, dass es endlos weitere Welten gibt, die ähnlich unserer Erde sind. Mit Pythagoras sehe ich die Erde als einen Stern an, und ihr ähnlich sind der Mond, die Planeten und andere Sterne, die unbegrenzt an Zahl sind, und alle diese Himmelskörper sind Welten.«

In seinen 1585 entstandenen Dialogen ließ er einen gewissen Philotheus grob gegen Aristoteles wettern und ihm Wortspielerei und sinnleere Annahmen vorwerfen: »Es ist unmöglich, einen zweiten zu finden, der unter dem Titel eines Philosophen leerere Annahmen aufgestellt, seinen Gegnern törichtere Behauptungen in den Mund gelegt und einer solchen Leichtfertigkeit Raum gegeben hätte, wie man sie in den Auseinandersetzungen (des Aristoteles) findet. [...] So sagen wir, die wir hier auf der Erde leben, dass die Erde der Mittelpunkt sei, und die modernen und antiken Philosophen, welcher Richtung sie auch angehören, können ebenfalls, ohne ihren Prinzipien zu widersprechen, sagen, sie befinde sich in der Mitte. [...] So argumentiert denn dieser Disputant in der Form eines Zirkelbeweises und setzt das voraus, was er beweisen soll. Er nimmt, meine ich, das, was dem Gegenteil der gegnerischen Behauptung entspricht, zum Ausgang.«

Als Galilei aristotelische Professoren des Gymnasiums in Florenz zu einem Blick durch sein neues Fernrohr auf die von ihm entdeckten Jupitermonde einlud, weigerten sie sich mit der Begründung, wenn Teleskopaugen ihrer Natur entsprächen, hätte Gott ihnen schon welche gegeben. Noch bis gegen Ende des 17. Jh. mussten Lehrer an Hochschulen einen Eid auf die Philosophie des Aristoteles ablegen, ehe sie die Lehrerlaubnis erhielten.

Doch die Herausforderung der Schöpfung währte von Anfang an fort und war unübersehbar: Der leuchtende Ring der Milchstraße erstreckte sich über die Himmelskuppe, und Sterne und Planeten kehrten in regelmäßigen Zeitabständen an die gleichen Orte zurück. Sie alle verlangten Antwort auf ihr Bestehen. So entstand aus mythischen und astrologischen Anfängen die Astronomie: enge Verwandte, ja wohl Mutter der Raumfahrt. Das macht es verständlich, warum die Sternkunde die älteste der Naturwissenschaften ist. Sie zeichnet sich vor den anderen durch eine langsame, stufenweise Entwicklung von den frühesten Zeiten bis zur Gegenwart aus.

Trotz Aristoteles gab es in der Antike noch einige strahlende Lichtblicke, bevor die Finsternis des Mittelalters hereinbrach. An erster Stelle steht der »antike Kopernikus« Aristarch von Samos (ca. 310–230 v. Chr.), vielleicht der bedeutendste griechische Astronom des Altertums. Er stellte u. a. die Hypothesen auf, dass der Mond sein Licht von der Sonne erhält und sich um die Erde dreht, dass der Erdschatten so breit wie zwei Monde ist und dass der Mond ein Fünfzehntel eines Tierkreiszeichens einnimmt (2°). Als Erster vermaß er das heliozentrische System von Sonne, Mond und Erde, doch da er von falschen Voraussetzungen über die räumliche Begrenztheit des Universums ausging, musste er verständlicherweise zu falschen Resultaten kommen.

Und dann Hipparch von Nicäa (ca. 190–125 v. Chr.), der erste wirkliche Astronom des Altertums, der als Vater der wissen-

Unser Sonnensystem mit seinen von NASA-Sonden fotografierten Planeten: (v.r.u.) Merkur, Venus, Erde mit Mond, Mars, Jupiter, Saturn, Uranus, Neptun (Kleinplanet Pluto fehlt)

schaftlichen, auf Beobachtung und nicht auf Spekulation beruhenden Astronomie gilt: Er bestimmte die Elemente der Bewegung der Sonne und des Mondes, entdeckte die Präzession und stellte nach eigenen Beobachtungen den ersten, leider nicht erhalten gebliebenen Sternkatalog auf. Nach ihm der Grieche Plutarch (46–120 n. Chr.): zwar nicht Astronom, sondern Biograf, aber in seinem Buch *De Facie in Orbe Lunae* (Über das Gesicht im Mond), einer wilden Mischung von Mythos, Religion, Metaphysik und Astronomie, erkannte er den Mond als andere Welt ähnlich der Erde, mit Bergen, Tälern und eigenen Bewohnern.

Von den Arbeiten Hipparchs bis zur Neuzeit durchlief die Vorstellung des Weltsystems drei große Entwicklungsepochen: das ptolemäische System, in welchem die Erde keine Bewegung hat und die scheinbare Bewegung der Sterne und Planeten um sie als reell angesehen wurde, das kopernikanische System, in dem die Sonne Mittelpunkt der Planetenbewegung und die Erde ein um sie kreisender, rotierender Planet ist, und das newtonsche System, in welchem alle Bewegungen der Himmelskörper durch das eine Gesetz der allgemeinen Anziehung erklärt werden.

Das ptolemäische Weltbild stellte alle Bewegungen der Himmelskörper durch eine Folge von Kreisbewegungen dar. Die Erde, immerhin bereits eine Kugel seit Pythagoras (ca. 572–500 v. Chr.), nahm den Mittelpunkt der Himmelskugel ein und hatte keine fortschreitende Bewegung. Die alten Astronomen standen jedoch bei der Erklärung der beobachteten Bewegung der Planeten vor einem gewaltigen Rätsel. Da sie in Wirklichkeit die jährliche Bewegung der Erde um die Sonne widerspiegelten, umkreisen sie, wenn man sie von der Erde aus sah, die Sonne scheinbar nicht auf einfachen, leicht voraussagbaren Kreisbahnen im Gegenuhrzeigersinn, wie es ein Beobachter sehen würde, der vom himmlischen Nordpol weit außerhalb des Sonnensystems senkrecht darauf hinunterschaut. Aufgrund der Erdbewegung zeigt sich ihre Bewegung als komplizierte Schleifenbahn zwischen den Sternen.

Zum Beispiel der Mars. Zumeist bewegt er sich vor dem Sternenhintergrund in östlicher Richtung, kommt jedoch dann und wann zum Stillstand, läuft eine Weile westwärts, dreht dann um und wandert wieder gen Osten. Natürlich tut er dies nicht wirklich; es ist die gleiche Illusion, die wir beobachten können, wenn wir in einem Schnellzug einen parallel mit uns in gleicher Richtung fahrenden Güterzug überholen: Er scheint sich dabei rückwärts zu bewegen. Im Sonnensystem ist die Erde der Schnellzug und der Mars der Bummelzug. In den zwölf Monaten, die die Erde für eine Umkreisung der Sonne benötigt, schafft der Mars nur ungefähr eine halbe Umkreisung (d. h. also: das Marsjahr ist zwei Erdjahre lang).

Die durch die wechselnde »Rechtläufigkeit« und »Rückläufigkeit« geformten Schleifen und Kurven unterscheiden sich von Planet zu Planet, und je sorgfältiger ihre Bahnen vermessen wurden, desto schwieriger war es, ein Modell zu erfinden, das das Bahnverhalten von allen einheitlich zu erklären vermochte. Ein solches System stellte Claudius Ptolemäus (ca. 100–180 n. Chr.) aus Alexandria in einer wirklich monumentalen Geistesleistung mit der sogenannten Epizyklentheorie auf: Nach ihr sollte sich jeder Planet auf seiner Kreisbahn um die Erde auf einem Laufkreis (Epizykel) und einem Leitkreis (Deferent) bewegen und dadurch Schleifen bilden.

Ptolemäus' Lehre blieb über 1300 Jahre lang allgemein unangefochten, doch ergaben die auf seine Theorie gestützten Berechnungen im Verlauf der Jahrhunderte immer wieder falsche Werte. Schon 1050 n. Chr. stimmten damit vorausgesagte Mondorte nicht mehr, und der Kirchenkalender zeigte eine Abweichung von mehreren Tagen. Mitte des 13. Jh. entstandene Tabellen der Stellungen der Planeten und des Erdtrabanten wichen erheblich von den wirklich beobachteten Orten ab. Als unter Papst Leo X. im lateranischen Konzil die notwendig gewordene Verbesserung des Kirchenkalenders erörtert wurde, musste sie unerledigt bleiben, weil die Länge des Jahres und des Monats wie auch die Bewegungen von Sonne und Mond noch nicht hinreichend genau bekannt waren.

Dass das ptolemäische System als mathematisches Modell versagte, lag daran, dass die Planeten und der Mond nicht perfekten Bahnen folgen (zum Glück, möchte man sagen, denn liefen sie auf echten Kreisen, hätte das kopernikanische System wahrscheinlich erheblich schwierigeres Spiel gehabt). Aus der Diskrepanz zwischen den theoretisch bestimmten Werten und der praktischen Beobachtung entstand der tiefe Konflikt zwischen Religion, für die Gottes Schöpfung vollkommen war (sodass die Planeten nur auf perfekten Kreisen laufen konnten), und Wissenschaft.

Man versuchte natürlich verzweifelt, das Modell durch immer weiter ineinander verschachtelte Epizyklen zu korrigieren, bis es davon über 50 enthielt. Dadurch wurde es so kompliziert, dass die Kritik der Wissenschaftler, die im 15. Jh. mit Nikolaus Krebs von Kues, dem »Cusaner«, und im 16. Jh.

mit Giordano Bruno begonnen hatte, trotz der Furcht vor der Inquisition mehr und mehr um sich griff. Einen Hinweis darauf gibt ein berühmter Stich der Dürerschule aus der Zeit um 1530, der den Durchbruch des Menschen aus seinem scheinbar geschlossenen Erdweltbild symbolisch ausdrückt: ein Mensch mit Pilgerstab und Büßerkutte, der auf Knien den Kopf durch die Fixsternsphäre steckt und dahinter unendlich viele neue Welten entdeckt.

Der Ruhm, der Welt als Erster die wahre Natur der kosmischen Bewegungen verkündet zu haben, gebührt fast ausschließlich Kopernikus, einem Zeitgenossen Martin Luthers. Die fundamentalen Prinzipien seines heliozentrischen Systems lassen sich in zwei einfachen Sätzen zusammenfassen: 1. Die tägliche Umdrehung des Himmels ist nur scheinbar; hervorgerufen wird sie durch die tägliche Umdrehung der Erde um eine Achse durch ihren Mittelpunkt. 2. Die Erde ist ein Planet und kreist wie alle anderen Planeten um die Sonne als Mittelpunkt der Bewegung: »In der Mitte aber von Allen steht die Sonne. Denn wer möchte in diesem schönsten Tempel diese Leuchte an einen anderen oder bessern Ort setzen, als von wo aus sie das Ganze zugleich erleuchten kann?« Sowohl Welt als auch Erde waren kugelförmig, und der Himmel war im Verhältnis zur Größe der Erde »unermesslich«.

Damit stieß Kopernikus die Tür zur neuen Zeit auf, doch erst als 68-Jähriger wagte er es, sein epochales Werk über die Kreisbewegung der Weltkörper, *De Revolutionibus Orbium Coelestium* (Über die Kreisbewegungen der Himmelskörper), aus der Hand zu geben, damit Freunde den Druck betreuten. Verlegt wurde es durch Osiander in Nürnberg. Sein Autor empfing es am 24. Mai 1543, als er, schon halb von Sinnen, auf dem Totenbett im Sterben lag. Die Vorrede hatte er an Papst Paul III. gerichtet, »weil Du auch in diesem sehr entlegenen Winkel der Erde, in welchem ich wirke, an Würde des Ranges und an Liebe zu allen Wissenschaften und zur Mathematik für den Erhabensten gehalten wirst; sodass Du durch Dein Ansehn und Urteil die Bisse der Verleumder leicht unterdrücken kannst, obgleich das Sprichwort sagt, es gebe kein Mittel gegen den Biss der Verleumder …« Wie er weiter ausführt, habe er die Darstellung der neuen Lehre nicht nur neun Jahre lang zurückgehalten, wie es Horaz für das Ausreifen eines Werkes forderte, sondern mehr als dreimal so lange: »Heiligster Vater, ich kann mir zur Genüge denken, dass gewisse Leute, sobald sie erfahren, dass ich in diesen meinen Büchern, die ich über die Kreisbewegungen der Weltkörper geschrieben habe, der Erdkugel gewisse Bewegungen beilege, sogleich erklären möchten, ich sei mit solcher Meinung zu verwerfen. […] bewog mich die Verachtung, welche ich wegen der Neuheit und scheinbaren Widersinnigkeit meiner Meinung zu fürchten hatte, fast, dass ich das fertige Werk ganz beiseite legte. Aber meine Freunde brachten mich, der ich lange zauderte und sogar mich widersetzte, davon wieder ab …« Je widersinniger seine Lehre den meisten erschiene, so hatten ihn seine Freunde überzeugt, desto mehr Bewunderung und Dank würde sie ernten, wenn jene durch die Herausgabe seiner Theorie den »Nebel des Widersinnigen durch die klarsten Beweise« beseitigt sähen.

Man möchte diese Worte, wären sie nicht so tragisch, fast treuherzig nennen. Sicher ahnte er nicht, dass er durch seine Lehre nicht nur eine Zeitwende herbeiführte, sondern dass durch sie 100 Jahre später der Kampf zwischen Wissenschaft und Kirche seinen Höhepunkt erreichen würde.

Selbst Luther zog gegen ihn vom Leder, auf die von ihm übersetzte Bibel pochend (Josua 10, 12–13): »Der Narr will die ganze Kunst Astronomia

Nikolaus Kopernikus (1473–1543)

umkehren. Aber die Heilige Schrift sagt uns, dass Josua die Sonne stillstehen ließ und nicht die Erde.« Folglich musste es die erstere sein, die sich normalerweise bewegte. Im Jahr 1616 verbot die römische Kirche schließlich alle Schriften über die Bewegung der Erde mit einem Dekret, in dem es hieß: »Die Behauptung, die Sonne stehe unbeweglich im Mittelpunkt der Welt, ist töricht, philosophisch falsch und, weil ausdrücklich der Heiligen Schrift zuwider, förmlich ketzerisch.« Über 200 Jahre lang, bis 1835, blieb das Werk des Kopernikus auf dem *Index librorum prohibitorum*, der Liste der verbotenen Bücher.

Für das kirchliche Dogma bestand die kopernikanische Ketzerei im Grunde nicht darin, dass die Erde nicht länger den Mittelpunkt des Kosmos einnahm, sondern dass sie nicht länger in absoluter Ruhe war und damit der Begriff einer Relativierung aller Bewegung, ja allen Seins Fuß fassen konnte. Die Welt wurde damit an die Schwelle der modernen Physik gebracht. Die weltanschauliche Bedeutung des Kampfes zwischen Ptolemäus und Kopernikus ist uns heute offenkundiger als jemals zuvor.

Drei Jahre nach Kopernikus' Tod erblickte in Dänemark ein Mann das Licht der Welt, der zum größten Beobachter der Gestirne des späteren Mittelalters werden sollte und aus dessen Beobachtungstabellen, vor allem des Mars, Johannes Kepler später seine fundamentalen Gesetze der planetarischen Bewegung ableitete: Tycho Brahe (1546–1601), der letzte große Astronom der Vor-Fernrohrzeit. Seine Größe lag auf praktischem Gebiet, auf dem der Beobachtungskunst, mit bloßem Auge wohlgemerkt, der er neue Bahnen eröffnete.

Auf der Insel Hven im Sund zwischen Kopenhagen und Hälsingborg baute Tycho auf Geheiß des dänischen Königs Friedrich II. seine weltberühmte Sternwarte Uranienborg (1587), die er dank der Freizügigkeit des Königs mit den kostbarsten Instrumenten und Gerätschaften seiner Zeit ausrüstete. Mit zahlreichen Gehilfen, darunter der hervorragende Longomontanus (1562–1647), erforschte er hier 20 Jahre lang den Himmel, und seine außerordentliche Begabung für die astronomische Beobachtung kommt in der Verbesserung und Benutzung der Instrumente hervorragend zur Anwendung. Da das Teleskop erst 1608, sieben Jahre nach seinem Tod, erfunden wurde, war er bei allen seinen Tausenden von Sternbeobachtungen auf das nackte Auge angewiesen. Um so erstaunlicher ist die Genauigkeit, die er dabei erzielte: Die Länge des Jahres ermittelte er mit einem Fehler von weniger als einer Sekunde, und in der Bewegung des Mondes um die Erde entdeckte er Unregelmäßigkeiten, die ihren heutigen Werten sehr nahe kommen. Die wichtigste Leistung des Dänen, für den die Planeten nach wie vor nur Lichtkugeln ohne Masse bildeten, war die langjährige Beobachtung und Tabulierung der Planetenorte, die später zu Keplers Entdeckung der Gesetze der Planetenbewegung führten, wie wir noch sehen werden.

Die wichtigsten Instrumente vor der Erfindung des Fernrohrs dienten zur Zeit- und Winkelmessung. Zu ihnen gehörte etwa das Gnomon: eine weiterentwickelte große Sonnenuhr einfachster Konstruktion, bei der die Höhe der Sonne und ihre Entfernung von der Mittagslinie aus der Länge und Richtung des Schattens einer senkrechten Säule bekannter Länge bestimmt wurde. Mit derartigen Geräten ließ sich die Länge des Jahres mit einer für die Zwecke des täglichen Lebens ausreichenden Genauigkeit bestimmen.

Das Parallaktische Lineal oder Triquetrum bestand im Wesentlichen aus einem an einem vertikalen Stab befestigten Visierstab, der auf einer dritten, geteilten Latte verschiebbar war. Gemeinsam bildeten die Stäbe die Seiten eines gleichschenkligen Dreiecks mit dem Skalenstab als Grundlinie; an ihm konnte man die Höhe des anvisierten Gestirns ablesen. Die Armillarsphäre, die auf frühe Anfänge im Altertum zurückging, bedeutete einen großen Fortschritt der astronomischen Instrumente. Häufig auch Astrolabium genannt (unter dem man jedoch ein anderes, erst von den Arabern erfundenes Instrument zur Messung der Gestirnhöhen und gleichzeitigen mechanischen Lösung verschiedener Aufgaben der sphärischen Astronomie verstand), bestand die Armillarsphäre oder »Armille« aus einer Kombination mehrerer Kreise, die den Meridianen (Großkreisen) der Sphäre entsprechend gestellt werden konnten. Durch Anpeilung eines Gestirns durch einen Diopter; ähnlich der Kimme und Korn eines Gewehrs, konnte sein Längen- und Breitengrad ermittelt werden. Hipparch und Ptolemäus benutzten beide Armillarsphären und ähnliche Instrumente zur Bestimmung größerer Ungleichheiten in den Bewegungen von Sonne, Mond und Planeten sowie der Örter der Fixsterne.

Am wichtigsten für Tychos Beobachtungen war der Mauerquadrant, in einfachster Form ebenfalls bereits Ptolemaus bekannt: ein im Meridian an einer Mauer angebrachter und mit Skalenteilung und Absehvorrichtung versehener Viertelkreis zum Anvisieren und Ortsbestimmen von Gestirnen. Der berühmte Mauerquadrant von Uranienborg hatte gewaltige Ausmaße; es war besonders dieses Gerät, mit dem Tycho Brahe durch wesentliche Verbesserungen weitaus größere Genauigkeiten als alle seine Vorgänger erreichte. Auch von Hevelius (Johannes Höwelcke, bzw. Hevel, 1611–1687) in Danzig sind uns Beschreibungen seiner Instrumente alten Stils erhalten, die er neben dem gerade eingeführten Fernrohr noch eifrig benützte.

Der große Mauerquadrant des Tycho Brahe in Uranienborg, 1587: Ein im Meridian an einer Mauer angebrachter Viertelkreis mit zwei beweglichen Dioptern (D und E). Tycho Brahe selbst deutet auf das feste Diopter A. Der Beobachter F visiert durch E und A das Gestirn an; der Gehilfe vorne rechts liest die Zeit ab und der Gehilfe vorne links notiert diese sowie die am Quadrant abgelesene Meridianhöhe CE.

Bei aller Genialität blieb Tycho nicht ohne Widersacher. Seine Stellung bei Hofe wurde untergraben, als Christian IV. nach Friedrichs Tod (1588) den Thron bestieg und sein Geld lieber in die militärische Rüstung steckte als in die Sternenguckerei, weil derartige Untersuchungen »nutzlos und voll schädlicher Kuriosität« seien. Hinzu kam wohl auch das Unvermögen des heftigen, selbstbewussten Wissenschaftlers, mit seinen Nachbarn auf gutem Fuß zu leben. Die von anderen Inselbewohnern eingezogenen Mieten steckte er in den Haushalt von Uranienborg; Wartung und Unterhalt der vermieteten Immobilien wie auch des für die Schifffahrt lebenswichtigen Leuchtturms wurden gänzlich vernachlässigt.

1597 verließ Tycho Brahe mitsamt Familie, Studenten, Instrumenten und Aufzeichnungen Dänemark für immer. Es folgte ein zweijähriger Aufenthalt bei dem befreundeten Grafen Rantzan in Wandsbeck, wo er in seinem Werk *Astronomiae instauratae mechanica* Beschreibungen seiner Sternwarte und ihrer Instrumente niederlegt (1598). Dann trat er als kaiserlicher Astronom und Mathematiker in die Dienste des deutschen Kaisers Rudolf II. von Habsburg in Prag ein, von wo aus er Kepler als Gehilfen beruft (und so auf glückliche Weise Theorie und Praxis zusammenbringt). Dort entstand auch sein Hauptwerk, die *Astronomiae instauratae progymnasmata* (erschienen 1602), doch konnte der große Däne die neugefundene Ruhe nur zwei Jahre lang genießen: Am 21. November 1601 starb er plötzlich, und Kepler trat seine Nachfolge an. Tychos Werk enthielt nicht nur tabulierte Beobachtungen, sondern auch ein eigenes Weltbild, mit dem er sich größtenteils gegen das von Kopernikus aufgestellte System stellte (»Die Erde ist faul und träge und für eine Bewegung gänzlich ungeeignet«), und zwar deshalb, weil die Entfernungen der Fixsterne, die dieses System zu seiner Richtigkeit verlangte, für Tychos Zeit einfach unfaßbar groß waren.

Bedenken wir: Tychos Welt war geprägt vom ptolemäischen Modell der epizyklischen Planetenbewegungen. Wenn sich die Erde tatsächlich bewegte, so argumentierten die religiösen Dogmatiker, dann sollte sich dies doch auch in einer Ortsveränderung zumindest der näherstehenden Fixsterne äußern. Eine derartige Bewegung konnten Tycho und seine Vorgänger jedoch nicht beobachten. Die Kopernikaner vermochten dies nur durch die weite Entfernung der Fixsterne zu erklären, die so groß sein müsse, dass die jährliche Erdbewegung und damit selbst der Durchmesser der Erdbahn im Vergleich dagegen nur verschwindend klein waren.

Tycho konnte eine halbjährliche Ortsveränderung von 3–4 Bogenminuten (etwa der neunte Teil des Monddurchmessers) sehr wohl ausmachen; da er bei den Sternen keine fand, musste der Abstand ihrer Sphäre mindestens 1000-mal so groß wie der Sonnenabstand oder mindestens 100-mal so groß wie der Abstand des äußersten damals bekannten Planeten, des Saturns, sein. Für die Naturphilosophen galt seit Aristoteles das Axiom des *horror vacui*, welches besagte, dass jedwede Leere der Natur widerstrebt und diese deshalb einen leeren Raum nicht unausgefüllt lasse. Deswegen schien es selbst Tycho einfach unmöglich, dass zwischen der Saturnbahn und den Sternen ein so weiter leerer Raum liegen sollte. Andererseits waren Kopernikus' Gründe für die Bewegung der Erde zu triftig, als dass man sie hätte ignorieren können. Tycho erfand deshalb ein System, das ptolemäische und kopernikanische Elemente verband: die fünf bekannten Planeten bewegten sich bei ihm zwar um die Sonne, doch die Sonne bewegte sich ebenfalls, und zwar um die Erde, die weiterhin im Zentrum des Universums in Ruhe blieb.

Die Erfindung des Fernrohrs sieben Jahre nach Tychos Tod beseitigte die letzten Zweifel an der Richtigkeit des kopernikanischen Systems. Doch vorher gab es da noch einen Mann, den man heute als einen der bedeutendsten Astronomen und Mathematiker aller Zeiten ansieht: Tychos Gehilfen Kepler.

»Die Geometrie, ewig wie Gott und aus dem göttlichen Geist hervorleuchtend, hat Gott die Bilder zur Ausgestaltung der Welt geliefert.« So schrieb der am 27. Dezember 1571 im württembergischen Weil der Stadt geborene Johannes Kepler 1619 in seinem in Linz erschienenen Lieblingswerk *Harmonices mundi* (Weltharmonien), in welchem er seinen jahrelangen Bemühungen, den Bau des Sonnensystems auf einfache Zahlenverhältnisse zurückzuführen, literarischen Ausdruck verlieh. »Mein Ziel ist es, zu zeigen, dass die himmlische Macht keine Art göttliches lebendiges Wesen ist, sondern eine Art Uhrwerk …«

Als Kepler das kopernikanische System 1596 in seinem *Mysterium Cosmographicum* befürwortete, nahm er kein Blatt vor den Mund. Er begann er seine Diskussion mit den Worten: »Wenn es auch die Frömmigkeit erheischt, sich sogleich am Anfang dieser naturwissenschaftlichen Untersuchung zu fragen, ob nichts darin gegen die Hl. Schrift ausgesprochen wird, so halte ich es doch nicht für gelegen, diese Streitfrage hier zu behandeln, solange man mich in Ruhe lässt. Ich verspreche im Allgemeinen, dass ich nichts sagen werde, was ein Unrecht gegen die Hl. Schrift bedeuten würde …«

Als Erzherzog Ferdinand sein Landesherr wurde und im Zuge der Gegen-
reformation den Protestantismus mit den Wurzeln auszurotten begann,
musste Kepler Graz verlassen (1600), doch sollte es ihm – und der Welt –
zum Segen werden: Er folgte nämlich dem Ruf Tycho Brahes. Der bot ihm
in Prag eine Stelle als Hilfsrechner an und überstellte ihm zwei Jahre später
auf dem Totenbett sein umfangreiches Beobachtungsmaterial, vor allem die
bei den neun Erscheinungen des Planeten Mars zwischen 1580 und 1600
entstandenen Tabellen, zur Verwertung nach eigenem Ermessen. Möglicherweise trug sich Tycho mit der Hoffnung, dass sein Weltmodell damit
getestet und bestätigt würde.

Aus der Auswertung der Daten fand Kepler seine drei Gesetze; die ersten
beiden veröffentlichte er 1609 in Prag in seiner *Astronomia nova*, das dritte
1619 in *Harmonices mundi*. Die Größe der Leistung dieses gequälten Menschen, der seiner Zeit so weit voraus war, kann man nur ermessen, wenn
man bedenkt, dass auf seinem Gebiet noch keinerlei Vorarbeit geleistet worden war. Seit den Tagen des Hipparchs, fast 2000 Jahre früher, bestand das
starre, strenge Dogma (an dem auch Kopernikus festgehalten hatte), dass die
Himmelskörper nur perfekten Kreisbahnen mit gleichförmiger Bewegung
folgen konnten. Mit seinen ersten beiden Gesetzen, die einzelne Planeten
betreffen, räumte Kepler ein für alle Mal damit auf.

Gefunden hat sie Kepler durch die beiden Grundannahmen, dass einmal
die Erde auf einer bekannten kreisförmigen Bahn um die Sonne läuft, und
zum anderen der Mars sie ebenfalls, jedoch auf unbekannte Weise,
umkreist. Durch Beobachtung seiner Positionen in Bezug auf Sonne und
Fixsterne hatte man ermittelt, dass der Planet nach 687 Tagen wieder genau
an seinen ursprünglichen Ort zurückkehrt. Da die Erde zur Umkreisung
der Sonne 365 Tage benötigt, nimmt sie zu diesen beiden Zeiten unterschiedliche Orte ein, die jedoch bekannt sind. So entsteht aus der Sonne,
den beiden bekannten Stellungen der Erde und dem jeweiligen Ort des Mars
ein Viereck, aus dessen Geometrie unter Voraussetzung einer konstanten
Distanz Sonne–Erde sich die Entfernung des Mars vom Mittelpunkt bestimmen lässt. Kepler tat dies für unzählige Punkte und verglich sie mit Tychos
Tabellen. Solange er für Mars eine Kreisbahn annahm, stimmten die Werte
nicht überein, d. h. es musste sich um eine andere Kurvenform handeln.
Aber welche?

Jahrelang probierte er herum. Immer wieder versuchte er es mit Varianten des Kreises in unzähligen Kombinationen, beginnend mit exzentrischen Kreisen, bei denen die Sonne nicht im Mittelpunkt stand, über verwickelte Epizyklen bis zu ovalen Eiern und einer pausbäckigen Bahnform. Als er endlich zur Familie der Ellipsen kam, bei denen es ebenfalls unendlich viele Variationsmöglichkeiten gibt, hatte er Glück: die damit errechneten Werte stimmten genau mit Tychos sehr präzisen Beobachtungen überein. Um ganz sicher zu sein, wiederholte er die Berechnungen, wie er später berichtete, 70-mal.

So kam er nach sechsjähriger bienenfleißiger Arbeit zu seinem 1. Gesetz, das von der Bahnform handelt: »Die Planeten bewegen sich in Ellipsen, in deren einem Brennpunkt die Sonne steht«, und zum 2. Gesetz über die Bewegung der Planeten: »Bei der Bewegung um die Sonne überstreicht der Radiusvektor (Leitstrahl, Verbindungslinie Planet–Sonne) eines Planeten in gleichen Zeiten gleiche Flächen (Sektoren).« Daraus folgt, dass sich der Planet in Sonnennähe rascher bewegt als in Sonnenferne.

Zehn Jahre später, am 15. Mai 1618, gelang es Kepler, wie er selbst berichtet, »aus den wildesten und ganz absurden Einfällen die Wahrheit herauszufinden« und sein 3. Gesetz zu entdecken, das sich auf alle Planeten gemeinsam bezieht: »Die Quadrate der Umlaufzeiten je zweier Planeten verhalten sich wie die Kuben (dritten Potenzen) ihrer mittleren Abstände von der Sonne.« 17 Jahre hatte er dazu gebraucht.

Genau genommen gilt das Gesetz in der von Kepler gefundenen Form nur näherungsweise, da es die Massen der Planeten nicht berücksichtigt, doch

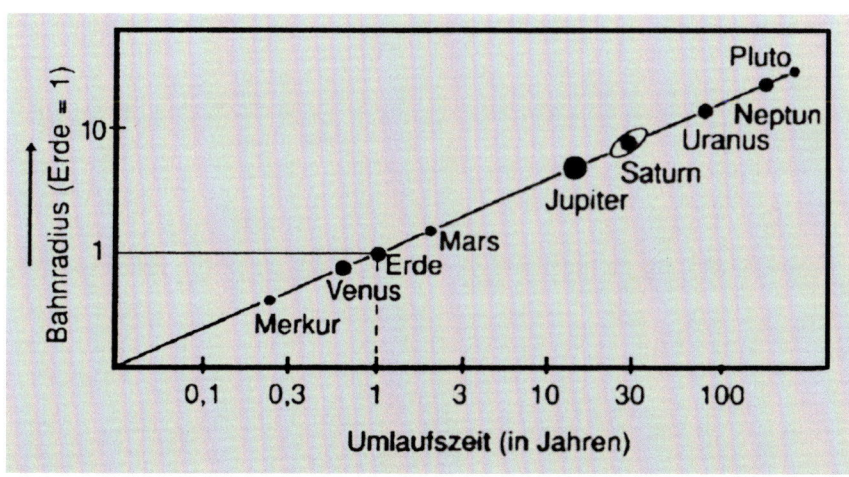

Keplers 3. Gesetz: Trägt man es mit doppellogarithmischen Koordinaten auf, so liegen alle Planeten angenähert auf einer Geraden.

Frostig-weiße Wassereiswolken und wirbelnde orangefarbene Staubstürme: Mars in Opposition aus 68 Mio. km Entfernung vom Weltraumteleskop *Hubble* am 26. Juni 2001 aufgenommen. Auflösung (kleinstes Detail): 16 km

sind diese gegenüber der Sonnenmasse so klein, dass es eine ganz gute Annäherung darstellt. Zusammen beschreiben die drei Gesetze die Bewegung der Körper des Sonnensystems vollständig, obwohl Kepler sie allein empirisch aus Beobachtungen gefunden hat, noch ohne das theoretische Fundament, das sie begründete. Was verursacht ihre elliptische Bewegung? Hierzu war ein weiterer Schritt erforderlich: die Verbindung der mathematischen Beziehungen mit der Physik, an der inzwischen Galilei und andere zu arbeiten begonnen hatten.

Johannes Kepler hat nach Kopernikus den zweiten großen Erkenntnisschritt in der Astronomie getan. Gemeinsam mit seinen großen Zeitgenossen Galilei und Christian Huygens bereitete er einem noch Größeren den Weg zur wichtigsten Erkenntnis der modernen Naturforschung: dem Engländer Isaac Newton und seiner Entdeckung des Gravitationsgesetzes.

Kopernikus, Tycho Brahe und Kepler brachten das Weltbild ihrer Ära so weit, wie es zu einer Zeit, in der die Astronomie noch auf das bloße Auge angewiesen war, nur gebracht werden konnte. Erst die Verbindung des Fernrohrs mit Brahes Winkelmessinstrumenten verfeinerte die Himmelsbeobachtungen in einem Maße, dass seine Erfindung eine neue Epoche der astronomischen Wissenschaft einleitete. Wie damit der Planet Mars uns näher kam und in den Brennpunkt wissenschaftlichen Interesses rückte, wollen wir im nächsten Kapitel sehen.

Mars im Fernrohr von gestern und heute

Der menschliche Intellekt begann seinen Großangriff auf den Roten Planeten nicht gleich mit der Erfindung des Fernrohrs. Dazu musste zunächst die Beobachtungstechnik so weit fortgeschritten sein, dass sich im Okular die ersten Einzelheiten auf der fremden Welt enthüllten. Dann allerdings, im 18. und 19. Jh., kam die Marsforschung rasch in Fahrt, bis sich die neuen Erkenntnisse, vor allem im »Marsjahr« 1877, förmlich überstürzten.

Um die enorme Leistung der auf das bloße Auge angewiesenen Beobachter vom Schlage eines Tycho Brahes voll zu würdigen, müssen wir wissen, dass Mars ein verhältnismäßig lichtschwacher Planet ist. Dass man ihn trotzdem schon frühzeitig als Wandelstern erkannte, liegt an seiner stark roten Farbe, eine Folge seiner Oberflächenbeschaffenheit: der Marsboden ist mit Eisenoxid (d. h. Rost) beschichtet. Aber für das unbewaffnete Auge bilden er und die anderen Wandelsterne körperlose Lichtpünktchen wie alle Sterne. Erst im Teleskop zeigen sie sich als Scheibchen, während die Fixsterne weiterhin punktförmig erscheinen. So entpuppten sich die Planeten nach der Erfindung des Fernrohrs mit einem Schlag als solide, massebehaftete Körper.

Weil Mars so weit entfernt ist, bleibt allerdings das Bildchen, das wir von ihm auch bei den stärksten Vergrößerungen sehen, sehr klein. Wie in Kapitel 3 näher erklärt, kommen sich Mars und Erde selbst unter den günstigsten Konstellationsbedingungen, bei denen beide Planeten auf der gleichen Seite der Sonne stehen, den sogenannten Periheloppositionen, niemals näher als 56 Millionen Kilometer. Bestenfalls! Das ist noch immer 150-mal weiter als die Strecke zum Mond.

Bei Beobachtungen vom Boden ist der möglichen Vergrößerung eine obere Grenze gesetzt durch Beugungserscheinungen (Aberration) in der Optik sowie Unruhe und Verschmutzung in unserer Lufthülle. Außerdem sinkt mit steigender Vergrößerung im gleichen Teleskop der Kontrast auf der Planetenoberfläche, und die Bilder werden flauer. Im Grunde liegt das natürlich daran, dass der Mars, der von der Sonne weiter als die Erde entfernt ist, weniger Licht empfängt und daher von geringerer Helligkeit (Albedo) erscheint. Deshalb gibt es eine bestmögliche (optimale) Vergrößerung, deren Überschreiten wenig sinnvoll wäre. Auch unter günstigsten Bedingungen, also auf hohen Berggipfeln, wie etwa dem fast 3000 m hohen Observatorium auf dem Pic du Midi in den französischen Pyrenäen, lässt sich selten eine Vergrößerung von 1000x oder besser erzielen; 500- bis 600-fache Vergrößerungen sind eher die Spitze.

Zur Angabe des Durchmessers, unter dem uns ein Himmelskörper erscheint, benützt man Bogenmaße. Zum Beispiel überspannt die Halbkugel des Firmaments einen Bogen von 180 Grad (°), eine Weite entsprechend etwa 360 aneinandergelegten Vollmonden. Steht uns der Erdtrabant auf seiner leicht elliptischen Bahn am nächsten, so bringt er es bei voller Phase bis auf eine Weite von 33 Bogenminuten (′) und 30 Bogensekunden (″). Grob überschlägig kann man also sagen: 2 Vollmonde machen am Himmel rund ein Bogengrad aus. Das Scheibchen des Mars misst natürlich nur einen winzigen Bruchteil davon: bestenfalls 25,7″, d. h. es ist 70-mal kleiner als der Vollmond (wir erinnern uns: ein Bogengrad hat 60′ und eine Bogenminute 60″). Wir können es auch so ausdrücken: Um Mars auf die scheinbare Größe unseres Vollmonds zu erweitern, benötigen wir eine 70-fach vergrößernde Optik. Auch unter besten Umständen und mit großen Instrumenten können wir den Roten Planeten vom Boden aus niemals besser sehen als den Mond in einem schwachen Feldstecher; und eine punktförmige Einzelheit auf ihm, etwa eine »Oase«, muss, um von uns überhaupt gesehen zu werden, eine Größe von mindestens 0,1″ bzw. 30 km haben. Bei linienförmigen Gebilden können wir allerdings eine Auflösung von weniger als 5 km erzielen, wenn sie nur lang genug sind. Daran lässt sich erkennen, mit welchen Schwierigkeiten die Erforschung dieser Welt auch per Fernrohr von Anbeginn an zu tun hatte. Zu den großen Namen, die sich mit diesem Kampf über drei Jahrhunderte verbinden, gehören Galilei, Huygens, Herschel, Maggini, Schiaparelli, Lowell, Antoniadi, Flammarion, Pickering und Scharonow.

Es war Galileo Galilei in Italien, der als Erster durch ein Fernrohr ins Sonnensystem guckte: im Jahr 1610. Das Instrument war jedoch nicht seine eigene Idee. So viel wir wissen, wurde es von dem holländischen Brillenmacher Jan Lippershey (auch: Jan Lapprey und Hans Lippersheim) erfunden und der Welt erstmalig 1608 auf der Frankfurter Buchmesse vorgestellt. Als der 45-jährige Mathematik-Professor Galilei an der Universität Padua von der Erfindung hörte (von der er fälschlich glaubte, sie stamme aus »Belgien«), erkannte er offenbar sofort ihr Funktionsprinzip durch Deduktion. Noch bevor das erste Instrument aus den Niederlanden in Padua eintraf, hatte sich der geschäftstüchtige Praktiker flugs selbst ein Teleskop gebastelt, das er »Perspicillum« oder auf Italienisch »occhiale« nannte. Die von ihm in der Folge gebauten Linsenfernrohre erwiesen sich denn auch den importierten überlegen. Den Dogen von Venedig beeindruckten sie dermaßen, dass er den Herrn Professor später zu einer Demonstration vorlud.

Kaum hatte der Professor 1610 sein selbst gebasteltes Fernrohr neugierig in den Nachthimmel gerichtet, als er auch schon in rascher Folge eine Reihe sensationeller Entdeckungen machte. In der Nacht des 7. Januar fielen ihm in der Nähe des Planeten Jupiter drei winzige Lichtpunkte auf; in der folgenden Nacht standen sie an anderen Stellen. Zwei Nächte später waren nur zwei Sternchen zu sehen, doch am 13. Januar fand Galilei gleich vier und ebenso am 15. Es waren, wie er richtig erkannte, »… vier erratische Sternenkörper, die ihre Umläufe um Jupiter ausführen.« Er nannte sie »Mediceische Gestirne«, zu Ehren seines Gönners, des Herzogs von Medici, doch setzte sich der Sammelname nicht durch. Heute kennen wir diese vier »klassischen« oder »galileischen« Jupitermonde, neben denen es unseres derzeitigen Wissens nach noch 54 weitere gibt, unter den Namen Io, Europa, Ganymed und Kallisto. (Gleichzeitig und unabhangig von Galilei entdeckte sic auch Simon Marius in Ansbach, dem Galilei darauf den – unbegründeten – Vorwurf des Plagiats machte.)

Andere Entdeckungen Galileis folgten rasch aufeinander: die Mondoberfläche zeigte sich von Gebirgen übersät, die Zahl der sichtbaren Fixsterne vermehrte sich durch das Fernrohr mit einem Mal in ungeahnter Weise, und einige der mit bloßem Auge sichtbaren nebelähnlichen Gebilde in der plötzlich aus Myriaden von Sternen bestehenden Milchstraße entpuppten sich im Fernrohr als Massen von Sternen und Sternhaufen. Die Wirkung dieser Erkenntnisse auf den Gelehrten ist für uns heute kaum vorstellbar!

Ein Jahr nach dem Erscheinen von Keplers Buch *Neue Astronomie* (1610) veröffentlichte Galilei seine Entdeckungen überstürzt in seinem Werk *Sidereus Nuncius* (Sterncnbotschaft).

Später entdeckte Galilei auch die »Dreigestalt« des Saturns, unter der sich der Planet aufgrund seiner Ringe zu verschiedenen Zeiten zeigt (allerdings deutete Galilei sie noch nicht als Ringe), die Sonnenflecken und die Phasen der Venus, deren Beobachtung eine wichtige Bestätigung des kopernikanischen Systems bedeutete: Da der Morgen- und Abendstern zwischen Erde und Sonne liegt, sollte er deutliche Phasen zeigen, wie wir es beim Erdtrabanten mit Neumond, Vollmond und zu- bzw. abnehmender Zwischenphase kennen. In der Vor-Fernrohr-Zeit hatte man solche bei der Venus jedoch niemals gesehen und dies als Gegenbeweis gegen Kopernikus betrachtet.

Wie Kopernikus und Kepler verbannte der Klerus auch Galilei auf die Verbotsliste, den »Index«. Trotz seiner teleskopischen Bestätigung des kopernikanischen Systems wurde die Lehre vom Stillstand der Sonne und der Bewegung der Erde noch 1616 von den Theologen der Inquisition als töricht und schriftwidrig erklärt.

Am 5. Januar 1643, ein Jahr nach Galileis Tod, kam in Whoolsthorpe in Lincolnshire, im Osten Englands, Isaac Newton auf die Welt. Schon mit 26 Jahren wurde er Professor in Cambridge, mit 29 Mitglied der »Royal Society«, damals neben der Pariser Akademie die Hochburg der europäischen Wissenschaft. Newtons große Tat – im Alter von 22 Jahren! – war der Beweis, dass die Bewegungen der Himmelskörper, auch von Menschen geschaffener, durch eine allgemeine Kraft bestimmt sind, von der die uns als Ursache des Fallens bekannte Kraft nur eine Erscheinungsform ist. Den himmlischen Bewegungen, von denen man sich vor Newton nicht vorzustellen vermochte, dass sie mit den bekannten irdischen Bewegungen fundamental verwandt sein konnten, entzog er auf diese Weise den Schleier des Geheimnisvollen.

Das aus den Werken seiner Vorgänger Kepler, Kopernikus, Galilei und anderer abgeleitete Gravitationsgesetz wurde erst 1687 veröffentlicht, nach erheblicher »Ermunterung« und dank der Finanzierung durch Edmond Halley (1656–1742), Englands großem Astronomen, der den nach ihm benannten Kometen entdeckt hat. Das weltberühmte Monumentalwerk erschien in London unter dem Titel *Philosophiae Naturalis Principia Mathematica* (Mathematische Grundlagen der Naturphilosophie, wobei wir unter »Naturphilosophie« heute theoretische Physik verstehen). Während wir in Galileis Werk noch das Ringen des Entdeckers mit dem Neuen reflektiert sehen, erscheinen Newtons Einsichten bereits in mehr abgeklärter Form.

Das Gravitationsgesetz besagt: »Jedes materielle Teilchen im All zieht jedes andere mit einer Kraft an, die direkt proportional dem Produkt der Massen und umgekehrt proportional dem Quadrat ihres gegenseitigen Abstands ist.« Sie ist eine universelle Eigenschaft jeglicher Materie. Newton hat also gezeigt, dass die Kraft, die den Planeten Mars in seine elliptische Bahn um die Sonne zwingt, die gleiche ist, die (wie Voltaire berichtete) dem Engländer in seinem Garten einen Apfel auf den Kopf fallen ließ. Aus seinem Gesetz lässt sich das 3. keplersche Gesetz von den Quadraten der Umlaufszeiten und Kuben der mittleren Abstände direkt ableiten. Seine Kenntnis befähigt uns, die Massen der Himmelskörper zu berechnen, und weil diese auf die Bewegungen anderer Körper einwirken, kann man durch die Beobachtung solcher Auswirkungen auf den Ort und die Masse neuer, unbekannter Körper schließen. So wurde zum Beispiel der Planet Neptun aufgefunden.

Newton hatte damit den letzten der drei großen Erkenntnisschritte getan, die zum grundsätzlich neuen Denken in der Wissenschaft und zur Entstehung des heutigen Weltbildes führten: Auf die Entdeckung (bzw. Wiederentdeckung) des heliozentrischen Systems durch Kopernikus als erster Schritt folgte die Entdeckung der Bahngesetze durch Kepler, und nun lieferte Newton mit dem Gravitationsgesetz die Erklärung der Planetenbahnen.

Doch zurück zum Mars: Als Galilei 1610 durch sein Perspektiv auch den Roten Planeten beguckte, konnte er auf seiner Oberfläche noch keinerlei Details ausmachen. Ihre früheste bekannte Darstellung stammt von 1636, skizziert von Francisco Fontana (1585–1656) in Italien; er benützte ein Fernrohr keplerscher Bauart (was das ist, sehen wir weiter unten), mit dem er bereits die ersten Gürtelbänder des Jupiters erkannte. Seine Marsskizze zeigt einen kreisrunden dunklen Fleck, doch da Fontana einen sehr ähnlichen Punkt auch bei der wolkenverhüllten Venus sah, handelte es sich dabei wahrscheinlich um einen Fehler seiner Optik. Aber er beobachtete richtig die Sichelform der Marsphase, und seine simple Zeichnung begann die lange Tradition des Handskizzierens: Denn um ihre Beobachtungen von Nacht zu Nacht festzuhalten, mussten die Astronomen vor der Erfindung der Fotografie in endlosem Hin und Her zwischen Okular und Papierblatt mühselig Strichlein für Strichlein niederkritzeln, was ihr tränendes Auge durchs Fernrohr sah: sogenannte Albedo-Formationen, d. h. Farb- und Helligkeitsdifferenzen.

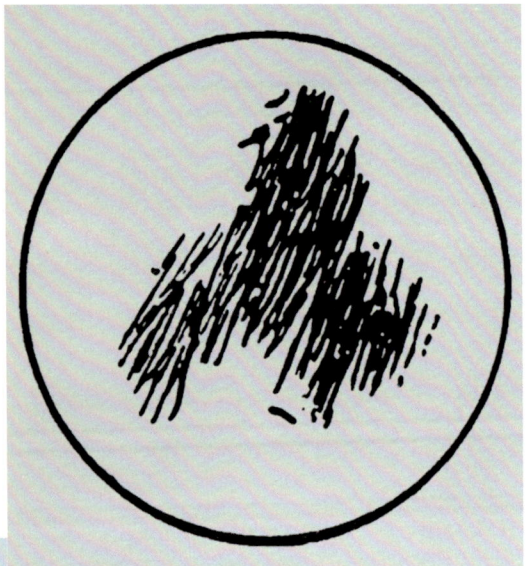

Links: Die älteste
überlieferte Marskarte,
skizziert am 28. November
1659 von Christian Huygens
(1629–1695). Das dargestell-
te, nach Norden zugespitzte
Gebiet, ursprünglich von
Herschel seiner Form wegen
»Mer du Sablier« (Sanduhr-
Meer) genannt, heißt heute
Syrtis Mayor – Große Syrte
(aufgrund des umkehrenden
Strahlengangs früher
astronomischer Fernrohre
liegt Norden auf den alten
Marskarten unten).
Daneben Mars mit Syrtis
Major Planitia von *Viking
Orbiter* 1976

Die erste Handskizze mit einem echten Oberflächenmerkmal
stammt von dem Holländer Christian Huygens (1629–1695) aus
Den Haag, dem Erfinder der Pendeluhr. Nach Newton der bedeutendste Physiker seiner Zeit, hatte Huygens mit der Hilfe seines
Bruders eine neue Schleifmethode zur Herstellung optischer Linsen entwickelt, die erheblich verbesserte astronomische Fernrohre
ermöglichte. 1655 entdeckte er den größten Saturnmond Titan.
Er erkannte als Erster, dass die schon Galilei aufgefallene eigen-
artige »Dreigestalt« des Planeten durch ein System von Ringen
verursacht wurde. Am 28. November 1659 stellte er eine Mars-
zeichnung mit einer deutlichen dreieckigen Dunkelzone her. Da
man die dunklen Stellen auf dem Mars lange Zeit für Wasserflächen und die helleren Zonen für Festländer, Halbinseln, Inseln
und Landengen hielt, wurde Huygens' Dreieck in späteren Jahren mit zahlreichen entsprechenden Namen belegt, wie Sanduhrmeer, Kaisermeer,
Atlantik-Kanal und Große Sirte (Syrtis Major, nach der tunesisch/libyschen
Mittelmeerbucht). Heute kennen wir die Formation, die sich als leicht
gewölbtes Hochplateau entpuppt hat, als Syrtis Major Planitia. Aus ihrer
Bewegung über das Planetenscheibchen und ihrer Wiederkehr in der nächsten Nacht schloss Huygens, dass Mars wie die Erde um eine Nord-Süd-

Achse rotiert, und zwar mit einer Umdrehung, die sich »wie die der Erde binnen 24 irdischen Stunden zu vollziehen« schien. 1672 skizzierte Huygens die Südpolkappe und die dreieckige Syrtis Major, und in seinem 1689 erschienenen Buch *Cosmotheoros* spekulierte er mit Logik und Witz über mögliche Bewohner anderer Planeten. Damit begann der Mars im menschlichen Bewusstsein eine neue Stelle einzunehmen: als eine der Erde ähnliche Welt. Er war ganz klar ein Planet, der sich wie wir um die Sonne bewegte, der Oberflächenmarkierungen aufwies, eine Nord- und Südpolkappe hatte wie wir und eine tägliche Umdrehung fast genau wie die unsrige: Mars, der Bruder der Erde. Dies war eine wichtige Erkenntnis, die natürlich das Interesse der Menschen schürte.

Andere Pioniere folgten auf Huygens. In England fertigte der geniale Forscher Robert Hooke (1635–1703) eine Zeichnung der Marsoberfläche an. 1666, sieben Jahre nach Huygens, stellte in Bologna der Italiener Giovanni Cassini (1625–1712), später der erste Direktor der Pariser Sternwarte, mehrere Skizzen des Mars her, dessen charakteristische weiße Polkappen ihn an Schnee und Eis gemahnten. Mithilfe seiner Beobachtungen verbesserte Cassini, nach dem die Hauptlücke (»Teilung«) in den Saturnringen und ein am 15. Oktober 1997 auf einer Titan-IVB-Rakete gestarteter NASA-Saturnorbiter mit der am 14. Januar 2005 auf dem Mond Titan gelandeten ESA-Sonde Huygens benannt sind, die Länge des Marstages auf 24 Std. 40 Min., also nur noch rund 2,5 Minuten länger als der heute gültige Wert. Giacomo Filippo Maraldi (1665–1729), Cassinis Neffe und Assistent an der Pariser Sternwarte, skizzierte den Mars mit weißen Polkappen anlässlich der Oppositionen von 1704 und 1719. Die von ihm gefundene Umdrehung betrug nur noch 24 Std. 39 Min. Und dann kam Herschel.

Sir William Herschel (1738–1822), geboren als Friedrich Wilhelm Herschel in Hannover, übte im englischen Bath den Beruf eines Organisten aus, bevor er zum wahrscheinlich größten Sternenbeobachter aller Zeiten wurde. Hierzu verhalfen ihm seine selbst entwickelten und selbst hergestellten Spiegelteleskope. Denn nach Galileis erstem Perspektiv und Huygens' schleiftechnischer Verbesserung hatte die Weiterentwicklung des Fernrohrs nur langsame Fortschritte gemacht. Typisch für die bis Herschel in der Astronomie gebrauchten Linsenfernrohre, sogenannte dioptrische Fernrohre oder Refraktoren, waren ihre geringe Lichtstärke und die gewaltige Länge des Rohrs (Tubus), die sie zur Erzielung großer Brennweiten haben mussten.

Hevelius in Danzig benutzte zum Beispiel ein Instrument von 45 m Länge, das von einem rund 27 m hohen Mast hing.

Die statt der Linsen mit Spiegeln arbeitenden katoptrischen oder Reflektorteleskope, eine Erfindung Newtons, sind den Refraktoren an Lichtstärke haushoch überlegen und deshalb ideal geeignet für die Erforschung ferner Sterne, Nebel, Galaxien und anderer Objekte in den Tiefen des Alls. Dies vor allem dann, wenn man sie außerhalb der Erdatmosphäre platziert, wie die zahlreichen astronomischen Forschungssatelliten der NASA, vor allem das sensationelle Hubble-Raumteleskop. Es verwundert deshalb nicht, dass William Herschel heute als »Vater der Fixstern-Astronomie« gilt: Mit seinen berühmten Superteleskopen, das gewaltigste hatte eine Öffnung von 122 cm, fand er unzählige Doppelsterne, Sternhaufen und Nebel und konzipierte als Erster eine Bildvorstellung unserer Milchstraße. Dafür wurde er 1816 in den Adelsstand erhoben und zum Privatastronomen des englischen Königs George III. ernannt.

Vom Großen Orion-Nebel fertigte Sir William 1774 eine Zeichnung an. Mit seinem ersten Reflektor entdeckte er am 13. März 1781 den Planeten Uranus, zwei Jahre später spekulierte er über dessen mögliche Abplattung und 1787 fand er seine beiden größten Monde Oberon und Titania. Dann wandte er sich dem Saturn zu, schätzte 1790 die Dicke seiner Ringe und bemerkte 1793 auf seiner Oberfläche einen Fleck, aus dem er richtig auf das Vorhandensein einer Atmosphäre schloss. Auch den Mars beobachtete er ausgiebig und veröffentlichte 1781 und 1784 mehrere Zeichnungen. Die Syrtis Major bezeichnete er als »Sanduhrmeer« (Mer du Sablier). Unter anderem bestimmte er bei Mars erstmalig den Winkel zwischen der Rotationsachse und der Senkrechten auf seiner Bahn um die Sonne, d. h. die Schrägstellung des Planeten. Er fand einen Wert von etwa 28°, der sich von der Schrägheit der Erdachse (23° 27′) nicht sehr unterschied: eine weitere Ähnlichkeit. Nebenbei bemerkt: die Marsachse steht allerdings nicht parallel zur Erdachse und ist nicht wie diese auf den Polarstern als himmlischen Nordpunkt gerichtet, sondern auf einen »leeren« Ort zwischen den Sternen Deneb im Schwan (α Cygni) und My im Walfisch (λ Cephei).

Da die Schrägstellung der Rotationsachse die Jahreszeiten verursacht (davon später mehr), folgerte Herschel, dass es auf dem Mars ebenfalls vier Jahreszeiten geben müsse. Er glaubte ferner, dass der Planet eine »ansehnliche, aber mäßige Atmosphäre« habe. Die Tageslänge bestimmte er 1783 zu 24 Std.

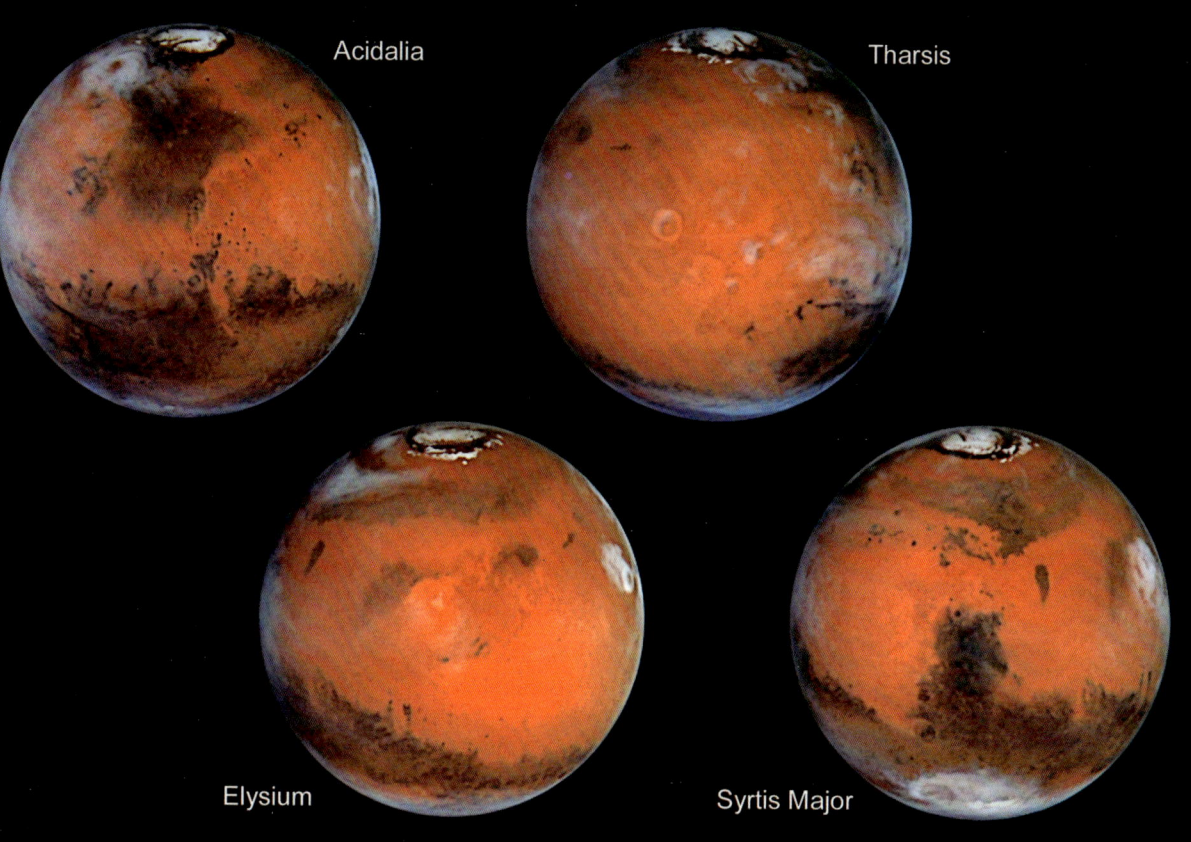

Acidalia

Tharsis

Elysium

Syrtis Major

Mars in Opposition, April-Mai 1999, vom *Hubble Space Telescope* (WFPC/Wide Field Planetary Camera 2)

39 Min. 21 Sek., hielt jedoch weiterhin wie mehrere seiner Vorgänger und Zeitgenossen die Dunkelzonen für Meere oder Seen, wie man es auch beim Erdmond glaubte. Heute wissen wir, dass es auf dem Mars keine offenen Gewässer geben kann: Bei allen Gebieten unterschiedlicher Helligkeit handelt es sich um Trockenzonen verschiedener Bodenstrukturen bzw. unterschiedlichen Reflexionsvermögens. Da die weißen Polkappen, wie Herschel 1784 sah, im Winter am größten und im Spätsommer am kleinsten waren und daraus geschlossen werden konnte, dass sie im Frühling und frühen Sommer abschmolzen, erklärte er sie als Ablagerungen von Schnee und Eis. Damit hatte er nur zum Teil recht: wie A. C. Ranyard und Johnstone Stoney erstmalig 1898 in Betracht zogen, bestehen die Polkappen beim Mars hauptsächlich aus Trockeneis, d. h. aus gefrorenem Kohlendioxid (CO_2).

Herschel sah auf der Oberfläche des Mars auch farbliche Änderungen und erkannte den Beginn seines Frühlings. Er schrieb, dass der Planet eine Atmosphäre habe und Wolken aufwies, und nach Huygens war er einer der Ersten, die über die Möglichkeit von Marsbewohnern spekulierten. Wie er schrieb, müsste das Leben solcher Marsianer »in vieler Hinsicht ähnlich dem unsrigen« sein. Auch unseren Mond hielt er für bewohnt, ebenso wie kältere Bereiche der Sonne.

Auf Herschel, der für seine Beobachtungen die Marsoppositionen von 1777, 1779, 1781 und 1783 genützt hatte, folgte bei den Oppositionen von 1785–1802 der aus Erfurt stammende Oberamtmann und Liebhaberastronom Johann Hieronymus Schröter (1745–1816). In Lilienthal bei Bremen betrieb er seine eigene Sternwarte. Leider fiel der größte Teil seiner Habe, darunter ein von Herschel stammendes Teleskop, 1813 den einrückenden Franzosen zum Opfer. Sein Nachlass, mit einigen recht guten Skizzen der Marsoberfläche vom 8. Dezember 1800, wurde erst später aufgefunden und 1881 als *Areographische Beiträge* von H. G. van de Sande-Bakhuyzen (1848–1918), dem Direktor der Sternwarte Leyden, veröffentlicht.

Noch eine weitere Privatsternwarte richtete im »Marsjahr« 1877 ein Teleskop auf den Roten Planeten: ein Linsenfernrohr im Observatorium des Berliner Bankiers und Amateurastronomen Wilhelm Beer (1797–1850), des Bruders des Komponisten Giacomo Meyerbeer. Der eigentliche Beobachter war sein Mitstreiter Johann Heinrich von Mädler (1794–1874). Obwohl die beiden Pioniere lediglich einen Refraktor mit einem bescheidenen 9,4-cm-Objektiv hatten, gelang ihnen 1834 die erste hochdetaillierte Mondkarte, 1840 gefolgt von einer zwar weitaus weniger detaillierten, doch richtungsweisenden Marskarte – dem frühesten uns bekannten Versuch, alle areografischen Details jener Zeit in einer Zeichnung und mit einer Nomenklatur zu erfassen: mit Groß- und, wo Unterteilung erforderlich war, Kleinbuchstaben. Für die Marsforschung begann mit Beer und Mädler die hohe Zeit der Landkartenhersteller. Denn als mit dem Fortschritt in der Beobachtungstechnik die Menge der sich dem Auge enthüllenden Details wuchs, entwickelte sich aus den rudimentären Handskizzen der ersten Fernrohrpioniere zwangsläufig auch die Kunst der Herstellung areografischer Landkarten und entsprechender Nomenklaturen.

Ihrem Vorbild schlossen sich andere Astronomen rasch an. Das Grundproblem, dem sich die Schöpfer brauchbarer Marskarten und Nomenklaturen gegenübersahen, war natürlich die Unbeständigkeit des ihnen vorliegenden Beobachtungsmaterials. Nicht nur sahen keineswegs alle Beobachter derselben Periode immer die gleichen Oberflächendetails, sondern durch den technischen Fortschritt zeigten sich auch im Lauf der Zeit

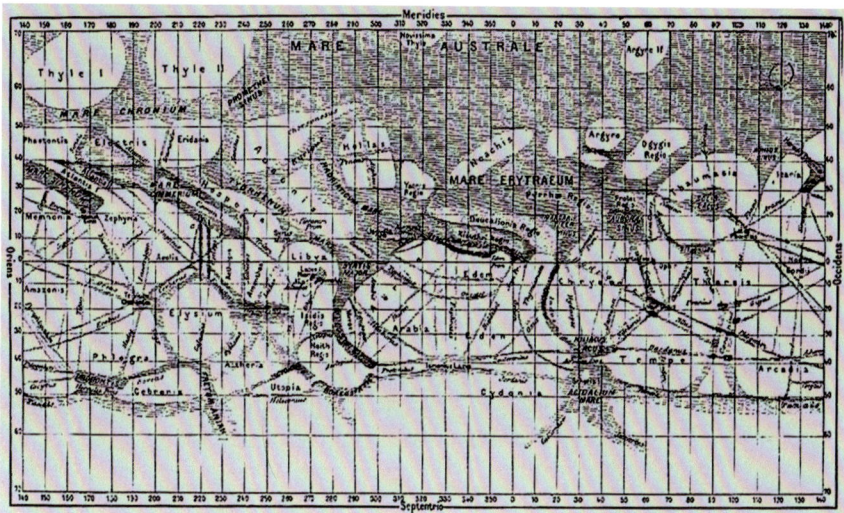

immer neue Einzelheiten, die die gerade akzeptierten Karten noch nicht enthielten. Die mit der fortschreitenden Erschließung des Mars parallellaufende Kartenherstellung wurde so zu einem sehr komplexen Prozess, und die daraus entstandene Zahl der Karten ist Legion. Den nach wie vor wohl besten und umfassendsten Überblick und Kommentar darüber gibt das von dem Kieler Professor Jürgen Blunck 1982 (in Neuauflage) veröffentlichte Buch *Mars and its Satellites*.

Die erste wirklich brauchbare Marskarte und am sorgfältigsten durchdachte Benennungsregelung schuf der bereits erwähnte große italienische Astronom Giovanni Virginio Schiaparelli (1835–1910) auf der Grundlage seiner Beobachtungen von 1877/78. Seine Namen, insgesamt waren es 304, bezog er aus der Geografie des Altertums und damit zusammenhängenden Mythen, etwa den Fahrten des Odysseus. Sein System ist bis heute weitgehend beibehalten worden.

Die Neuzeit brachte immer weitere Details ans Tageslicht, vor allem, als am Ende des 19. Jh. die Fotografie hinzukam. Als mit Beginn des Raumfahrtzeitalters auch die Möglichkeit der Planetenforschung mit Fernsehsonden über dem Horizont auftauchte, war es klar, dass eine internationale Regelung der Kartografie und Namengebung bei Mars und anderen Himmelskörpern früher oder später unvermeidbar wurde. Einem diesbezüglichen Antrag durch Fournier auf einer Generalversammlung der International

Astronomical Union (IAU) 1948 in Zürich wurde vier Jahre später in Rom durch die Einsetzung eines speziellen Unterausschusses stattgegeben. Als erstes schlug die Gruppe eine Verringerung der Namen des Antoniadischen Systems von 558 auf 404 vor. Mithilfe von Fotografien wurde die Zahl der benannten Oberflächenmerkmale dann weiter reduziert: auf 128 Namen für Hauptbereiche, von denen 105 auf Schiaparelli zurückgingen. Die neue Namensliste wurde von der IAU-Generalversammlung 1958 in Moskau offiziell genehmigt, mit der Auflage, dass alle weiteren Marsdetails hinfort mit den Koordinaten ihrer areografischen Länge und Breite zu bezeichnen wären. Doch dabei blieb es natürlich nicht.

Als die Fernsehkameras der späteren Marssonden eine weitaus komplexere und kraterübersäte Oberfläche enthüllten, wurden erneute Erweiterungen erforderlich. Man beschloss, größere Krater nach verstorbenen Wissenschaftlern und Vertretern anderer angemessener Berufe wie Seefahrer, Mathematiker, Philosophen, Künstler und Historiker zu benennen, etwa Curie, Columbus, Magelhaens und Korolow. Insgesamt erhielten 189 Krater solche Namen, unter ihnen der kleine Krater Airy: 300 km südlich des Äquators gelegen, definiert er die genaue Position des Nullmeridians, also des areografischen Gegenstücks unseres Greenwich-Meridians.

1973 beschloss die IAU in Sydney, die Marsoberfläche für die Kartografie wie eine Generalkarte in 30 geometrische Zonen einzuteilen. Jede dieser Zonenkarten, 28 Vierecke und je eine Kreisfläche für Nord- und Südpol, trägt als Bezeichnung die ersten drei Buchstaben einer hervorstechenden hellen Bodenformation in ihrem Areal, zum Beispiel HEL (Hellas) oder SYR (Syrtis Major). Die drei Ausnahmen dieser Regel sind PHE (Phoenicis Lacus), THR (Tharsos) und THU (Thaumasia). Auf neuen detaillierteren Karten kamen weitere Oberflächenformationen hinzu wie kleinere flussbettähnliche Rillen und Krater; deshalb mussten zusätzliche Namensysteme gefunden werden, um Karten größeren Maßstabs sinnvoll zu halten: etwa alte irdische Flussbezeichnungen, Namen moderner Städte und Siedlungen oder mit der Bezeichnung Terra kombinierte neue Namen. Beispiele sind Bamberg, Edam, Kagoshima, Lemgo und Yorktown. Auch in Zukunft geht der ursprünglich so willkürlich begonnene und heute immer wieder neu organisierte mühsame Prozess der kartografischen Erfassung und Benennung der Marsoberfläche weiter, denn wir können sicher sein, dass die geplante genauere Erforschung und einstmalige Betretung des Mars durch den Menschen immer mehr Details über die fremde Welt des Roten Planeten beibringen wird.

Zwei weitere wichtige Ereignisse trugen dazu bei, das Jahr 1877 zum großen Marsjahr des 19. Jh. zu machen. Das eine war die Entdeckung der Marsmonde durch den amerikanischen Astronomen Asaph Hall (1829–1907) mit einem 65-cm-Linsenfernrohr des Naval Observatory in der US-Bundeshauptstadt Washington. Über die mögliche Existenz von Monden beim Roten Planeten war schon über 100 Jahre früher spekuliert worden, zuerst von Jonathan Swift in seinen Gullivers Reisen, später von François-Marie Arouet, der Welt bekannt als Voltaire, in seinem Werk *Micromégas*. Dass in beiden Fällen bereits zwei Marsmonde vorkamen, hat nichts mit außersinnlicher Wahrnehmung oder uns unbekannten Superinstrumenten jener Autoren des 18. Jh. zu tun. Vielmehr lag es, wie der englische Astronom Patrick Moore erklärt hat, vermutlich daran, dass die Anzahl der damals bekannten Trabanten der Planeten von innen nach außen eine logische Reihe zu bilden schien: Merkur und Venus 0, Erde 1, Jupiter 4, Saturn 5. Für den auf die Erde folgenden Mars schien deshalb die Zahl 2 vernünftig.

Asaph Hall, Entdecker der Marsmonde Phobos und Deimos

Asaph Hall fand die beiden Monde im August 1877, zunächst am 16. den äußeren, einen Tag später auch den inneren. Am 18. gab er die Neuigkeit bekannt, und als Namen wählte er Phobos (Furcht) für den inneren und Deimos (Flucht, besser: Schrecken) für den äußeren Satelliten. So kennen wir die beiden kleinen Trabanten auch heute, und spätere Raumsonden fotografierten sie aus der Nähe und zeigten beide von Kratern übersät (siehe auch Kapitel 5). Das andere wichtige Ereignis von 1877 war die Geburt der Mär von den »Marskanälen«, die fast 90 Jahre lang, bis in unsere Tage, durch das menschliche Bewusstsein geisterte und die Gemüter Tausender erhitzte. Denn unzählige Gutgläubige in aller Welt sahen die sogenannten Kanäle als Beweis für die Existenz intelligenter Wesen auf dem Mars an.

Als Vater der Marskanäle gilt Giovanni Schiaparelli, der als Direktor der Mailänder Sternwarte Osservatorio Brera 1877 auf dem Mars zwischen den

Logbuch-Eintrag vom 17.08.1877, mit dem Asaph Hall am Großen Äquatorial-Fernrohr des Marineobservatoriums in Washington seine Entdeckung der Marsmonde festhielt

dunklen »Meeren« und den weißen Polkappen feine, aber deutlich erkennbare Linien ausmachte, die die umliegenden Dunkelzonen miteinander verbanden. Er war jedoch nicht der Erste, der sie gesehen hat, und die Idee, dass sie künstlich waren, stammte nicht von ihm. Sein Ruhm als »Urheber« begründete sich darauf, dass er derjenige war, der ihnen spezifische Namen von Flüssen wie Ganges, Indus usw. gab und zahlenmäßig mehr von ihnen entdeckte als alle anderen Beobachter der vorhergegangenen zwei Jahrhunderte zusammengenommen. Der Marskanal-Wahn, der um die Jahrhundertwende wie ein Lauffeuer um sich gegriffen hatte, verpuffte erst 1965 beim Eintreffen der ersten Fernsehbilder der NASA-Marssonde *Mariner 4* (siehe Kapitel 4). Zurückführen lässt sich die kolossale optische Illusion, die ein Menschenleben lang die Welt bewegte, unter anderem auf die physiologisch bedingte Tendenz des menschlichen Auges, kleinste Einzelheiten zusammenzufassen, das heißt also: aus einzelnen Reihen von Punkten, etwa Kratern, oder streifigen Andeutungen von Albedoformationen gern zusammenhängende Linien zu bilden.

Noch viele andere Erkenntnisse über den Roten Planeten konnten vor dem Anbruch des Raumfahrtzeitalters von Fernrohr-Astronomen gewonnen werden: Als William Pickering 1892 in den dunklen »Meeren« Details ausmachte, zerschlug er damit die Theorie, dass es sich bei ihnen um Gewässer handelte. Die Gebiete stärkerer Albedo nannte er erstmalig »Wüsten«. Mit teleskopischen Messungen wurden schon 1909 von Mount Wilson und Flagstaff aus ziemlich genaue Oberflächentemperaturen auf dem Planeten

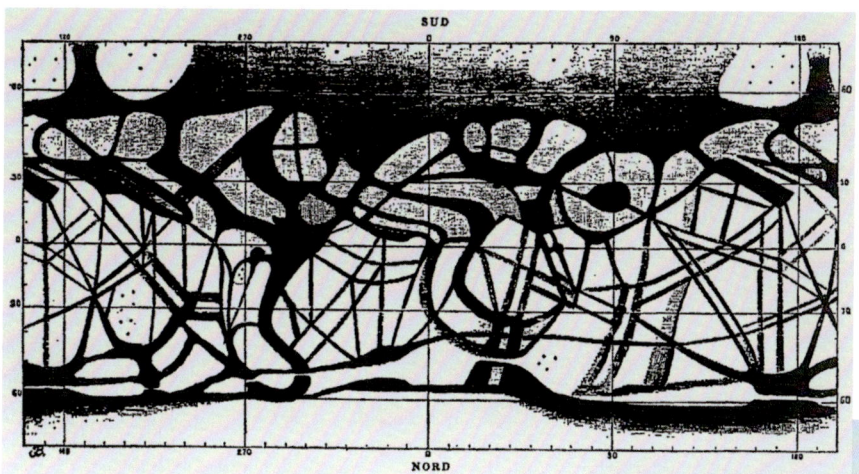

Marskarte von Schiaparelli, 1888. Schiaparellis »canali« (Rillen) wurde zunächst falsch übersetzt als »channels« (engl.) und dann auch auf Deutsch als »Kanäle« übernommen.

ermittelt. 1933 stellten W. S. Adams und T. Dunham mit Doppler-Messungen fest, dass die Marsatmosphäre nur verschwindende Mengen an Sauerstoff haben konnte, und 1934 ermittelte der Russe N. Barabaschov die ersten Schätzwerte für den atmosphärischen Druck. Das Vorkommen von Kohlendioxid in der Atmosphäre fand G. P. Kuiper 1947 mit spektroskopischen Untersuchungen, doch überwog in seinem Modell der Marsatmosphäre noch immer der Stickstoff, wie früher. Wie Oberfläche und Lufthülle des Mars wirklich beschaffen sind, konnten erst die Instrumente der ab 1965 eingesetzten Raumsonden ermitteln.

Der gewaltige Fortschritt in der Elektronik hat mittlerweile mit der Entwicklung elektronischer Lichtdetektoren und -verstärker, wie sie heute in modernen Video- und Digitalkameras gang und gäbe sind, auch eine neue Gattung der Himmelsforschung ins Leben gerufen, die sich zunehmender Bedeutung erfreut: die sogenannte CCD-Astronomie, die durch die Verkoppelung empfindlicher Videokameras mit Teleskopen vor allem dem Privatastronomen das Zeitalter der »Armsessel-Astronomie« eröffnet hat.

CCDs, »Charge-Coupled Devices« (ladungsgekoppelte Elemente), sind flache, plattenförmige Silikonchips, auf denen Tausende von lichtempfindlichen Halbleiterdioden netzartig in einem Mosaik aus Reihen und Kolonnen angeordnet sind. Jede Diode ist ein »Pixel«, ein Element des auf die Platte projizierten Bildes. Die sich auf jedem Pixel infolge der eintreffenden Lichtquanten (Photonen) aufbauende und ihrer Zahl proportionale elektrische Ladung wird an die Geräteelektronik weitergemeldet. Aus der Gesamtheit der eintreffenden Pixelsignale kann das Teleskopbild-Mosaik wieder zusammengesetzt und in digitaler Form beliebig von Computern »prozessverarbeitet«, d. h. manipuliert und verstärkt werden. Im Hubble-Teleskop arbeitet zum Beispiel die Weitfeld-Kamera WFC, die im Mai 2009 von Astronauten anstelle der Weitfeld/Planetenkamera II (WF/PC, daher von uns »Wiffpick« genannt) im Hubble montiert wurde, mit zwei CCDs für ultraviolettes und sichtbares Licht, von denen jedes 2048 x 4096 Pixels trägt. Kleinere elektro-optische Mosaike, etwa rechteckige von Handtellergröße mit 195 x 165 Pixels, waren schon vor 15 Jahren für wenige Hundert Dollar kommerziell zu haben.

CCDs sind heute so lichtempfindlich, dass sie beim Mars kurze Belichtungszeiten um fünf Hundertstel einer Sekunde und weniger möglich machen. Dadurch können Unruhebewegungen unserer Atmosphäre »eingefroren« werden, sodass sie nicht länger stören. Verbunden mit Computerverarbeitung lässt sich so erstmalig eine Auflösung von 0,5″ (Bogensekunden), ja bis auf 0,25″ herunter erzielen. Erstmalig wurden CCD-Beobachtungen beim Mars während der Opposition von 1988 durchgeführt, die nicht nur durch die verbesserten Instrumente, sondern auch durch das gesteigerte Interesse der Öffentlichkeit besonderes Gewicht erhielt. Seit 1971 war Mars der Erde nicht mehr so nahe gewesen (56 Millionen Kilometer, mit einer scheinbaren Größe von 23,7″) und erst 2018 (im Juli) kommt er uns wieder so nahe (57,6 Millionen km).

Teleskopbeobachtungen der Marsscheibe von 1988 und späteren Jahren zeigten zwar keine Kanäle, doch machten sie lineare Streifenformationen sichtbar, die möglicherweise einstmals zur Illusion der Marskanäle beigetragen haben mögen. Es handelt sich bei ihnen um dunklere »Strähnen« in der Marsatmosphäre, vielleicht durch wehende Staubfahnen verursacht, aber auch um windgeblasene schweifähnliche Ablagerungen helleren Bodenmaterials auf der Leeseite zahlreicher Kratererhebungen.

So gewaltig auch das Teleskop die Erforschung des Roten Planeten vorangebracht hat, blieb doch unser Wissen über ihn letzten Endes durch zwei Schranken begrenzt: einmal die von der Erde auch im besten CCD-Teleskop erreichbare Auflösung, und zum anderen der Mangel an »temporaler Auflösung«, d. h. die Kürze der Zeit, über die Beobachtungen vorliegen. Um zeit-

Mars vom Raumteleskop *Hubble* 1995, mit Polkappe aus Wasser- und Trockeneis und dunklen Strähnen. Rechts: Windgeblasene (äolische) schweifähnliche Ablagerungen

lich veränderliche Marsphänomene wie Polkappen, dunkle »Meere«, helle »Wüsten«, Kanäle, »Oasen«, atmosphärische Wolken und den mysteriösen »blauen Dunst« studieren zu können, sind sogenannte synoptische Aufzeichnungen über längere Zeiträume erforderlich. Erst Serien von Aufnahmen, von Raumsonden, Landegeräten und Rovern, vermitteln die hierzu nötige Wissensdatei. Doch dazu musste der Mensch mit dem Zuendegehen des Zeitalters der Marsforschung aus der Ferne neue Techniken schaffen, die ihn in seinem Forscherdrang, nicht zuletzt auch getrieben vom fortbestehenden populären Fantasiebild des Mars als Herberge des Lebens, dem Roten Planeten physisch näherbringen konnten. Mit ihnen wurde Mars als Bruder der Erde zutiefst ein Teil von uns selbst.

Kapitel 3
Mars ist erreichbar – aber wie?

Gedankenspiele über mögliche Methoden, nicht nur optisch, sondern auch physisch zum Roten Planeten zu gelangen, waren in den Mars-Werken besser fundierter Schience-fiction-Autoren, die ihren »Plot« glaubwürdiger machen wollten, fester Standard geworden. Gewiss hatten sie auch einen erheblichen Anteil daran, einem zweiflerischen Laien die Durchführbarkeit des Unternehmens plausibler zu machen, ja sogar das Interesse Jugendlicher auf Physik, Mathematik und Ingenieurwissenschaften als möglichen Beruf zu lenken. Doch erst die sorgfältige Anwendung wissenschaftlich-technischer Methodiken der Analyse und Synthese auf das Problem des interplanetaren Fluges konnte auch staatliche Expertenausschüsse dazu bewegen, die Erreichbarkeit des Mars ernst genug zu nehmen, um Sondenmissionen zu finanzieren.

Will man eine Flugbahn zum Mars bestimmen, so hat man sich natürlich in erster Linie genauestens nach den Bewegungen der Planeten um die Sonne zu richten. Wie sieht es damit aus? Zunächst wollen wir uns die Bahnen von Erde und Mars vergegenwärtigen, um dann die Reiserouten näher zu betrachten, die sich zwischen ihnen zum »Übergang« bieten.

Mit seiner Entdeckung des Gravitationsgesetzes schenkte uns Newton die Möglichkeit, die Bahnen zweier Körper um den gemeinsamen Schwerpunkt mathematisch exakt berechnen zu können. Man nennt diesen Fall das Zweikörperproblem. Nehmen wir jedoch einen weiteren Körper hinzu, so stehen wir prompt vor einem Dilemma, denn bei drei Körpern gibt es keine geschlossenen exakten Lösungen. Ihre Bewegungen können nur noch schrittweise (»numerisch«) gelöst werden, was mit Computern allerdings schon längst zur Routine geworden ist und sehr genaue Werte liefert. Bei einer interplanetarischen Sonde kann man dergestalt mit passenden Integrationsverfahren neben der Schwerkraft der Sonne auch die Störungen durch andere Körper, etwa Jupiter, berücksichtigen. Bei Planung und Entwurfsgestaltung, dem »Design«, von Missionsprofilen, bei denen nicht die zur Navigation zwischen den Planeten erforderliche Präzision verlangt wird, genügt es vollauf, wenn wir das Mehrkörperproblem auf den einfachen Zweikörperfall reduzieren.

Da beim Raumflug ferner die Masse der Sonde oder des Schiffs im Vergleich zu der des jeweiligen Zentralkörpers (Erde, Sonne, Mars) verschwindend klein ist, kann man weiterhin auch sie vernachlässigen und sich mit dem so entstandenen »eingeschränkten Zweikörperproblem« begnügen. Hierbei bewegt sich ein als masselos angenommener kleiner Körper (das Fluggerät) im Schwerkraftfeld eines dominierenden Massezentrums (der Himmelskörper) – eine Vereinfachung zwar, doch liefert sie bei Beachtung gewisser Rechentricks für den Missionsentwurf genügend genaue Werte, wie wir später sehen werden.

Die Lösungen des eingeschränkten Zweikörperproblems sind die sogenannten Kegelschnitte. Neben den trivialen Lösungen Punkt und Gerade gehören zu ihnen der Kreis und die Ellipse. Parabel und Hyperbel sind die beiden anderen Familienmitglieder. Der Name sagt es schon: Kegelschnitte sind Kurven, die beim ebenen Schneiden eines unendlich groß gedachten geraden Kreiskegels (bzw. Doppelkegels im Fall der Hyperbel) entstehen, je nachdem, wie die Schnittebene in Bezug auf die Mantellinie gelegt wird. Orbits, das heißt: geschlossene Kreise oder Ellipsen, und offene Flugbahnen (»Trajektorien«) im All sind immer Kegelschnitte, solange man sich auf zwei Körper beschränkt, von denen sich der eine unter dem Schwerkrafteinfluss des anderen bewegt.

Wie der Kreis hat auch die Ellipse einen Mittelpunkt, darüber hinaus jedoch noch zwei Brennpunkte. Sie liegen in gleichen Abständen beiderseits von ihm auf der größeren Achse. Definiert sind sie dadurch, dass von ihnen zu jedem Punkt auf der Ellipse gezogene Strecken oder »Brennstrahlen« (auch »Radiusvektoren«) eine immer gleich große Summe haben. Setzt man bei einem elliptischen (genauer: einem allseitig geschlossenen ellipsoidischen) Spiegel eine Lichtquelle in einen der Brennpunkte, so laufen die von ihm ausgehenden Lichtstrahlen alle im anderen Brennpunkt zusammen (ein Trick, auf dem Flüstergalerien in mittelalterlichen Bauten beruhen). Während der eine Brennpunkt in der Himmelsmechanik leer bleibt, sitzt im anderen ein Himmelskörper als Massezentrum, etwa die Sonne. Der ihm zunächst liegende Punkt der Ellipse auf der großen Achse ist die Periapse (griech. »peri« = nahe), der gegenüberliegende, fernste Punkt die Apoapse (»apo« = weg von), und die große Hauptachse heißt daher auch Apsidenlinie. Bei unserem Sonnensystem haben die beiden Punkte die besonderen Bezeichnungen »Perihel« und »Aphel« (griech. »helios« = Sonne).

Der Abstand jedes Brennpunkts von der Mitte heißt »lineare Exzentrizität«. Dividiert man sie durch die halbe Länge der Ellipse (der halben großen Achse), so erhält man die »numerische Exzentrizität« e, die gegenüber der linearen Exzentrizität den Vorteil hat, dass sie dimensionslos und damit leichter zu handhaben ist. Es gibt sie bei allen Kegelschnitten: Bei der Ellipse ist e kleiner als 1, bei der Parabel gleich 1 und bei der Hyperbel größer als 1. Schieben wir beide Brennpunkte aufeinander zu, so nimmt mit kleiner werdendem Abstand die Exzentrizität ab, und wenn sie im Mittelpunkt zusammenfallen, ist e = 0 und aus der Ellipse ein Kreis geworden. Die Exzentrizität drückt also zahlenmäßig die Abweichung der Ellipse von der genauen Kreisform aus. Bei der Erdbahn beträgt e = 0,0167; sie weicht also nur wenig von der Kreisform ab. Beim Mars ist sie mit e = 0,0934 6-mal größer; die Marsbahn ist demnach wesentlich elliptischer.

Im Mittel 227,9 Mio. km von der Sonne entfernt, hat der Marsorbit ein Perihel von 205,44 Mio. km, und sein weitester Abstand, das Aphel, beträgt 247,84 Mio. Das sind rund 17% Unterschied zwischen den beiden Punkten gegenüber der Sonne: eine beträchtliche Elliptizität. Die Erdbahn hat einen sonnennächsten Abstand von 146,6 Mio. km gegenüber 152,59 Mio. in Sonnenferne, was nur 4% Unterschied ausmacht. Ihr mittlerer Abstand von der Sonne, von den Astronomen auch als eine »Astronomische Einheit« (AE; englisch: Astronomical Unit/AU) bezeichnet, beträgt 149,598 Mio. km.

Wie die Erde hat auch der Himmel einen Äquator. Wir erhalten ihn, wenn wir uns die Ebene des Erdäquators verlängert denken, bis sie die Himmelskugel schneidet und dort einen geschlossenen Kreis bildet, eben den Himmelsäquator. Wegen der Schrägstellung der Erdachse von ungefähr 23,5° gegenüber der Ekliptik, sind diese und der Himmelsäquator um den gleichen Betrag gegeneinander geneigt, und man spricht von der »Schiefe der Ekliptik«. Sie ist nicht konstant, sondern schwankt unter dem Einfluss der anderen Planeten innerhalb von 40 000 Jahren zwischen etwa 21° 55′ und 24° 18′ und nimmt zurzeit um einen Betrag von etwas weniger als einer hal-

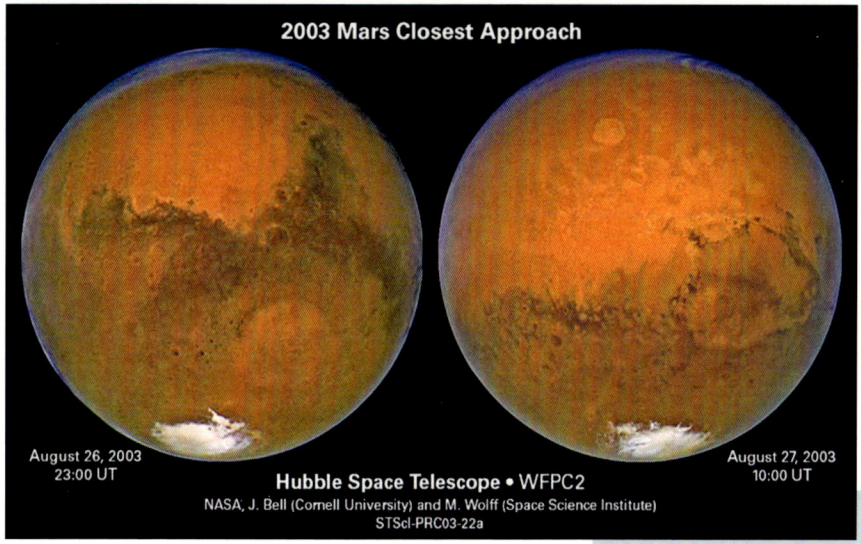

2003 Mars Closest Approach

August 26, 2003
23:00 UT

August 27, 2003
10:00 UT

Hubble Space Telescope • WFPC2
NASA, J. Bell (Cornell University) and M. Wolff (Space Science Institute)
STScI-PRC03-22a

Mars im kleinstmöglichen Erd-Abstand: Opposition 2003 (*Hubble-Teleskop*/WFPC2-Kamera)

ben Bogensekunde ($''$) im Jahr ab. Im Jahr 2012 beträgt sie 23° 21′ 15″. Dieser Effekt trägt neben ihrer Exzentrizität und Präzession zur Entstehung der Eiszeiten bei, als einer der Faktoren der langfristig-regelmäßigen, natürlich auftretenden Klimaschwankungen, genannt Milanković-Zyklen.

Schneidet eine Ebene einen gegen sie geneigten Ring, so entstehen zwei Schnittpunkte. Bei Ekliptik und Himmelsäquator kennen wir sie als Äquinoktien oder Tagundnachtgleichen: Der eine ist der Frühlingspunkt am 20. März (engl. Vernal Equinox), der andere der Herbstpunkt am 22. September (Autumnal Equinox) (beide für 2012). Beim Entwurf von Marsmissionen dient die Richtung des Frühlingspunktes, auch »Widderpunkt« genannt (bisweilen auch des Herbstpunktes) als Bezugskoordinate, von der aus die Bahngeometrien gerechnet werden.

Die Ekliptik präzessiert langsam wie ein schrägstehender Brummkreisel. Wie bei ihm wird die Präzession durch äußere Störungen verursacht, teils durch Sonne und Mond (»lunisolare Präzession«), teils durch die anderen Planeten (»planetare Präzession«). Sie ist deshalb ihrerseits geringen Schwankungen unterworfen. Sie macht, dass die Äquinoktialpunkte gemächlich den Himmelsäquator entlangwandern. Zurzeit rücken sie jährlich um 50,4″ vor, sodass der Frühlingspunkt (natürlich auch der gegenüberliegende Herbstpunkt), heute im Sternbild der Fische am Rand des Wassermanns, im Zeitraum von 25 700 Jahren, dem »Platonischen Jahr«, einmal um die Ekliptik herumläuft. Entsprechend beschreibt auch der Himmelsnordpol, der derzeit nahezu mit dem Polarstern im Kleinen Bären zusammenfällt, in dieser Zeit einen Kreis um den Pol der Ekliptik.

Während die Erde für eine Umkreisung der Sonne ein Jahr benötigt, braucht Mars, mit einem anderthalbmal längeren Bahnumfang, dagegen für einen Orbit, d. h. für sein Jahr, 687 Tage (1,88 Erdjahre). Das bedeutet aber auch, dass Erde und Mars ihren gegenseitigen Abstand ständig verändern. Mars hat eine mittlere Geschwindigkeit von 86 868 Stundenkilometern (Perihel: 95 054 km/h; Aphel: 78 825 km/h), gegenüber 107 170 km/h der Erde. Diese überholt ihn deshalb in bestimmten Zeitabständen, die aufgrund der Bahnelliptizität zwischen 765 und 810 Tagen variieren. Den genauen Mittelwert von 779,936 Tagen (= 2,14 Jahre) nennt man »Synodische Periode« (griech. synodos = Treffen).

Sehr günstig trifft sich, dass die Orbitperioden von Erd- und Marsbahn fast gleiche Faktoren haben: 15 Erdjahre entsprechen nicht ganz 8 Marsjahren (genauer Wert: 7,975), das sind 7,02 synodische Perioden, und 17 Erdjahre sind gleich 9,038 Marsjahre (7,96 synodische Perioden). Warum das günstig ist? Nun, jeweilige Erde-Mars-Stellungen und Missionsprofile wiederholen sich fast genau alle 15 bis 17 Jahre, und diese Periodizität in der Gesetzmäßigkeit der Paarstellungen erleichtert uns die langfristige Planung und Organisation einer Erforschung und Besiedlung des Mars durch Menschen.

Wie weiter unten gezeigt, hat man manchmal den sonnennäheren Planet Venus in die Auswahl und das Design von Marsmissionen mit einbezogen. Bei günstigen Konstellationen kann er nämlich für den Hin- oder Rückflug zur Beschleunigung oder Abbremsung, d. h. als Gravitationshilfe eingeschaltet werden. Venus, Erde und Mars wiederholen ihre Relativstellungen alle 6,4 Jahre, jedoch mit erheblich geringerer Präzision als die Erde-Mars-Paarung, denn dies entspricht 3,19 Marsjahren und 9,74 Venusjahren (2,8 synodische Erde-Mars-Perioden). Die Orbitperioden haben keine gemeinsamen Faktoren, sodass sich die Möglichkeit einer Venus-Schwerkrafthilfe nicht im regelmäßigen Zyklus von 15–17 Jahren wiederholt.

Bei den vielen möglichen Konstellationen der beiden Planeten Erde und Mars gibt es ein paar herausragende Stellungen. Stehen sie bei jeder Umkreisung der Sonne im Moment des Überholens gemeinsam mit dieser auf einer geraden Linie, so spricht man seit altersher von einer »Opposition«. Damit wollten die frühen Astronomen sagen, dass Mars in diesem Moment der Sonne genau gegenübersteht – in ihrem »Gegenschein« auf der anderen Seite der Erde. Eine solche Stellung kann die Erde nur mit einem der äußeren Planeten einnehmen; für Venus und Merkur gibt es keine Oppositionen. Uns interessiert diese bevorzugte Konstellation in erster Linie deshalb, weil uns der Mars dann besonders nahe ist.

Hauptsächlich wegen der Elliptizität der Planetenbahnen mit ihren Aphel- und Perihelpunkten bleibt neben der synodischen Periode auch dieser geringste Abstand von Opposition zu Opposition nicht gleich groß. Es gibt Perihel- und Apheloppositionen, und am kleinsten – 55,4 Mio. km – ist der Abstand dann, wenn sich Mars bei Opposition gerade in der Nähe seines eigenen sonnennächsten Punkts, des Perihels, befindet, während die Erde zu dieser Zeit im sonnenfernsten Punkt ihrer Bahn steht (Juni–Juli). (Der Grund, warum der geringste Abstand nicht exakt bei Oppositionen eintritt, liegt daran, dass die Bahnebene des Mars nicht genau mit der der Erde (Ekliptik) zusammenfällt, sondern um 1°51′ dagegen geneigt ist.) Diese »günstigen« Oppositionen fallen daher bei uns immer in die Spätsommerwochen, die »ungünstigen« in den Jahresanfang, wobei die Abweichung bis zu 8 Tage 13 Std. betragen kann. Der Mittelwert bei Oppositionen ist 77,9 Mio. km. Wegen der ungleichen Bahngeschwindigkeit in Sonnennähe und Sonnenferne sind Oppositionen im Aphel etwas häufiger als die im Perihel. Die letzte »günstige« Opposition war im November 2003 (0,373 AE, bzw. 55,8 Mio. km), die nächste kommt erst im Juli 2018 (0,386 AE; 57.7 Mio. km), die letzte »ungünstige« war im März 1997 (0,67 AE; 100,2 Mio. km), wobei 1 AE = 149 597 870,691 km.

Weil der Mars bei Oppositionen im Gegenschein steht, steigt er bei Sonnenuntergang im Osten über unserem Horizont auf, wenn sich unser Standort von der Sonne weg ins Dunkel dreht. Bei Sonnenaufgang geht er im Westen unter, ist also die ganze Nacht hindurch zu sehen, und um Mitternacht kulminiert er (d. h. geht durch den örtlichen Meridian). Wegen der Schrägstellung der Erde, die uns auf der Nordhalbkugel im Sommer der Sonne zuneigt, erhebt er sich allerdings bei den »günstigen« Oppositionen für die nördlichen Breiten nicht weit über dem Horizont – ein großer Nachteil für unsere Sternwarten, denn dann finden die besten Marsbeobachtungen im Süden statt.

Das Gegenteil zur Opposition ist die Konjunktion: wenn Mars und Erde in ihrem jährlichen Lauf um die Sonne genau 180° auseinanderliegen. Mars steht dann von uns aus gesehen hinter der Sonne, d. h. in »oberer Konjunktion« mit ihr, wo er nicht nur nicht sichtbar ist, sondern auch die weitestmögliche Entfernung von uns hat: 396,64 Mio. km. Kurz danach erscheint er knapp westlich der Sonne, wo wir ihn unmittelbar vor Sonnenaufgang im Osten sehen können und als »Morgenstern« bezeichnen. An den folgenden Tagen wandert er auf seiner Bahn weiter und ist morgens immer früher zu sehen. Der Punkt, in dem er für uns mit der Sonne einen rechten Winkel bildet, heißt »westliche Quadratur«. Er zeigt uns dort einen kleinen Teil seiner Nachtseite, sodass wir ihn ausnahmsweise in einer von der Kreisform abweichenden mondähnlichen Phase sehen. Nach Durchlaufen der Opposition, wo er um Mitternacht im Süden steht, wandert er durch die 90°-Stellung der östlichen Quadratur weiter und zunehmend westwärts auf die Sonne und die nächste Konjunktion zu. Mars ist dann nur noch für immer kürzere Zeiten nach Sonnenuntergang sichtbar und damit zum »Abendstern« geworden.

In den sechs Monaten, in denen die Erde eine halbe Umrundung der Sonne vollbringt, legt Mars nur ein Viertel seiner Bahn zurück. Verbinden wir die beiden Planeten während der Opposition, also zwischen den Quadraturen, durch gerade Sichtlinien, so führt deren Projektion auf den Fixsternhimmel dahinter eine Schleife aus, die die Illusion erzeugt, dass der Rote Planet in seiner Bahn umkehrt und zwei bis drei (Mars-)Monate lang rückläufig ist.

Die geringfügige Neigung seiner Bahn gegen die Ekliptik lässt den Planeten im Verlauf seines Sonnenumlaufs einmal über, einmal unter unsere Orbitebene pendeln. Seine Bahn schneidet diese also an zwei Stellen, den Knoten. Beim aufsteigenden, nördlichen Knoten erhebt er

*) Langsame Bahnbewegung verursacht längere Jahreszeiten
**) Schnelle Bahnbewegung verursacht kürzere Jahreszeiten

Jahreszeiten im Vergleich: Erde (innen), Mars (außen)

48

sich nahe seinem Aphel über die Ekliptik (um 8 Mio. km), beim absteigenden, südlichen Knoten sinkt er nahe dem Perihel unter sie (um 6,6 Mio. km).

Wie steht es mit den Jahreslängen und Jahreszeiten von Erde und Mars? Wie verhalten sich Tag und Nacht? Bei der Erde in ihrem Lauf um die Sonne unterscheidet man zwei Arten von Jahr. Die auf den Sternenhimmel bezogene Zeitdauer eines exakten Umlaufs ist ein »siderisches Jahr« (nach lat. sidus = Himmelskörper, plural sidera). Im menschlichen Alltag ist jedoch von jeher eine dem jahreszeitlichen Wechsel angepasste Jahresmessung realistischer, nämlich von Frühlingsanfang zu Frühlingsanfang, also die Zeitspanne zwischen einem (scheinbaren) Durchgang der Sonne durch den Frühlingspunkt bis zum nächsten. Diese Spanne ist das uns vertraute sogenannte »tropische Jahr«. Da der Frühlingspunkt aber, wie wir gesehen haben, nicht wie die Fixsterne still steht, sondern langsam vorrückt und dabei der Erde »entgegenkommt«, ist das tropische Jahr etwas kürzer als das siderische, und zwar um 20 Min. 23 Sek. So haben wir als Länge des siderischen Jahres 365 Tage 6 Std. 9 Min. 9,54 Sek. und des tropischen Jahres 365 Tage 5 Std. 48 Min. 46,98 Sek. Im Platonischen Jahr von 25 700 Jahren ist deshalb die Zahl der siderischen Jahre um 1 geringer als die der tropischen.

Noch zwei weitere Vorzugspunkte hat die Erdbahn neben den Äquinoktien (auf die wir gleich noch einmal zurückkommen): den Sommeranfang am 22. Juni, bei dem die Sonne am weitesten nördlich, im Wendekreis des Krebses, steht (Sommer-Solstitium), und den Winteranfang am 22. Dezember, wo sie im Wendekreis des Steinbocks ihren südlichsten Stand erreicht (Winter-Solstitium). Bei einer kreisrunden Erdbahn gäbe es zwar immer noch vier Jahreszeiten (die ja auf der Schrägstellung der Drehachse beruhen), doch hätten sie alle die gleiche Länge – jeweils genau drei Monate. In engem Zusammenhang mit der Jahresbewegung der Erde steht der zur Zeitmessung benutzte Kalender. Während für Mars noch ein solcher geschaffen werden muss (an Vorschlägen mangelt es nicht), haben wir unseren bewährten gregorianischen Kalender schon seit 1582. Seine Jahresregelung ist so genau, dass er nur um 22 Sekunden von der Länge des tropischen Jahres abweicht. Der Fehler summiert sich daher erst in 3900 Jahren auf einen Tag auf.

Damit er diese hohe Genauigkeit erreicht, musste bekanntlich ein System ungleicher Jahreslängen (Gemeinjahre und Schaltjahre) in ihm eingebaut werden. Für viele Zwecke der Astronomen und auch für den Planer interplanetarer Raumflüge sind diese Ungleichheiten sehr hinderlich. Man verwendet daher stattdessen oft das sogenannte »Julianische Datum« (JD), das schon 1582 von Joseph Justus Scaliger (1540–1609) vorgeschlagen und nach seinem Vater benannt wurde. Hierbei wird ganz einfach jeder einzelne Tag gezählt, beginnend mit dem Mittag des 1. Januar 4713 v. Chr., wobei entgegen dem historischen Usus zwischen vor- und nachchristlicher Zeitrechnung ein volles Jahr null berücksichtigt wird.

Jeder Tag trägt deshalb eine ganz bestimmte Zahl, die nur für ihn allein gilt, und die Differenz zweier Tageszahlen entspricht dann exakt dem dazwischenliegenden Zeitraum. Beispiel: Zwischen JD 2 451 545 (1. Januar 2000 mittags) und JD 2 455 988 (1. März 2012 mittags) sind genau 2 455 988 – 2 451 545 = 4443 Tage vergangen.

Der Julianische Tag beginnt um Mittag UT (Universal Time, entsprechend der früheren Mittleren Greenwich Zeit GMT, bei der allerdings der Tag um Mittag begann, statt um Mitternacht wie heute). Der Mittag des 31. Dezember 2011 ist der Anfang von JD 2 455 927 – so viele Tage lag der Beginn der Julianischen Periode zurück. Der 31. Dezember 2012 ist dann gleich JD 2 455 927 + 366 (2012 ist ein Schaltjahr: der Februar hat 29 Tage) = JD 2 456 293. Julianische Tage bieten noch einen weiteren kleinen Vorteil: Dividiert man die einem bestimmten Datum entsprechende JD-Tageszahl mehrmals hintereinander durch 7, so ist der Tag ein Montag, wenn der Rest gleich 0 ist, ein Dienstag, wenn 1 übrig bleibt, usw.

Wie schon Herschel entdeckt hat, steht auch die Rotationsachse des Mars schräg zu seiner Bahnebene (25° 12′). Sie weist jedoch, wie bereits gesagt, in eine andere Richtung als die der Erde, und zwar in die ungefähre Gegend des Sterns Deneb im Schwan (λ Cygni). So hat der Mars zwar auch Jahreszeiten wie die Erde, doch finden sie aufgrund der anderen Achsenrichtung zu anderen Zeiten statt. Da der Winkel zwischen den Rotationsachsen von Erde und Mars ungefähr 45° beträgt, trifft es sich, dass ihre Äquinoktiallinien, d. h. die Gerade durch die beiden Äquinoktien jedes Planeten, nahezu in rechtem Winkel zueinander stehen. Wenn in den nördlichen Breiten der Erde bei den günstigen Periheloppositionen Spätsommer herrscht, ist es daher auf dem Mars im Norden gerade Winter, und sein Nordpol ist von uns und der Sonne weggekehrt und liegt im Dunkeln – umgekehrt im Süden, wo für den Südpol lange Zeit die ferne Sonne nicht untergeht. Bei Apheloppositionen sind die Verhältnisse umgekehrt: Die Nordhalbkugel der Erde hat Winter und die des Mars Sommer.

Der wichtigste Unterschied der Mars-Jahreszeiten zu denen der Erde entspringt jedoch seiner Bahnelliptizität, die ihm, wie gesagt, eine jährliche Variation der Sonnenentfernung von 17% (gegenüber 4% der Erde) auferlegt. Entsprechenden Schwankungen sind seine Temperaturen unterworfen: ein Sommer im Perihel ist natürlich viel wärmer als einer im Aphel, und die Hemisphäre mit »Aphelwinter« muss einen kälteren Winter als die andere haben. Hinzu kommen die stark unterschiedlichen Längen der Jahreszeiten aufgrund der vom 2. keplerschen Gesetz bedingten veränderlichen Bahngeschwindigkeit. Während die Sommerzeit auf der Erde im Norden und Süden fast gleich lang ist (93 gegenüber 89 Tage), dauert auf dem Mars der nördliche (Aphel-)Sommer 182 Erdtage, der südliche (Perihel-) Sommer dagegen nur 160. Das 687 Erdtage lange Marsjahr (genau: 686,979) enthält 668,6 Marstage, da der Tag auf dem Mars durch die etwas langsamere Rotation des Planeten um 37 Minuten länger ist. Rechnen wir in Marstagen, so haben die Jahreszeiten auf ihm folgende Dauer:

Nordhalbkugel	Südhalbkugel	Tage
Frühling	Herbst	194
Sommer	Winter	178
Herbst	Frühling	143
Winter	Sommer	154

Die Schrägstellung der Rotationsachsen, die bei Erde und Mars die Jahreszeiten erzeugt, ist auch daran schuld, dass die Länge der Tage bei beiden nicht immer dieselbe ist. Im Winter ist die Achse von der Sonne weggeneigt, weshalb die Tage auf der Nordhalbkugel kürzer und die Nächte länger sind; das Umgekehrte gilt im Süden. Anders herum ist es im Sommer: Im Norden sind beide Planeten zur Sonne hin geneigt und erleben längere Tage und kürzere Nächte. Bei den Äquinoktien (für die Erde am 21.3. und 23.9.) sind auf beiden Planeten Tag und Nacht gleich lang, weil die Sonne genau auf dem Äquator und die Drehachse des Planeten senkrecht zur Sonnenrichtung steht. Nachdem wir damit eine Vorstellung von den Umlaufbahnen von Erde und Mars und ihren gegenseitigen Beziehungen gewonnen haben, können wir uns überlegen, welche Gesetzmäßigkeiten die möglichen Reiserouten zwischen den Planeten bestimmen. Wie erreichen wir den Mars und dann wieder die Erde?

Die Grundaufgabe beim Raumfahrtproblem besteht darin, dem Raumschiff eine bestimmte Geschwindigkeit zu geben, deren Größe und Richtung je nach Mission zu ermitteln sind. Hierbei müssen wir in erster Linie drei Schwerpunktbereiche berücksichtigen, die miteinander und mit dem uns technisch und finanziell Möglichen in Einklang gebracht werden müssen: Geometrien, Energien und Zeiten.

Zunächst die Geometrien: Hier unterscheidet man ganz fundamental zwischen ballistischen, »geworfenen« Freifall-Bahnen, bei denen die Flugphasen zwischen den Planeten größtenteils durch antriebsloses Dahintreiben (engl. »Coasting«) zurückgelegt werden, und solchen, bei denen für die Dauer des Übergangs kontinuierliche Schubkräfte aufgebracht werden, und zwar durch Schwachschubantrieb etwa mit Ionen- oder elektrischen Triebwerken. Solche hat schon in den Anfangsjahren der Raumfahrt der Pionier Ernst Stuhlinger bei der U.S. Army und NASA untersucht (s. Kapitel 7). Wir wollen uns hier auf die konventionellen ballistischen Bahnen beschränken, die für die ersten bemannten Marsmissionen eher infrage kommen. Die Aufgabe eines »Himmelsmechanikers«, der eine Marsexpedition auslegt, hat gewisse Analogien mit der eines Familienvaters, der für sich und die Seinen eine Urlaubsreise nach Mallorca plant. Er hat die Wahl zwischen verschiedenen, langsameren oder schnelleren Transportrouten (Straße, Luft, Meer), die er für Hin- und Rückreise unterschiedlich kombinieren kann, sowie kürzeren oder längeren Aufenthalten am Urlaubsort. Bestimmt wird seine Wahl in erster Linie von zwei Faktoren: den Reisezeiten, die sich nach Betriebs- und Schulferien der Familienmitglieder richten müssen, und den Gesamtkosten, die sein verfügbares Urlaubsbudget nicht überschreiten dürfen.

In einer ähnlichen Lage befindet sich der Designer einer interplanetarischen Mission. Die ihm offen stehenden Reisezeiten werden durch die Stellungen der Planeten vorgeschrieben. Und der Kostenfaktor bei der Entscheidung für oder gegen ein aus vielen möglichen Reiserouten zusammengestelltes »Missionsprofil«, also den Rundflug vom Ausgangsplanet zum Zielplanet und zurück, ist die Gesamtheit aller Geschwindigkeitsänderungen einschließlich schwerkraftverursachter Verluste durch Abflug-, Ankunft- und andere größere Bahnmanöver. In der Fachsprache werden diese auch »Delta-V« (geschrieben »ΔV«) genannt, denn mit Δ (griech. D) bezeichnet der Physiker oft Differenz oder Abweichung, und V steht für *Velocity* (engl. Geschwindigkeit). Aus einem weiten Bereich von Reisezeiten und Gesamtgeschwindigkeits-»Kosten« muss der Planer einen allen Auftragsforderungen entsprechenden bestmöglichen Abgleich, d. h. den optimalen Kompromiss finden.

Ein Weltraumflug von A nach B verläuft niemals geradlinig »wie die Krähe fliegt«. Ein heliozentrischer Rundflug besteht aus zwei oder mehr Übergangs- oder Transferetappen, jede für sich ein Stück eines Kepler-Orbits, also einer Ellipse, im Gravitationsfeld der Sonne. Gibt es zwischen Start und Ziel in einer bestimmten Zeitspanne, etwa einem Monat, mehrere Transferprofile, so spricht man von einem »Übergangskorridor« mit bestimmter Transferdauer, der beim Abflug ein bestimmtes zeitlich begrenztes Start-»Fenster« und am Ziel ein Ankunfts-»Fenster« hat. Innerhalb der Korridore kann man sich gewöhnlich durch Erhöhung der Reisegeschwindigkeit kürzere Reisezeiten einhandeln, und umgekehrt.

Der einfachste Fall sind zwei Planeten in kreisförmigen Umlaufbahnen in der gleichen Ebene (»koplanar«) um den Zentralkörper. Für ihn ist die Übergangsbahn geringsten Energiebedarfs seit 1925 bekannt: Gefunden hat sie der Essener Ingenieur Walter Hohmann. Der nach ihm benannte Hohmann-Übergang beginnt und endet jeweils tangential am Ausgangs- und

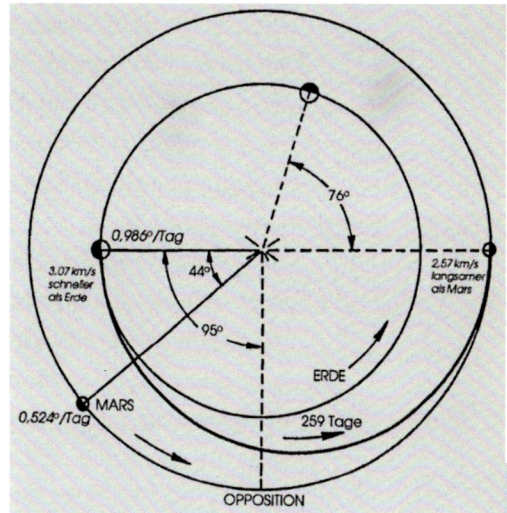

Profilschema einer Marsmission mit Hohmann-Übergang (typisch)

Zielorbit (d. h. unter einem örtlichen Flugbahnwinkel von Null; der Fachmann spricht von »kotangential«), ebenso die Rückflugbahn. Das heißt, Hin- und Herflug beschreiben jeweils die Hälfte einer Ellipse, in deren einem Brennpunkt die Sonne steht; ihre Exzentrizität beträgt im Fall Erde – Mars 0,2076.

Wir sehen: Der Minimalabstand des Mars von 55,4 Mio. km ist eigentlich nur für Beobachtungszwecke von Interesse; die Reise selbst, wenn auf sparsamste Weise durchgeführt, geht über eine Strecke von jeweils 586,7 Mio. km für Hin- und Rückflug, insgesamt also 1,17 Mrd. km. Der Hohmann-Übergang ist energetisch deswegen so vorteilhaft, weil er die natürlichen Bahngeschwindigkeiten von Erde und Mars voll für sich ausnützt (Erde: 29,77 Kilometer pro Sekunde im Schnitt, Mars: 24,1 km/s). Das bedeutet, dass man nur etwa den zehnten Teil der bereits vorliegenden natürlichen Geschwindigkeit zu dieser addieren muss, um die Energieunterschiede zwischen zwei Planetenbahnen beim Übergang von einer zur anderen wettzumachen.

Genau genommen ist die Hohmann-Lösung ein nicht ganz reales Ideal, da vor allem die Marsbahn erheblich von der Kreisform abweicht, wie wir gesehen haben, und die beiden Bahnebenen nicht genau koplanar liegen. Doch liefert sie brauchbare Grenzwerte und bildet eine gute Annäherung für Vergleichs- und Abgleichstudien, wie man sie bei der ersten abschätzenden Missionsplanung braucht. Die geringe Neigung des Marsorbits gegen die Ekliptik von 1,8° bedingt eine entsprechende geringfügige Neigung der Übergangsbahn, doch ist dieser Effekt, verglichen zum Einfluss der Exzentrizität, sehr klein. (Das »Plane Change Kick«-Manöver zwischen Erd- und Marsbahn beträgt rund 0,872 km/s (27 x sin 1,8º); durch optimale Platzierung des Manövers kann der Energiebedarf noch verbessert werden; er wird allgemein um die 0,5 km/s liegen.)

Insgesamt lassen sich zwischen zwei konzentrischen Planetenbahnen zwölf verschiedene Reisebahnen definieren, von denen die Hohmann-Minimumenergiemission die erste und darüber hinaus die einzige ist, bei der ein Zentralwinkel, oft auch »Reisewinkel«, von genau 180° durchmessen wird (entsprechend dem Wert 2π, wenn in Radians statt Bogengrad angegeben) und Abflug und Ankunft kotangential mit der jeweiligen Planetenbahn erfolgen. Beiderseits dieser »singulären« Lösung existiert eine Familie weiterer Niederenergiebahnen, bei denen man zwei Arten unterscheidet: Ellipsen mit einem Reisewinkel kleiner als 180°, Typ I genannt, und solche vom Typ II, bei denen er größer als 180° ist. Mit anderen Worten: Wenn auch beide Bahnarten kotangential zur Erdbahn an der Periapse beginnen und damit die Bahngeschwindigkeit der Erde voll ausnützen, erreicht Typ I den Zielplanet an einem Punkt vor der Apoapse nach nur teilweiser Durchfliegung der ersten Ellipsen-Längshälfte, wogegen beim Typ II das Rendezvous mit dem Mars erst nach Durchfliegen der Apoapse kommt, auf der zweiten Ellipsenhälfte.

Die Entscheidung des Planers zwischen Typ I oder Typ II, bei der die drei Größen Nutzlastgewicht, Entfernung des Ziels und Schubkraft der Startrakete berücksichtigt werden müssen, hängt von dem jeweiligen Energiebedarf und der günstigsten Flugzeit ab. Bei *Mariner 9*, der 1971 auf einer Bahn vom Typ I in weniger als sechs Monaten zum Mars flog, hatte zum Beispiel der Zeitfaktor den Ausschlag gegeben, während für die beiden *Viking*-Sonden 1975 der Wunsch nach maximalem Nutzlastgewicht zur Wahl von Typ-II-Übergängen führte, mit Flugzeiten zwischen zehn bis zwölf Monaten. Übergangsbahnen können auch nicht-kotangential liegen, sodass Abflug und Ankunft unter mehr oder weniger großen Bahnwinkeln erfolgen, die natürlich zusätzliche Energie erfordern. Kombiniert man die beiden Abflug/Ankunft-Fälle kotangential oder nicht-kotangential und die beiden Reisewinkelfälle Typ I oder Typ II miteinander, so ergeben sich acht verschiedene Möglichkeiten elliptischer Übergänge (neun einschließlich der Hohmann-Lösung). Daneben spielen auch die beiden anderen Kegelschnitte, Parabel und Hyperbel, eine Rolle in der Himmelsmechanik, und zwar lassen sich eine Parabellösung und je nach spezifischer Bahngeometrie drei Hyperbellösungen definieren.

Nun zu den Energien: Bei der Betrachtung der Bewegung von Himmelskörpern spricht man von zwei Energien: der Energie der Lage im Schwerefeld (»potenzielle Energie«), die man aufwenden muss, um die Masse aus der Bahn bis ins Unendliche zu befördern, und der Energie der Bewegung (»kinetische Energie«), die sich nach dem Quadrat der Geschwindigkeit richtet. Die Summe der beiden macht die Gesamtenergie des Körpers aus. Änderungen des Energiezustands erfordern äußere Kräfte, d. h. Schubmanöver bei Beschleunigung oder Abbremsung (bei letzterer auch aerodynamische Widerstandskräfte). Bei der interplanetaren Rundreise, ganz gleich welcher Bahngeometrie, sind im Allgemeinen (es gibt Ausnahmen) vier Hauptantriebsmanöver durchzuführen, zwischen welchen je nach Bedarf kleine »Mittkurs«-Korrekturmanöver eingeschaltet werden:

Manöver 1: Abflug von der Erde. Es dient in erster Linie dazu, dem Erdschwerefeld zu entkommen. Schon im Physikunterricht der Schule lernt man, dass hierzu das Erreichen der »Fluchtgeschwindigkeit« von 11,2 km/s erforderlich ist. Sie würde uns auf eine Parabel setzen, deren Ast in die Unendlichkeit geht, wo diese »parabolische« Geschwindigkeit null erreicht. Die Wirklichkeit ist anders, denn schon nach 925 000 km, dem Rand der Gravitations-»Einflusssphäre« der Erde, wird die Sonnenanziehung so übermächtig, dass im beschränkten Zweikörperproblem die Sonne an die Stelle der Erde als Zentralmasse tritt. Und um für diese eine Ellipse zu bilden, ist unsere Erdfluchtgeschwindigkeit zu klein. Sie muss deshalb schon gleich beim Abflug um einen bestimmten Betrag auf einen Wert erhöht werden, der in Bezug auf die Erde »hyperbolisch« (d. h. größer als parabolisch) ist und deshalb »hyperbolischer Überschuss« genannt wird. Da er in der Unendlichkeit als eine Restgeschwindigkeit verbleiben würde, dient für ihn das Zeichen V_∞ (gesprochen: »Vau unendlich«). Manöver 1 führt das Schiff also in eine antriebslos durchflogene »Fluchthyperbel« hinein, die von einer gewissen Distanz ab unmittelbar zur gewünschten antriebslosen Ellipsenbahn um die Sonne wird. (Schon Hermann Oberth hat gezeigt, dass es weit günstiger ist, die »Überschuss«-Energie schon beim Abflug von der Erde hinzuzufügen, da man sich dadurch weniger Zeit im Erdschwerefeld aufhält und entsprechend weniger Steigarbeits-Verluste bei seinem Verlassen in Kauf nehmen muss.)

Manöver 2: Einfang in eine Parkbahn um den Mars, von der aus dann der Abstieg in speziellen Landegeräten erfolgen kann. In der Gegend des Aphels der Transferellipse tritt das Schiff etwa 577 000 km vom Mars entfernt in dessen Einflusssphäre ein. Der Planet ist schneller als das Schiff und zieht es zu sich herunter. Für ihn als Zentralkörper ist dessen Ankunftsgeschwindigkeit wieder überparabolisch. Der Anflug an den Roten Planeten geschieht also auf dem Ast einer »Einfanghyperbel«, deren Geometrie so gelegt ist, dass ihr Scheitel die Höhe der gewünschten Satellitenbahn vom Mars hat. In ihm wird das Schiff durch Manöver 2 auf örtliche Kreisbahngeschwindigkeit abgebremst.

Manöver 3: Abflug vom Mars. Beim Verlassen des Mars kann das Schiff die Umlaufgeschwindigkeit seiner Satellitenbahn für das Manöver ausnützen, sodass ein relativ geringes zusätzliches ΔV genügt, um die nötige Fluchthyperbel zu ergeben, die im heliozentrischen Einflussgebiet zur Rückkehr-Ellipse wird.

Manöver 4: Bremsmanöver vor dem direkten Eintritt in die Erdatmosphäre. Oder alternativ: Einfang in eine Satellitenbahn um die Erde im Scheitel der Einfanghyperbel durch Verringerung der hyperbolischen auf örtliche Kreisbahn-Geschwindigkeit.

Mit welchen Größenordnungen an Energie haben wir es zum Beispiel beim größten Manöver Nr. 1 zu tun? Lassen wir zunächst die Erdschwere außer Betracht, so kann man nach dem 2. keplerschen Gesetz berechnen, dass eine Perihelgeschwindigkeit von 32,83 km/s an der Erde dazu genügt, uns auf einer Hohmann-Ellipse zum »höheren« Orbit des Mars zu tragen. Da die

Erde selber bereits 29,77 km/s Geschwindigkeit in ihrer eigenen Bahn hat (EMOS = Earth Mean Orbital Speed/Mittlere Bahngeschwindigkeit der Erde), ist nur die Differenz von 32,83–29,77 = 3,06 km/s aufzubringen. Nehmen wir nun die zu überwindende Erdschwere hinzu, aus der wir ja zunächst wie aus einem Brunnenschacht »hinausklettern« müssen, so haben wir dafür zu sorgen, dass uns danach für den Weiterflug in den heliozentrischen Raum dieser hyperbolische Überschuss V_∞ von 3,06 km/s noch verbleibt. Er muss also zusätzlich zur Fluchtgeschwindigkeit von 11,2 km/s aufgebracht werden. Die relativ zur Sonne zu verrechnende Geschwindigkeit besteht daher aus zwei Anteilen: die Restgeschwindigkeit V_∞ und die uns »gratis« mitgegebene Bahngeschwindigkeit der Erde. Erfolgt der Abflug kotangential zur Erdbahn, so addieren sich die beiden Geschwindigkeiten auf einfache Weise. Anderenfalls liegt ein Winkel vor, und die Addition geschieht »vektoriell«, d. h. lediglich aus den in die gewünschte Richtung weisenden Komponenten der beiden Geschwindigkeiten.

Wenn man von einem Warteorbit um die Erde, etwa einer Raumstation aus, zum Mars startet, kann man sich auch noch deren Bahngeschwindigkeit zunutze machen (etwa so, wie wir beim Start von Cape Canaveral gen Osten die Erdrotation dieses Breitengrades gratis »mitbekommen«), wie uns gleich ein Beispiel zeigen wird. Die dabei realisierte Energieeinsparung hat drei Ursachen: Zum einen kann das Raumschiff weitaus leichter gebaut werden als beim Start von der Erde. Zum zweiten kann die aufzubringende Beschleunigung und damit der Antrieb wesentlich kleiner sein, da wir uns ja bereits schon in einer Umlaufbahn im Randbereich der umgekehrt mit dem Quadrat der Entfernung abnehmenden Erdschwere befinden. Und zum dritten liegt die zum Einschuss zum Mars erforderliche Geschwindigkeit zum größten Teil bereits vor, und der noch hinzuzuaddierende Differenzbetrag ist relativ gering. Alles in allem bedeutet das, dass das Anfangsgewicht des Expeditionsschiffs (IMIEO = Initial Mass in Earth Orbit/Anfangsmasse im Erdorbit) weitaus niedriger sein kann.

Eine Parkbahn gibt einem ferner nicht nur die Möglichkeit, Montage- und Auftankoperationen durchzuführen und die Funktion aller Systeme vor dem Abflug noch einmal zu kontrollieren, sondern erlaubt es auch, die für ihn günstigste Zeit und Stelle im Raum abzuwarten. Das Schiff hat beim Start die natürliche Bahngeschwindigkeit des Parkorbits, die man je nach Abflugbahnwinkel mehr oder weniger vollständig als Anfangstempo mitbekommt (100%ig bei kotangentialem Start). Die zur Überwindung der Erdanziehung erforderliche Fluchtgeschwindigkeit, die vom Boden aus, wie wir wissen, 11,2 km/s beträgt, ist in der Höhe der Parkbahn geringer, da sie immer um den Faktor $\sqrt{2}$ (= 1,414) höher als die örtliche Kreisbahngeschwindigkeit liegt.

Beispiel: Ein Raumstationsorbit von 575 km Höhe, in dem eine Erdumkreisung 96 Min. dauert, hat eine natürliche Bahngeschwindigkeit von 7,576 km/s und eine parabolische oder Fluchtgeschwindigkeit von 7,576 x 1,414 = 10,714 km/s. Damit beim Austritt aus der Einflusssphäre der Erde ein hyperbolischer Überschuss von 3,06 km/s bleibt, wie ihn der Hohmann-Übergang verlangt (siehe oben), liefert eine Energiebetrachtung eine benötigte Abflug-

geschwindigkeit von 11,142 km/s. Diese liegt nur 428 m/s über der Fluchtgeschwindigkeit. Da wir bereits über eine Kreisbahngeschwindigkeit von
7,576 km/s verfügen, erfordert sie vom Antrieb nur die impulsive ΔV-Diffe-
renz von 3,566 km/s (ohne Schwereverluste).

Doch nach dieser Energiebetrachtung zurück zu den Bahngeometrien. Da
Erde und Mars beim Start der Hohmann-Bahn und ihr »benachbarter« Nie-
derenergiemissionen auf der gleichen Seite der Sonne im Bereich der Opposition stehen, durchläuft Mars bei Ankunft der Expedition an ihm gerade
seine Konjunktion hinter der Sonne. Daher werden niederenergetische
Übergänge oft auch Missionen der »Konjunktionsklasse« genannt. Wir wollen uns bei ihnen noch einen Moment aufhalten, um uns auch ihre Kehr-
seite anzusehen.

Eine typische Rundreise vom Hohmann-Typ, die von allen Missionen die
geringsten zusätzlichen Geschwindigkeitsänderungen erfordert, hat einen
theoretischen Gesamt-Geschwindigkeitsbedarf um 4,6 km/s. Interessant ist,
dass das zum Erreichen des Mars benötigte Total-ΔV nur geringfügig höher
liegt als für den Flug zum Mond. Von der Energiebetrachtung her sind Marsmissionen demnach nicht viel schwieriger als Mondflüge. Der eigentliche
Unterschied, der die Technik herausfordert, entsteht aus der sehr viel längeren Zeit, die ein auf ballistischer Bahn entlangtreibendes Schiff für den Hin-
und Rückflug benötigt. Dies trifft besonders auf
den Fall des Hohmann-Übergangs zu. Zwar sind

**Typisches Missionsprofil der Konjunktions-
klasse**

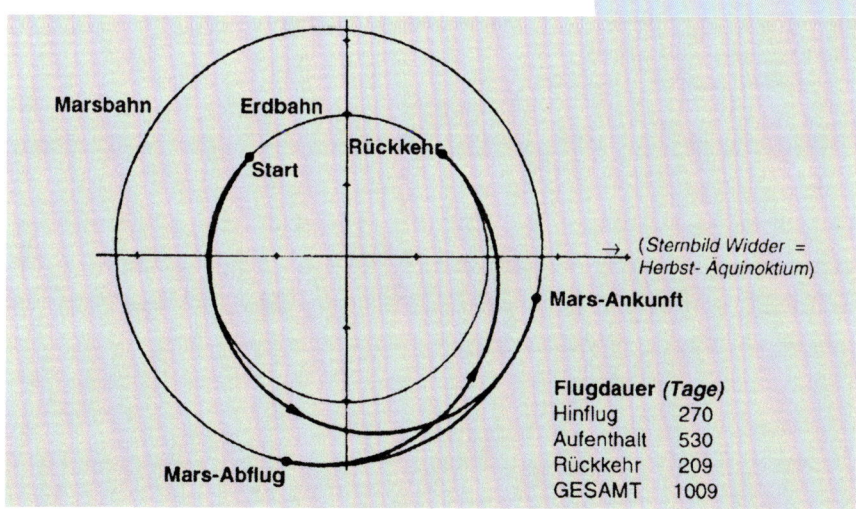

Flugdauer *(Tage)*
Hinflug	270
Aufenthalt	530
Rückkehr	209
GESAMT	1009

seine Energiekosten ein Minimum, doch dauert der Flug auf seinen Halbellipsen länger als die meisten anderen Flugprofile, wie wir schon im Kopf überschlagen können: Einerseits muss der halbelliptische Flug zu dem weiter außen befindlichen Marsorbit mehr Zeit als ein halbes Erdjahr (365:2 = 182,5 Tage), andererseits weniger als ein halbes Marsjahr (687:2 = 343,5 Tage) benötigen. Das arithmetische Mittel beider Ergebnisse beträgt 263. Eine Berechnung der Reisedauer entlang der Ellipsenhälfte ergibt 260 Tage, d. h. etwas mehr als 8,5 Monate. Realistische Zeiten liegen in der Spanne zwischen 200–350 Tagen.

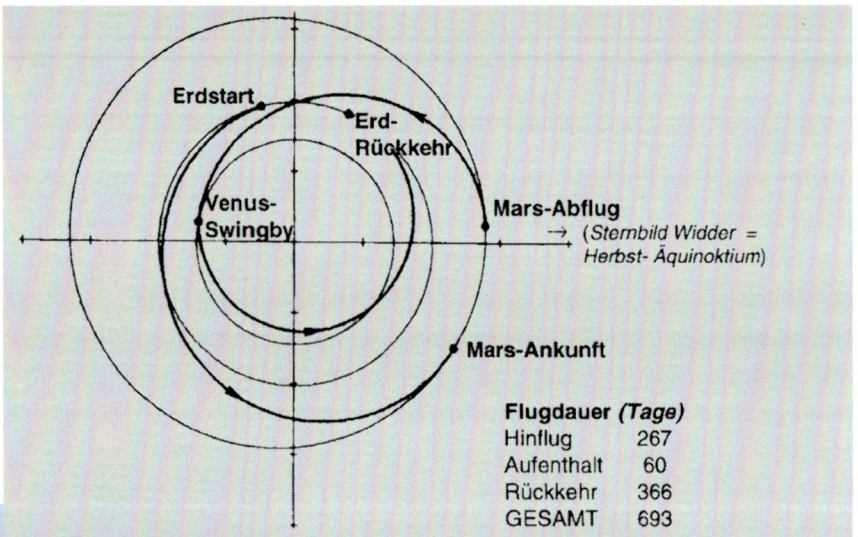

Typisches Missionsprofil der Oppositionsklasse mit Venus-Vorbeiflug bei der Rückkehr

Ein zweiter und schwererer Nachteil ist die Unmöglichkeit einer baldigen Rückkehr, wenn man auch die Heimreise zwecks Energieeinsparung auf einer Hohmann-Bahn durchführen will. Denn wenn das Raumschiff nach 180° Reisewinkel am Mars eingetroffen ist, stehen die beiden Planeten für einen halbelliptischen Rückflug denkbar ungünstig. Je nach Konstellation müssen weitere 300–500 Tage Wartezeit verstreichen, bis der Rückflug stattfinden kann. Da dieser ebenfalls 200–350 Tage dauert, erfordert der Rundtrip zum Mars insgesamt 900–1050 Tage, also zwischen 2,5 und 2,9 Jahren. So lange hat ungefähr Magellans Weltumseglung (1519–1522) gedauert (deren Vollendung der Portugiese selbst bekanntlich nicht mehr erlebte).

Eine dritte Eigenschaft von Minimumenergiereisen: Die dafür günstigen Konstellationen der beiden Planeten liegen so weit auseinander, dass die Verweilzeiten auf dem Mars nicht überlappen. Das hat den Nachteil, dass bei einer ständig besetzten Marsbasis die Crewmitglieder für die Dauer einer vollen synodischen Periode plus der Verweilzeit der zum Entsatz eintreffenden nächsten Expedition auf dem Mars bleiben müssen. Für diesen Zeitraum von 4,5 bis 5 Jahren müssen sie ausreichende Vorräte haben sowie die Möglichkeit, auf örtliche Ressourcen zurückzugreifen.

Will man die oben geschilderten Nachteile nicht in Kauf nehmen, so bieten sich einem die sogenannten »schnellen« Übergänge der »Oppositionsklasse«, bei denen kürzere Tripzeiten durch höheres Energieaufkommen erkauft werden. »Oppositionsklasse« nennt man diese Missionen deshalb, weil sich der Mars während des Aufenthalts der Expedition auf ihm im Gegenschein der Sonne, um Mitternacht an unserem Nachthimmel, befindet.

Die einzige Möglichkeit, den Erde-Mars-Rundflug in kürzerem Zeitraum durchzuführen, ohne den Energieaufwand erheblich zu strapazieren, besteht in einer drastischen Verkürzung der Aufenthaltsdauer auf dem Mars und der Wahl voneinander verschiedener Hin- und Rückflugbahnen. Zeitgewinne lassen sich zum Beispiel dadurch erzielen, dass der Erdabflug ganz in den Beginn der günstigsten Hinflugstellung gelegt wird, sodass die Marsankunft kurz (gewöhnlich weniger als 30 Tage) vor Ende der günstigsten Rückflugkonstellation erfolgt. Es ist allerdings fraglich, ob eine Expedition, die viele Jahre zur Vorbereitung benötigt und Milliarden kostet, sich mit nur einem Monat Aufenthalt begnügen wird.

Soll das Schiff auf seinem schnelleren Flug den gleichen Zentralwinkel traversieren wie die Erde in der gleichen Zeit, so kann dies nur dadurch geschehen, dass man einen Teil der Flugbahn näher an die Sonne heranlegt als die Erde, um den Flugabschnitt zu kompensieren, den das Schiff weiter von ihr als die Erde entfernt verbringt. Wählt man diese nicht-kotangentiale Lösung für die Hinflugphase, etwa um die Aufenthaltsdauer der Crew in der Schwerelosigkeit vor Eintreffen in der Marsgravitation möglichst kurz zu halten, so ist der Abflug von der Erde nicht nach »außen« gewandt, von der Erdbahn weg, sondern nach »innen«, die Erdbahn überschneidend. Auch für den Rückflug kann durch größere Annäherung an die Sonne, d. h. Traversierung der Erdbahn, Zeit gespart werden. Um die notwendigen kürzeren Übergangszeiten zu erreichen, müssen die Ellipsenkurven gestreckter sein und benötigen daher erheblich höhere ΔVs als die Minimumenergiemission.

Will man andererseits längere Verweilzeiten auf dem Mars einlegen, so geht sofort der Gesamtgeschwindigkeitsbedarf hoch – und damit Treibstoffzuladung und Zellenmasse (die Treibstoffmenge steigt nach der Raketengleichung von Ziolkowsky exponentiell mit dem ΔV). Die typische Missionsenergie kann mehr als 20 km/s betragen, verglichen mit etwa 4,6 km/s für Minimumenergie-Missionen, und variiert erheblich zwischen »günstigen« und »schwierigen« Jahren (s. Kapitel 6).

Die Eigenschaften solcher schnellen Missionen sind also: relativ kurze Hinflugwege (d. h. Zentralwinkel kleiner als 180°), Aufenthalte von rund 30 Tagen Dauer und streckenmäßig lange Rückflugwege, die sich mit Reisewinkeln von mehr als 180° um die Sonne herum krümmen, wobei sie ihr auf eine Periheldistanz von 0,45 bis 0,65 AE nahekommen. Damit lässt sich die Gesamtreisezeit auf 420–460 Tage reduzieren, doch haben solche Missionsprofile den Nachteil sehr hoher Erdrückkehrgeschwindigkeiten (je nach Jahr 15–22,5 km/s), die gewaltige Anforderungen an das Bremsvermögen des Schiffes stellen. Wählt man dafür ein propulsives Retromanöver, so muss der hierzu erforderliche Treibstoff den ganzen Weg zum Mars und zurück mitgeschleppt werden, was ein wesentlich erhöhtes IMIEO-Startgewicht voraussetzt. Soll die Eintrittsgeschwindigkeit zum Beispiel 15 km/s nicht überschreiten, so kostet uns die Rundreise insgesamt zwischen 13,5 und 21 km/s an ΔV-Aufkommen.

Die hierbei stillschweigend vorausgesetzte Zuhilfenahme der aerodynamischen Widerstandskräfte durch direkten atmosphärischen Eintritt, wie bei den Apollo-Missionen, bereitet zusätzliche Probleme. Die hyperbolischen Eintrittsgeschwindigkeiten liegen nämlich erheblich höher als für Mondrückkehrbahnen und damit auch die Wärmebelastung auf die Eintrittskapsel und die Andruckbelastung auf die Besatzung, die gerade 400–450 Tage in Schwerefreiheit zugebracht hat (es sei denn, an Bord des Schiffes wurde »künstliche Schwerkraft« erzeugt).

Natürlich fehlte es in den vergangenen Jahren bei der NASA nicht an Untersuchungen aller nur erdenklichen Tricks, mit denen sich die hohen Rückkehrgeschwindigkeiten solcher Missionsprofile verringern ließen. Der deutsch-amerikanische Ingenieur und Raumfahrtpionier Krafft Ehricke fand schon 1963, dass man die Rückkehrgeschwindigkeit V_∞ aus himmelsmechanischen Gründen besser, d. h. wirtschaftlicher, reduzieren kann (auf durchschnittlich zwei Drittel), wenn der Kommandant das Bremsmanöver nicht bei der Annäherung an die Erde, sondern schon lange zuvor im Perihel der Rückflugbahn durchführt. Die »Perihelbremsung« verursacht eine stärkere Krümmung der Bahn beim Einschwenken in die Richtung des Erdumlaufs, sodass nicht nur die Ankunftsgeschwindigkeit etwas kleiner wird, sondern auch der Winkel (und damit der vektorielle Unterschied V_∞) zwischen ihr und der Erdgeschwindigkeit. Bei einer auf 12 km/s begrenzten atmosphärischen Eintrittsgeschwindigkeit betrügen die Gesamtkosten der Mission mit der Perihelbremsung zwischen 15 und 20,4 km/s. Neben der von Ehricke vorgeschlagenen Lösung gibt es viele ihr ähnliche Variationen mit heliozentrischen Manövern.

Eine weitere Möglichkeit, ebenfalls bereits in den Anfangsjahren der Raumfahrt untersucht, wäre die bereits erwähnte Ausnutzung des Schwerkraftfeldes des Planeten Venus zur Abbremsung, manchmal in Verbindung mit einem kleineren Schubmanöver (Einflusssphäre der Venus: 615 000 km [Radius]). Hierbei müsste die Mission zeitmäßig so geplant werden, dass das Raumschiff auf seiner ohnehin weit innerhalb der Erdbahn verlaufenden Rückkehrbahn in der Nähe der Venus vorbeikommt. Die Erdrückkehrgeschwindigkeit ließe sich dadurch ohne jeglichen Treibstoffaufwand auf 12–13 km/s reduzieren, zum Preis einer um 150 Tage längeren Gesamtflugdauer. Die Gesamtkosten lägen dann zwischen 11–15 km/s. Auch beim Hinflug kann ein Venus-Swingby ausgenützt werden, etwa zur Verringerung der Startenergie oder zur besseren Platzierung der Erde bei der Ankunft am Mars. Die Stellung von Erde, Mars und Venus, die eine solche Rundreise ermöglicht, wiederholt sich jedoch nur alle 6,4 Jahre, und dann auch nur angenähert, wie wir bereits gesehen haben. Heute aktuell favorisierte Missionsprofile schließen deshalb Venus-Swingbys aus.

Wie kritisch die zeitliche Abstimmung der verschiedenen Hauptmanöver für den Erfolg der Rundflugmission ist, haben die obigen Ausführungen mehrfach gezeigt. Nachdem wir über Geometrien und Energien gesprochen haben, sei zum Abschluss noch ein kleines Beispiel zur überschlägigen Zeitplanung einer Hohmann-Mission gegeben.

Dazu vergegenwärtigen wir uns, dass sich die Erde mit einer Winkelgeschwindigkeit von 360° im Jahr, d. h. 0,9856° pro Tag auf ihrer Bahn bewegt, Mars jedoch nur mit 0,5240°/Tag. Bei einer Reisezeit von 260 Tagen, in der das Schiff definitionsgemäß 180° zurücklegt, durchwandert Mars daher nur 136°. Damit wir mit ihm zusammentreffen, musste er zum Zeitpunkt des Starts 180°–136° = 44° vor der Erde stehen. Da die Erde je Tag um 0,9856°– 0,5240° = 0,4616° gegenüber Mars aufholt, findet der Start des Schiffs 44° : 0,4616° = 96 Tage vor Opposition statt, und in dieser Zeit bewegt sich die Erde um 96 x 0,9856° = 95°.

Damit liegt das Startdatum fest. Denn: Fällt die Opposition beispielsweise auf den 21. Dezember, so liegt sie 90 Tage vor dem 21. März, dem Frühlingspunkt der Erde, der unsere Bezugskoordinate ist. Der Starttag ist deshalb 90 + 96 = 186 Tage vor dem Frühlingspunkt. Der Griff zum Kalender zeigt, dass der Start also am 16. September erfolgen muss, und das entspricht (360° : 365) x 186 = 183,4° auf der Ekliptik vor der Frühlings-Tagundnachtgleiche. Bei der Ankunft am Mars nach 260 Tagen hat die Erde einen Bogen von 260 x 0,9856° = 256° durchmessen, den Mars überholt und liegt nun 256°–180° = 76° vor dem Roten Planeten, der, wie oben gezeigt, beim Start noch 44° vor ihr gestanden hatte.

Kapitel 4
Raumsonden am Mars: Vorhut des Menschen

Wenige Utopien sind jemals Wirklichkeit geworden. Eine, die den Schritt geschafft hat, war der Mondflug des Menschen, und für mich steht außer Zweifel, dass einst auch unser Marsflug dazugehören wird. Wir sind schon auf dem Weg dorthin – zunächst mit Maschinen. Denn der Mars ist nicht nur erdähnlich, sondern, wie wir gesehen haben, auch erreichbar. Den Beweis dafür haben mittlerweile zahllose unbemannte Raumsonden geliefert, denn abgesehen vom Rückflug sind die Flugbahnberechnungen für sie identisch mit denen für bemannte Missionen.

Raumsonden sind unsere verlängerten Sinnesorgane – menschliche »Telepräsenz«. Sie können Phänomene beobachten und messen, die auch von den empfindlichsten Instrumenten auf der Erde überhaupt nicht oder mit geringerer Genauigkeit gesehen werden. Seitdem der erste russische *Sputnik* am 4. Oktober 1957 mit seinen Funksignalen aus dem All die Welt aufrüttelte (gleich darauf gefolgt vom *Explorer 1* der Gruppe von Brauns am 31. Januar 1958), haben uns Satelliten und Tiefraumsonden mit jedem zurückgelegten Kilometer und jeder zur Erde gestrahlten Radiobotschaft um einen Schatz neuen Wissens aus dem All bereichert. Solche robotischen Missionen sind unser erster physischer Griff nach dem Mars und unsere Vorhut bis zur menschlichen Landung. Aber auch danach noch werden sie für Wissenschaft und Technik immer eine wichtige Rolle der Datengewinnung spielen.

Als man bei der NASA erstmals ernstlich an die Entsendung von Raumsonden zur Erforschung anderer Himmelskörper dachte, entschied man sich für eine logische Entwicklungsfolge vom einfachen zum komplexeren Projekt und vom näherliegenden zum ferneren Ziel: vom Mond zur Venus, dann zum Mars und weiter hinaus. Auf anfängliche Vorbeiflüge zur Fotoaufklärung und gröberen Vermessung sollten leistungsfähigere Orbiter folgen, die den fremden Himmelskörper aus Satellitenbahnen über längere Zeit erkunden konnten. Danach würden automatische Landegeräte kommen, zunächst vielleicht nur »harte« Aufschläger, die die Landung nicht überlebten, später »weiche« Aufsetzer zur Durchführung weiterer Programme mit Rover-Fahrzeugen und Probenrückholung.

Zwar können Raumsonden beim Vorbeiflug an einem Planeten aus wenigen 1000 km beispielsweise das Vorkommen von Leben auf der Oberfläche weder beweisen noch widerlegen, doch sind sie ein erstes Fenster in eine bis dahin verschlossene Fremdwelt. Flybys erlauben genauere Bestimmung der Planetenmasse durch Bahnvermessungen, Feststellung etwaiger Magnetfelder im Umfeld, Sondierung von Atmosphären durch Okkultationsexperimente und Beobachtungen des Sonnenuntergangs, Vermessung des Zwielichtgürtels aus dem Planetenschatten, spektrofotometrische Untersuchungen des Nachtleuchtens der oberen Luftschichten und Aufzeichnung nächtlicher Temperaturen und nicht-thermischer Strahlungen wie Blitze.

Folgen darauf Orbiter, Eintrittskörper, Landekapseln und Oberflächenrover als nächste Stufen, so konzentrieren sich die Untersuchungen auf die Zusammensetzung der Atmosphäre und ihre Zustände: Druck, Dichte, Dielektrizitätskonstante, Wasserdampfgehalt, atmosphärische Ionisation, Sonnenaureole und etwaige feste Schwebeteilchen (Aerosole). Während der letzten Flugsekunden eines Landers können die gasdynamischen Zustände und die Luftzusammensetzung der Stoßwellen vor dem Körper ermittelt werden. Daraus ergibt sich, dass sich die jeweils gewählte Instrumentierung der Raumsonde nach dem Ziel zu richten hat. Bei der ewig wolkenverhüllten Venus wäre Fotografie zum Beispiel weniger angebracht; beim Mars bestand dagegen von Anbeginn größtes Interesse an ihr.

In den vergangenen Jahrzehnten sollte diese Strategie – Vorbeiflüge, Satelliten, Landegeräte, Roverfahrzeuge – die Erfolgsformel vor allem für die Marsforschung der NASA werden. Doch auch die europäische Raumfahrt durch die ESA hat am Mars bereits schöne Erfolge verbucht. Die relative Nähe und Erdähnlichkeit des Roten Planeten hatten ihn, wie wir gesehen haben, schon seit Jahrhunderten zum Faszinosum der Menschheit und Objekt unbändiger Neugier der Wissenschaftler gemacht. Als die Entwicklung der Trägerrakete nach dem Zweiten Weltkrieg den Transport von Forschungssensoren ins All möglich machte, war es nur noch eine Frage der Zeit, wann die erste Kamera, das erste Instrumentenpaket auf die lange Kur-

venbahn zum Mars gesetzt würde. Auch hier begann man die Offensive mit bescheidenen Vorbeiflügen wie *Mariner 4*, *Mariner 6* und *Mariner 7*, ging dann mit *Mariner 9* zum Orbiter über und landete schließlich mit *Viking 1* und *Viking 2*. Auf diese Pioniermissionen folgten der große Orbiter *Mars Global Surveyor* (MGS), der Lander *Pathfinder* mit dem ersten Roverfahrzeug *Sojourner*, der Satellit *Odyssee*, die beiden Rekord-Rover *Spirit* und *Opportunity*, der *Mars Reconnaissance Orbiter* (MRO) und der Polarlander *Phoenix*. Von der ESA wurde der erfolgreiche Orbiter *Mars Express* entsandt, und der am 26. November 2011 gestartete Großrover *Mars Science Laboratory* (MSL) *Curiosity* setzt die Reihe der unbemannten Aufklärer und Vorboten fort. Wenn seine Landung am 6. August 2012 gelingt, wird er der siebte Lander von neun Versuchen sein (NASAs Polar Lander und ESAs Beagle 2 gingen bei der Landung verloren). Von den 36 von drei Ländern in den vergangenen 50 Jahren bis 2011 gestarteten Marsmissionen waren weniger als die Hälfte erfolgreich.

Bevor wir uns ansehen, welche Revolution die Entdeckungen dieser Vorboten in unserem Wissen über Mars verursacht haben, sollten wir zum Vergleich kurz sichten, was man vor ihrer Entsendung überhaupt über den Roten Planeten wusste. Die wichtigsten Fragen betrafen dabei vier Phänomene: die

Polarkappen, die Dunkelgebiete, die hellen »Wüsten« und die diversen Wolkenformationen.

Schon frühzeitig hatte man beobachtet, dass sich über beiden Polargebieten jeweils zu Ende der dortigen Sommerzeit ein weißlicher nebelartiger Schleier bildete, der sich bis zu 40°–50° Breite ausdehnen konnte. Wenn er gegen Winterende verschwand, enthüllte sich eine strahlend weiße Polarkappe. Mit fortschreitender Jahreszeit bildete sie sich zurück und brach gegen Frühlingsmitte in mehrere Teile. Während des Sommers schrumpfte sie schließlich bis auf einen kleinen Rest zusammen. Im Spätsommer begann wieder die Bildung des Dunstschleiers, und der Zyklus fing von vorne an. Obwohl die Polkappen offensichtlich aus Eis, Raureif oder einer Art Schnee bestanden, gab es über ihre Substanz nur spekulative Vermutungen. Auch der Dunstschleier im Spätsommer und Winter blieb rätselhaft.

Die Dunkelgebiete, die man ursprünglich für Wasserflächen hielt und deshalb »Maria« oder bei kleineren Ausmaßen »Sinus«, »Lacus« oder »Pons« genannt hatte, durchliefen nicht nur sporadische Veränderungen in Färbung und Form, sondern auch jahreszeitliche Variationen. Mit dem Rückgang der Polkappen erschien an ihren Rändern ein dunkles Band, das sich zum Äquator hin ausdehnte. Dieses Phänomen nannte man »Wave of Darkening« (Verdunkelungswelle). Wie in Kapitel 2 erwähnt, wurde es von vielen Beobachtern als sommerliches Vorrücken von Wasser oder Wasserdampf von der schmelzenden Polkappe ausgelegt und als hervorsprießende Vegetation interpretiert. Dagegen sprach allerdings die Beobachtung, dass sich die Farbe des Bodens im Zuge der Verdunkelungswelle von grünlichem Wintergrau im Frühling und Sommer zu Schokoladenbraun veränderte, umgekehrt wie auf der Erde.

Auch die hellen Gebiete hatten der Forschung zahlreiche Fragen bereitet. Ihre Bezeichnung »Wüste« stammte noch aus der Zeit, in der sie für Kontinente zwischen den Ozeanen gehalten wurden. Sie wiesen ihre eigenen Merkmale auf und unterliefen ebenfalls Helligkeitsveränderungen. Zum Beispiel zeigten spektrofotometrische Beobachtungen, dass sich manche Gebiete zur Nachmittagszeit aufzuhellen schienen, als ob dort zu dieser Tageszeit Winde aufkamen, die Sand- und Staubwolken aufwirbelten. Ließ sich daraus schließen, dass die großen Marsebenen weitläufig von einer leichten, lockeren Staubschicht bedeckt sind?

Auch atmosphärische Wolken hatte man schon frühzeitig gesehen. Sie zeichneten sich vor dem Hintergrund der Oberfläche deutlich ab und fielen in drei

Klassen: gelbe, weiße und bläuliche Wolken und Dunstschleier. Die gelben Wolken konnten aufgrund polarimetrischer Messungen aus gelblichen, vom Wind aufgewirbelten feinen Staubpartikeln bestehen; die weißen mochten Kondensationsprodukte sein, die aus Wasserkristallen oder gefrorenen CO_2-Kristallen (»Trockeneis«) bestanden. Die sogenannten blauen Wolken hießen so, weil man sie auf blaugefilterten Fotografien entdeckt hatte; sie schienen atmosphärischen Charakters zu sein, doch blieben ihre Ursache und ihr bisweiliges Verschwinden unerklärlich.

Den Anfang mit der Aussendung von Raumsonden machten die Sowjets, bzw.: sie versuchten es immerhin. Schon am 12. Februar 1961 startete ihr Robotspäher *Venera 1* zur Venus, doch schon nach wenigen Millionen Kilometern riss der Radiokontakt ab. Im NASA-Programm stand die Venus ebenfalls an vorderster

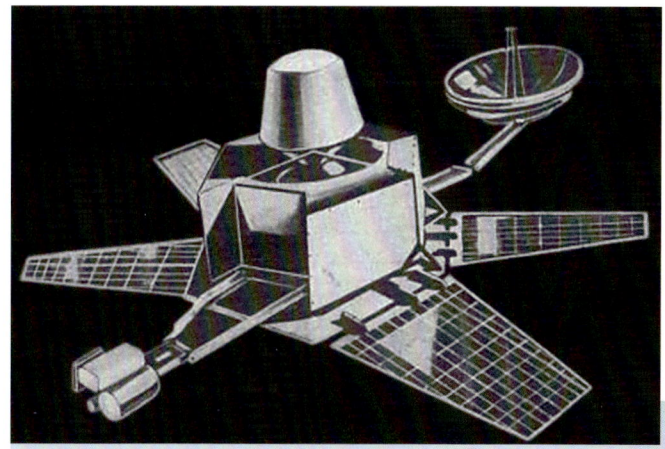

Sondenkonzept *Mariner-B* (1960-62) für Mars und Venus

Stelle, aber auch bei ihr ging der erste Versuch fehl. Das am 22. Juli 1962 losgeschickte Gerät musste schon nach 290 Sekunden beim Versagen der Trägerrakete durch Fernkommando in der Erdatmosphäre gesprengt werden. Mit den ersten Studien interplanetarer Sonden hatte die NASA im August 1960 mit einem Projekt *Mariner-B* zur Erforschung von Mars und Venus begonnen.

Von *Mariner*, der für die inneren Planeten vorgesehen war, fasste man zunächst zwei Typen ins Auge, für die man die Atlas-Rakete der U. S. Air Force mit der seit 1956 unter Entwicklung stehenden hochenergetischen Centaur-Oberstufe von Krafft Ehricke bei General Dynamics vorsah: Modell A für einfache Vorbeiflüge an Mars und Venus und Modell B mit einer beim Flyby abgetrennten automatischen Landekapsel. Danach sollten zwei größere Robotertypen folgen, beide auf mächtigen Saturn-Trägern des von Braun-Teams: *Prospector*, für die Erforschung des Mondes mit einem ferngesteuerten Rover, ähnlich den späteren sowjetischen *Lunochods*, vielleicht nebst einer Probenrückholung, und *Voyager* zur

Absetzung schwerer Nutzlasten auf Mars und Venus, darunter auch automatische Rover. Aus ihm gingen später die *Viking*-Marslandungen hervor.

Im Juli 1960 war geplant, *Mariner-B*s zu Venus und Mars zu schicken. Technische Schwierigkeiten mit der Centaur-Stufe machten dieses Vorhaben zunichte. Es wurde klar, dass ihre Entwicklung längere Zeit dauern würde als vorausgesehen, und dass die Wasserstoff/Sauerstoff-getriebene Superober-stufe, heute ein bewährtes Arbeitspferd im Raketenstall der USA, nicht für die anfänglichen Planeteneinsätze infrage kam.

Da die Entwicklungsschwierigkeiten der Centaur-Stufe auch in den folgenden Monaten nicht abrissen, musste sich das davon schwer betroffene *Mariner-B*-Marsprojekt mehrere Wandlungen gefallen lassen. Geplant waren zunächst ein Flyby-»Bus« mit acht und eine Landekapsel mit zehn Experimenten. Ein für 1963 angesetzter Erprobungsflug wurde gestrichen, ebenso wie eine für 1964 geplante Venusmission, und dafür ein Test der Mars-Ausführung in diesem Jahr anberaumt.

Den ersten Start einer Atlas mit der kryogenischen Centaur unternahm die NASA am 8. Mai 1962 nach zehn Verschiebungen. Der Träger explodierte 56 Sekunden nach dem Lift-off, und die Raumfahrtbehörde begann einzusehen, dass ihre anfänglichen Pläne der Planetenforschung zu ehrgeizig gewesen waren. Man beschloss, für die erste Marsmission auf die bewährte, wiewohl erheblich schwächere Atlas-Agena zurückzugreifen. Dafür musste jedoch eine neue Raumsonde leichteren Gewichts konstruiert werden, genannt *Mariner-C*, die sich auf einen Vorbeiflug beschränkte; die Landekapsel kam vorläufig nicht infrage.

Planung, Entwurf, Herstellung und Erprobung des als *Mariner-Mars 1964* reinkarnierten Projekts begannen im Juli 1962 und liefen bis September 1964. Das ursprünglich drei identische Sonden umfassende Vorhaben wurde aus Haushaltsgründen im Mai 1963 auf zwei gekürzt, die in zweitägigem Abstand auf Atlas-D/Agena-D-Raketen starten sollten.

Aber der erste Marsaufklärer von der Erde kam nicht von der NASA, sondern von einer Rampe im Baikonur-Kosmodrom in Kasachstan. Das enorm aufwendige sowjetische Marsprogramm wurde freilich von Anfang an von unglaublichem Pech verfolgt, in einem Ausmaß, welches im Verlauf der Jahre für manche einer grotesken Komödie zu gleichen begann, für andere tragische Größe erreichte. Beginnend 1960, ist der russischen Raumfahrt von insgesamt 21 Versuchen, den Mars mit automatischen Sonden zu erforschen, bis heute nicht ein einziger gelungen. Nach dem Kollaps der Sowjetunion und den katastrophalen Auswirkungen des Verlusts der Sonde *Mars-96* für die Forschergemeinde in aller Welt, war es jetzt das Projekt *Phobos-Grunt* zur Rückholung einer Bodenprobe vom Marsmond Phobos, auf dem die Hoffnung der heutigen russischen Planetenforschung und der beteiligten europäischen Wissenschaftler ruhte, doch leider vergebens. Auch diese Mission schlug schon vor dem Start aus der Erdparkbahn am 8. November 2011 fehl.

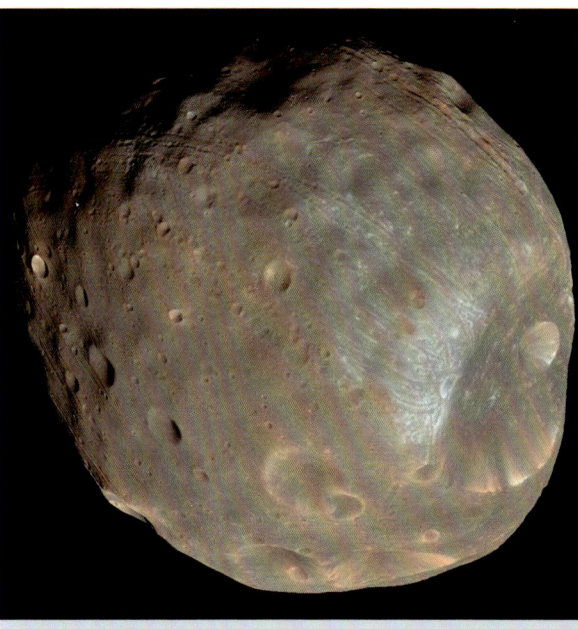

Marsmond Phobos, aufgenommen aus 6800 km Entfernung von *Mars Global Surveyor* (MGS)

Die ersten zwei Mars-Missionen wurden von Nikita Chruschtschow 1959 genehmigt, damit ihr Start im Oktober 1960 mit seinem USA-Besuch zum UNO-Gipfeltreffen zusammenfiel (bei dem er mit der Schuhsohle auf die Tischplatte trommelte). Beide Raumsonden, jede 894 kg schwer, blieben am 10. und 14. Oktober durch Versagen der Booster-Oberstufe in der Erdparkbahn stecken.

Eine synodische Periode von zwei Jahren später versuchten es die Sowjets erneut mit drei Marsflügen – am 24. Oktober, 1. November und 4. November 1962. Nur mit dem mittleren Start einer verstärkten Wostok-Rakete gelang es, eine Sonde auf den Kurs zum Roten Planeten zu setzen. *Mars 1* hatte respektable Ausmaße: 3,4 m Länge, 4 m Spannweite über die Solarpaneele und 894 kg Gewicht. Wie bei allen sowjetischen Tiefraumsonden dienten zur Navigation fotografische Sternwarten-Beobachtungen des Geräts gegen den Fixsternhimmel. Nach fünf Monaten fehlerfreier Funktion trat das Unheil ein: Bei der Durchführung eines Kurskorrekturmanövers im Abstand von 106 Mio. km von der Erde schwenkte *Mars 1* nicht wieder in die Raumlage zurück, in der seine Antennenschüssel zur Erde zeigte. Damit riss die Verbindung ab – für immer. Berechnungen zufolge zog die mundtote Sonde am 19. Juni, nach 232 Tagen, am Ziel vorbei.

Nach einem Startversager von *Cosmos-21* am 11. November 1963 war *Sond 2* der nächste Versuch. Die am 30. November 1964 gestartete 1250 kg schwere Raumsonde versagte bald nach dem Einschuss in die Übergangsbahn. Der Bordstrom fiel aus, und am 2. Mai 1965 riss der Kontakt ab.

Auch bei der NASA gab es zunächst eine Riesenenttäuschung. Als das erste Gerät, *Mariner 3*, am 5. November 1964 von Cape Kennedy abhob und die Atmosphäre verließ, misslang die Abtrennung seiner aerodynamischen Schutzverkleidung. Nach 8 Std. 43 Min. waren die Bordbatterien erschöpft; die Radiosignale verstummten, und die Sonde verschwand auf Nimmerwiedersehen auf einem heliozentrischen Orbit.

Damit verblieb der NASA nur noch ein Gerät, und es sollte den ganz großen, epochalen Erfolg bringen – aber für die Mars-Fans auch eine bittere Enttäuschung. Heute steht es außer Zweifel, dass der Forschungsflug von *Mariner 4* und seine überraschenden Entdeckungen am Mars einer der bedeutenderen wissenschaftlichen Durchbrüche dieses Jahrhunderts war, der darüber hinaus das philosophische Abbild unseres Zeitalters mitprägte.

Die legendäre Raumsonde startete am 28. November 1964 um 9:22 Uhr morgens auf einer Atlas-Agena, und alles ging gut. 45 Minuten später aktivierte ein Fernkommando die Bordelektronik und damit sechs wissenschaftliche Instrumente, die sogleich ihre Tätigkeit aufnahmen: eine Ionisationskammer, einen Detektor für eingefangene Van-Allen-Strahlung, ein Teleskop zur Messung kosmischer Strahlung, ein Magnetometer, einen Mikrometeoriten-Detektor und eine Plasmasonde für den Sonnenwind. Fast ständig während des Fluges übermittelten sie ihre Messwerte zur Erde.

Während bei der vorausgegangenen Venussonde *Mariner 2* 1962 die Erde als ein Bezugspunkt für die Navigation benützt worden war, hatte man für die Marssonde eine andere Lösung finden müssen, da die Erde beim Marsflug einen »Sonnentransit« durchführt (d. h. vor der Sonnenscheibe vorbeizieht) und den größten Teil der Zeit nur als relativ dunkle Sichel zu sehen ist. Als erste Raumsonde benützte *Mariner 4* daher zur Orientierung und Stabilisierung neben der Sonne einen Richtstern als Bezugspunkt: den dicht am Ekliptik-Südpol stehenden Canopus. Um der Komplexität der Mission gewachsen zu sein, bestand die Sonde aus 138 000 Einzelteilen, verglichen mit 54 000 bei *Mariner 2*, doch durfte sie dabei nur 61 kg mehr wiegen als dieser. Insgesamt hatte sie eine Masse von 261 kg. Zum ersten Mal machte man sich außerdem zur Raumlagestabilisierung den Lichtdruck der Sonnenstrahlung zunutze, zu dessen Aufnahme verstellbare paddelförmige Steuerflächen an den Außenseiten der vier Solarpaneele dienten.

Bei der Wahl des Missionsprofils entschied man sich aus Flugdauergründen für eine Typ-I-Bahn. Die heliozentrische Ellipse hatte eine große Hauptachse von 190,9 Mio. km Länge, eine Exzentrizität von 0,2275 und eine Neigung zur Ekliptik von 0,1257°. Die Reise zum Roten Planeten dauerte auf ihr 228 Tage.

Der Einschuss in die Transferbahn verlief wie geplant. Nach der Abtrennung der Sonde von der Agena-D um 10:07 Uhr entfalteten sich die Sonnenpaneele, und einen Tag später begann die Suche nach Canopus. Nach mehreren Fehlidentifikationen war sie am 30. November endlich erfolgreich, und der dafür konstruierte Canopus-Sucher behielt den Richtstern fest im Visier. Bahnverfolgungsmessungen zeigten in den darauffolgenden Tagen, dass die Sonde am 17. Juli rund 246 378 km von Mars entfernt über und vor ihm vorbeifliegen würde. Da man näher heran wollte und die vorprogrammierten Bordkommandos ein Ankunftsdatum von 15.7. vorsahen, war eine Kurskorrektur erforderlich. Das Manöver erfolgte am 5. Dezember, 2 Mio. km von der Erde entfernt. Es erhöhte die Geschwindigkeit um 17,4 m/s und änderte die Bahn dergestalt, dass die Ankunft von *Mariner 4* um zwei Tage vorverlegt und sein kleinster Abstand nicht nur auf geschätzte 9650 km verringert, sondern auch auf die für den Forschungsauftrag bessere hintere Seite über den winterlichen Südpol umgelenkt wurde.

Am 14. Juli 1965 wurden die Instrumente auf das Flyby-Messprogramm geschaltet und die Fernsehkamera aktiviert, ein Vidikon-Fotosensor hinter einem Cassegrain-Teleskop von 30,48 cm Brennweite, mit Bildfeld von 1,05° im Quadrat und abwechselnd eingeschobenen grünen und roten Filtern. Damit ließen sich bei der Passage Oberflächendetails bis auf 3 km Abmessung hinunter ausmachen.

Das erste Bild zeigte ein Stück der Wüste Phlegra (»Brennende Ebene«) und ein helles Gebiet zwischen Trivium Charontis (»Charons Kreuzweg«) und Propontus II mit 5 km Auflösung sowie – was besonders überraschte – am Horizont in der Atmosphäre, deren Dunst selbst bis auf 150 km hinauf zu erkennen war, anscheinend eine 28 km hohe Wolke. Das daran angrenzende und etwas überlappende zweite Bild überdeckte ein Areal von 500 x 900 km Seitenlänge zwischen Elysium und Amazonis aus 16 200 km Entfernung. Beim dritten betrug die Distanz 15 300 km, und seine Auflösung (d. h. das

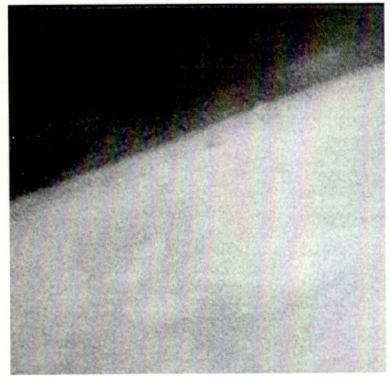

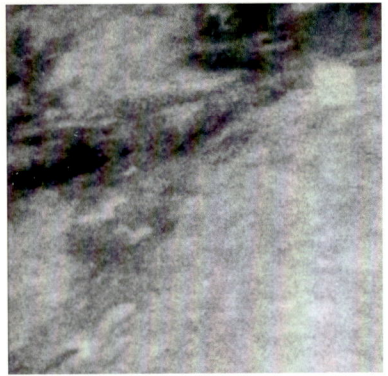

14./15. Juli 1965: Drei der insgesamt 21 Aufnahmen von *Mariner 4*. Oben: Teil der Wüste Phlegra aus 16 800 km Höhe

kleinste sichtbare Detail) nur noch 3 km. Bei Bild 13 zeigten sich aus 12 200 km an höheren Erhebungen weiße Flecken, die man später als Schnee- bzw. Raureiflagen identifizierte, entsprechend dem auf der Südhalbkugel gerade herrschenden Mittwinter. Den geringsten Abstand von 9845 km erreichte die Sonde am 14.7. um 20:00 Uhr ostamerikanische Zeit (Greenwich-Zeit: 1:00 Uhr morgens am 15. Juli) auf der Nachtseite, als die Kamera bereits seit einer Viertelstunde abgestellt war. Nach dem Vorbeiflug wurde die Sonde von der Marsgravitation in eine neue, etwas größere und »rundere« Ellipsenbahn um die Sonne von geringerer Exzentrizität (0,1732) gezogen.

Mit den Bildern war es der Menschheit zum ersten Mal in der 300-jährigen Geschichte astronomischer Beobachtung des geheimnisumwitterten Planeten vergönnt, aus der Nähe einen Blick auf die Welt zu werfen, die in der Fantasie unzähliger Erdbewohner von intelligenten Wesen, zumindest jedoch von Leben bewohnt war. Die Spannung des Ereignisses hielt weltweit Unzählige im Bann: Hatte die Fernsehkamera vorschriftsmäßig funktioniert? Würden die gespeicherten Fotos fehlerfrei zurückgespielt werden und den langen Reiseweg zur Erde ungeschoren überstehen? Was würden sie zeigen – Flechten, Moose, Kriechtiere, Büsche? Oder gar Kanäle?

Was sie tatsächlich zeigten, brachte eine bittere Enttäuschung für alle jene, die mit einer Marsbiotik gerechnet hatten. Denn von einer solchen war nichts, aber auch rein gar nichts zu sehen. Für die NASA war dies allerdings weniger überraschend, denn die durch die Bordkamera erzielbare Auflösung war einfach viel zu grob, um auf dem Planeten pflanzliches oder tierisches Leben zu zeigen. Wie von Anfang an der Öffentlichkeit gegenüber betont worden war, versprach man sich von den Bildern keine Lösung des Rätsels, ob es auf dem Mars Leben gab. Doch die Aufnahmen sprachen Bände: Die Marsoberfläche zeigte sich dicht mit Kratern übersät, frei von den Verwitterungserscheinungen der irdischen Lebensumwelt, wasserlos und anscheinend leblos wie der Mond. Überhaupt war ihre Ähnlichkeit mit helleren Gebieten der uns sichtbaren Mondseite überraschend groß.

Alles in allem zählte man über 70 Krater mit Durchmessern zwischen 4 und 120 km, deren Vorkommen und Aussehen auf ein Alter zwischen 2 und 5 Mrd. Jahre schließen ließen. Da nur etwa ein Prozent der Oberfläche mit auf wenige km begrenzter Bildauflösung aufgezeichnet worden war, konnte angenommen werden, dass noch kleinere wie auch weitaus größere Krater vorkamen. Waren die *Mariner*-Fotos typisch für den Roten Planeten, dann mochte es auf seiner Oberfläche über 10 000 Krater geben, verglichen mit einer bloßen Handvoll auf der Erde. Bildvermessungen zeigten Kraterhänge von bis zu 10° Gefälle und Höhen um 100 m über der Umgebung. Damit glichen sie sowohl Mondkratern als auch irdischen Einschlagkratern. Und obgleich die Flugbahn des robotischen Spähers mehrere »Marskanäle« aus Schiaparellis Zeit überquert hätte, wenn es sie gäbe, zeigten die Fotos nicht die geringste Spur davon. Waren die großen Astronomen der Vergangenheit tatsächlich bloßen Illusionen aufgesessen? Fragen über Fragen! Erst *Mariner 9*, die *Viking*-Lander und die nachfolgenden Orbiter-, Lander- und Roverprojekte sollten viele Jahre später den Schleier der Geheimnisse lüften – und damit weitere Fragen auslösen.

Mariner 4 fand bei seinem Flyby am Mars kein Magnetfeld vor (bzw. keines stärker als ein Zehntelprozent des irdischen) und dementsprechend keine Strahlungsgürtel. Das bedeutete: Der Boden war dem ständigen Bombardement von kosmischen Strahlen, Partikeln und Sonnenplasma schutzlos ausgesetzt, und der Planet hat wahrscheinlich keinen flüssigen Kern mit Dynamowirkung wie die Erde. Weitere Schlussfolgerung daraus: Ihm fehlt viel von der inneren Aktivität, die bei der Erde durch die Bewegung der Kontinentalschollen, der Gebirgsbildung und der Erzeugung anderer Formationen über geologische Zeiträume das topografische Bild unserer Welt bestimmt hat und es auch heute noch tut.

Die Marsatmosphäre erwies sich als extrem dünn, verglichen mit der irdischen Lufthülle. Mit einem geschätzten Boden-Luftdruck von nur 10–30 Millibar oder weniger (Erde: 1000 mb) mussten die Pläne für nachfolgende Landegeräte drastisch geändert werden, denn aerodynamische Bremsmanöver waren weitaus weniger wirksam als erwartet. Andererseits konnte der schnellere Dichteabfall in der oberen Marsatmosphäre Parkorbits von geringerer Höhe zulassen als ursprünglich für möglich gehalten.

Die NASA bereitete danach weitere *Mariner*-Flüge zu dem Planeten vor. Zwei für 1966 geplante Marsgeräte, *Mariner-E* und *-F* mit einer kleinen Atmosphärensonde, wurden nach dem *Mariner-4*-Erfolg gestrichen und ersetzt durch zwei größere Flybys für 1969, *Mariner 6* und *Mariner 7*. Der davorliegende *Mariner 5*, ein aus dem *Mariner-E*-Projekt hervorgegangener Venus-Vorbeiflieger, startete am 14. Juni 1967 und kam 127 Tage später dem Wolkenplaneten bis auf 4000 km nahe.

Den beiden neuen Marsboten war voller Erfolg beschieden. *Mariner 6* ging am 24. Februar, *Mariner 7* am 27. März 1969 auf die Reise, beide erstmalig auf der neuen Centaur als Oberstufe der Atlas. Dies erlaubte eine Erhöhung ihrer Startgewichte auf 413 kg. Die großen windmühlenflügelartigen Sonnenflächen lieferten am Mars rund 450 W, und die Reisezeiten konnten durch die Wahl schnellerer Übergangsbahnen auf 156 bzw. 133 Tage verkürzt werden. Da die jeweils nur etwa 3200 km vom Planeten entfernten Passagen unter verschiedenen Winkeln erfolgten, wurden unterschiedliche Gebiete des Planeten fotografiert. Zusammen übermittelten die Sonden 143 Analogbilder beim Anflug sowie 59 Nahaufnahmen während der Flybys, die rund 20% der Oberfläche abbildeten. Tag- und Nachttemperaturen wurden gemessen und das Vorkommen von Kohlendioxid (CO_2), ionisiertem CO_2, Kohlenmonoxid (CO), atomarem Wasserstoff und geringen Spuren von molekularem Sauerstoff nachgewiesen. Die an der südlichen Polarkappe gemessene Temperatur stimmte mit der von gefrorenem CO_2 überein.

Die Sonden bestätigten das von *Mariner 4* gefundene ungastliche mondähnliche Aussehen des Planeten und lieferten zusätzliche Details der Krater-Erosionsprozesse, die auf dem Erdmond nicht in dieser Stärke sichtbar sind. Überhaupt zeigten sie zahlreiche neuartige, niemals zuvor im Sonnensystem gesehene und dem Mars ureigene Charakteristiken. Auf Bild 21 von Mariner 6 zählte man in einem Areal von 625 000 km² 156 Krater mit Durchmessern von 3 bis 240 km, daneben viele Hunderte kleinere, um 500 m und darunter. Neben großen, relativ glatten Oberflächengebieten mit zahlreichen Kratern zeigten sich unregelmäßig geformte, fast kraterfreie Zonen chaotisch durcheinandergeworfener kurzer Hügelkämme und Taleinbrüche, wie sie nirgendwo auf dem Erdmond vorkommen: ein völliges Rätsel für die Areologen. Eines war klar: Statt Antworten warfen die beiden Aufklärer zahlreiche neue Fragen auf, und weitere Forschungsflüge waren dringend angebracht. Mehr und mehr schien es, dass Mars doch nicht dem Erdmond glich!

Im September 1968 widmete die NASA ein neues Projekt namens *Mariner-Mars 1971* der Aufgabe, den Roten Planeten drei Monate lang aus der Umlaufbahn kartografisch aufzuklären und seine dynamischen Eigenschaften zu erkunden. Die dafür ausgewählten sechs Experimente waren fast identisch mit denen der Flüge von 1969: Television, Ultraviolett- und Infrarotspektroskopie, Okkultation (atmosphärische Verdeckung) und Himmelsmechanik. Zum Einsatz kommen sollten zwei Geräte von je einer Tonne Gewicht, das erste in einem 11,98-Std.-Orbit (ein halber Marstag) mit 1250 km Periapse und 80° Bahnneigung, das zweite in einer 20,5-Std.-Bahn (fünf Sechstel der Mars-Rotationsperiode) mit 50° Neigung und 850 km Periapse. Von beiden Aufklärern erwartete man sich insgesamt rund 3000 Bilder und Spektralmessungen.

Ungeachtet der sorgfältigen jahrelangen Vorbereitungsarbeiten kam es jedoch auch diesmal anders als geplant. Als *Mariner 8* am 8. Mai 1971 mit einer Atlas/Centaur startete, trat in der Oberstufe ein Steuerungsproblem auf, und der Marsbote stürzte 500 km vor Puerto Rico ins Meer. Man fand die Ursache, traf entsprechende Vorkehrungen und änderte das Missionsprofil der zweiten Sonde, um die Hauptaufgaben beider Flüge auf ihr zu vereinen. *Mariner 9* startete am 30. Mai, und diesmal ging alles gut. Sehr gut sogar.

In 167 Tagen durchmaß der Robotaufklärer eine Strecke von 398 Mio. km. Am 13. November 1971 traf er am Ziel ein – das erste irdische Raumfahrzeug in einer Umlaufbahn um einen anderen Planeten. In seiner um 65° gegen den Äquator geneigten Ellipsenbahn von 1250 km Periapse umflog er den Mars täglich zweimal. Seine Periode von 11,98 Std. entsprach 17/35 eines mittleren Mars-Sonnentages; das bedeutete, dass die Sonde nach 17 Marstagen und 35 Umkreisungen wieder über die gleichen Bodengebiete unter fast denselben Beleuchtungsverhältnissen hinwegzog. Dadurch konnten Gebiete mehrmals nacheinander besucht und auf Anzeichen veränderlicher Prozesse hin beobachtet werden.

Mariner 9 erforschte den Roten Planeten elf Monate lang bis zur Grenze seiner Leistungsfähigkeit, und seine Mission wurde die produktivste aller bis dahin geflogenen Planetenmissionen. Er übermittelte mehr als 7000 Aufnahmen, die einen vollständigen Marsatlas und Marsglobus ergaben. Seine Funde revolutionierten unser Bild des Mars von Grund auf; er wurde zu einem neuen Mars: ein aktiver, evolvierender Planet.

Wenn auch *Mariner 9* ein für allemal mit dem Märchen der »Marskanäle« und »Oasen« als künstlich geschaffene Wasserwege aufräumte, zeigten seine Daten andererseits, dass in Diskussionen der Wasserfrage des Mars äußerste Vorsicht geboten ist. Denn die bei Weitem überraschendste Entdeckung des Orbiters waren die untrüglichen Zeichen eines Vorkommens von Wasser auf dem Planeten in unbestimmter Vorzeit.

Die Fotos enthüllten nämlich, dass das makroskopische Bild der Marsoberfläche nicht nur sehr stark von Wind (Fachausdruck: »äolisch«) geprägt ist, wie etwa das seinerzeit bei uns kultisch-berühmt gewordene »Marsgesicht«, sondern auch von großen Mengen fließenden Wassers. Und das bei einer Welt, deren Oberfläche heute so strohtrocken ist, dass alles Wasser in ihrer Atmosphäre nur eine Schicht von 2–5 Hundertstel eines Millimeters Stärke auf dem Boden bilden würde, wenn es alles an einem Tag abregnete!

Planet Mars im Februar 1995 *(Hubble-Teleskop/WFPC2-Kamera)*

Neben den zahlreichen durch tektonische Verwerfungen und Brüche gewaltsam entstandenen Rissen und Spalten jüngeren Datums, wie das gewaltige Valles Marineris, schlängeln sich weitverzweigte Rinnen über die Marsoberfläche, die irdischen Flussbetten zum Verwechseln ähnlich sehen. Da viele von ihnen Einschlagkrater in ihren Sohlen haben, liegt ihre Entstehung lange zurück, d. h. diese flussähnlichen Kanalformationen müssen daher ebenfalls älter sein. In den breiteren Flussbetten entdeckte man tropfenförmig geschweifte Inseln, deren Existenz eine totale Überraschung war.

Für ihre Stromlinienfigur kommt keine andere Entstehungsursache als fließendes Wasser infrage – in gewaltigen Mengen und über große Zeiträume. Weitreichende Netze mäandrierender und verschlungener Rinnen zeigen übereinstimmende Fließrichtungen, ein untrüglicher Beweis für ein ihnen gemeinsames, alles verbindendes Medium. Hochplateaus mit tief eingefrästen Rillen legen die Möglichkeit früherer Überflutungen nahe. An manchen

Stellen schienen sich große Wassermengen hinter hohen, aufgeschobenen Gratrücken aufgestaut zu haben, um dann durchzubrechen und deutlich sichtbare »Wasserlücken« zu schaffen. Auf vielen Bildern zeigen sich neben gewundenen Flussläufen ganze Mündungssysteme mit Formationen ähnlich Sandbänken und Küstenlinien. Die Wasserwege lassen sich entsprechend ihrer Entstehung in drei Typenklassen einordnen: durch Regenfälle und -ablauf erzeugte verästelte Tributärsysteme, breite Kanäle, die durch Überflutung geothermisch entstandener unterirdischer Seen verursacht worden sind, und kleinere, durch langsam sickernde Gewässer in den Boden gefressene Rinnsale.

Alles in allem schien es aufgrund der *Mariner-9*-Aufnahmen, wie auch der späteren *Viking*-Orbiterfotos, so gut wie sicher zu sein, dass bei der Formung der Marsoberfläche große Mengen fließenden Wassers eine Rolle gespielt haben. Wo das viele Wasser allerdings geblieben ist, stellte damals das zweitgrößte Rätsel des Mars dar, gleich nach der Frage nach seinem Leben. Es konnte unmöglich alles in den Weltraum entwichen sein, selbst nicht bei dem geringen Luftdruck von etwa 6 Millibar. Auch in flüssiger Form kann es nirgendwo bestehen, dafür ist die Lufthülle viel zu dünn, nur als Eis oder Dampf. Und der winzige Anteil von Wasserdampf in der Atmosphäre war bekannt. Wo aber befindet sich der Rest?

Einen Teil der Antwort lieferte erstmalig eine der großen Entdeckungen der späteren *Viking*-Orbiter: Zumindest die permanente Nordpolkappe besteht teilweise aus normalem Wassereis, nicht – wie traditionell angenommen – aus CO_2. Zu bestimmten Zeiten wurden am Pol nämlich Temperaturen um 205 Kelvin (−68°C) gemessen, bei denen Trockeneis längst verdampft wäre. Erst im Winter ist es dort kalt genug, um CO_2 gefrieren zu lassen, und dann bilden sich über dem Wassereis die seit Langem bekannten, also jahreszeitlich bedingten Trockeneiskappen. Ungewiss blieb jedoch auch nach *Viking*, wie viel Wasser am Pol gebunden liegt. Einige NASA-Schätzungen sprechen von mehreren Hundert Metern – genug, um im flüssigen Zustand den Planeten mit einer 50 cm tiefen Wasserschicht zu bedecken.

Mariner-9-Fotos zeigten auch regional stark begrenzte Bodenabsenkungen mit chaotischem Buckel- und Hügelterrain, die so aussehen, als seien sie durch das Schmelzen unterirdischer Eislager entstanden. Man hielt es für möglich, dass große Mengen von Wasser als Grundeis oder Permafrost unter der Marsoberfläche selbst in mittleren Breiten vorkommen. An die Oberfläche getreten wäre es nur dort, wo Meteoriteneinschläge die Marskruste penetrierten und erhitzten. Die durch fließendes Wasser gebildeten Kanalformationen müssen zwar einer Zeitperiode entstammen, in der die Marsatmosphäre dicht und warm genug war, um Wasser in flüssiger Form zu dulden. Aber auch später noch, als die Lufthülle dünner wurde und der Wasserdampf kondensierte und dann gefror, können vorübergehende niagarahafte Ausbrüche von Wasserströmen erfolgt sein, verursacht durch lokale Erhitzung durch die mit abnehmender Luftdichte zunehmenden Meteoriteneinschläge und vor allem auch durch Vulkaneruptionen.

Nach zahlreichen fehlgeschlagenen Versuchen vonseiten der Sowjetunion, Landekapseln auf den Mars zu bringen, kam als nächster Schritt der Marsexploration das NASA-Unternehmen *Viking*. Im Jahr 1967 aus dem niemals ausgeführten Projekt *Voyager* (auf *Saturn V*) hervorgegangen und am 4. Dezember 1968 vom damaligen NASA-Chef Thomas O. Paine genehmigt, sah es die »weiche« Landung von zwei automatischen Forschungsstationen vor. Von den beiden möglichen Landetechniken – direkter Eintritt bei Ankunft oder indirekt aus einem zuvor eingeschobenen Parkorbit – entschied man sich für die komplexere zweite Methode, wie auch für den vom Langley-Studienteam vorgeschlagenen Namen »*Viking*«. Die Aufklärer sollten aus je einem Orbiter und einem Lander bestehen, und ihr Gewicht von 3,5 t (wovon 2300 kg auf den Orbiter, 1200 kg auf den Lander kamen) erforderte die bis dahin stärkste Trägerrakete Titan-IIIE mit Centaur-Oberstufe. Das ursprünglich für 1973 beabsichtigte Unternehmen war 1975 bereit. Nach mehreren Verschiebungen startete *Viking 1* am 20. August; *Viking 2* folgte am 9. September, 3 Minuten bevor ein heranziehender Regensturm die Startrampe eindeckte. 8 Minuten später verstummten alle Telemetrie-Signale von der Sonde. Nach weiteren 6 Minuten setzte der elektronische Datenstrom wieder ein, leichenblasse Gesichter hellten sich auf, und der Rest der Reise zum Mars verlief problemlos.

Nach 304 Tagen und einer Strecke von 815 Mio. km schoss sich *Viking 1* mit einem 38 Minuten langen Schubmanöver am 19. Juni 1976 in eine elliptische Umlaufbahn ein. Mit späteren Korrekturen wurde diese auf 32 800 km Apoapse, 1508 km Periapse und 24 Std. 39 Min. 36 Sek. Periode getrimmt. Ursprünglich sollte Lander-1 pünktlich zum 200-jährigen Geburtstag der USA am 4. Juli 1976, um 16.41 Uhr MEZ, in einer flachen Niederung namens Chryse aufsetzen. Doch kam es wieder einmal ganz

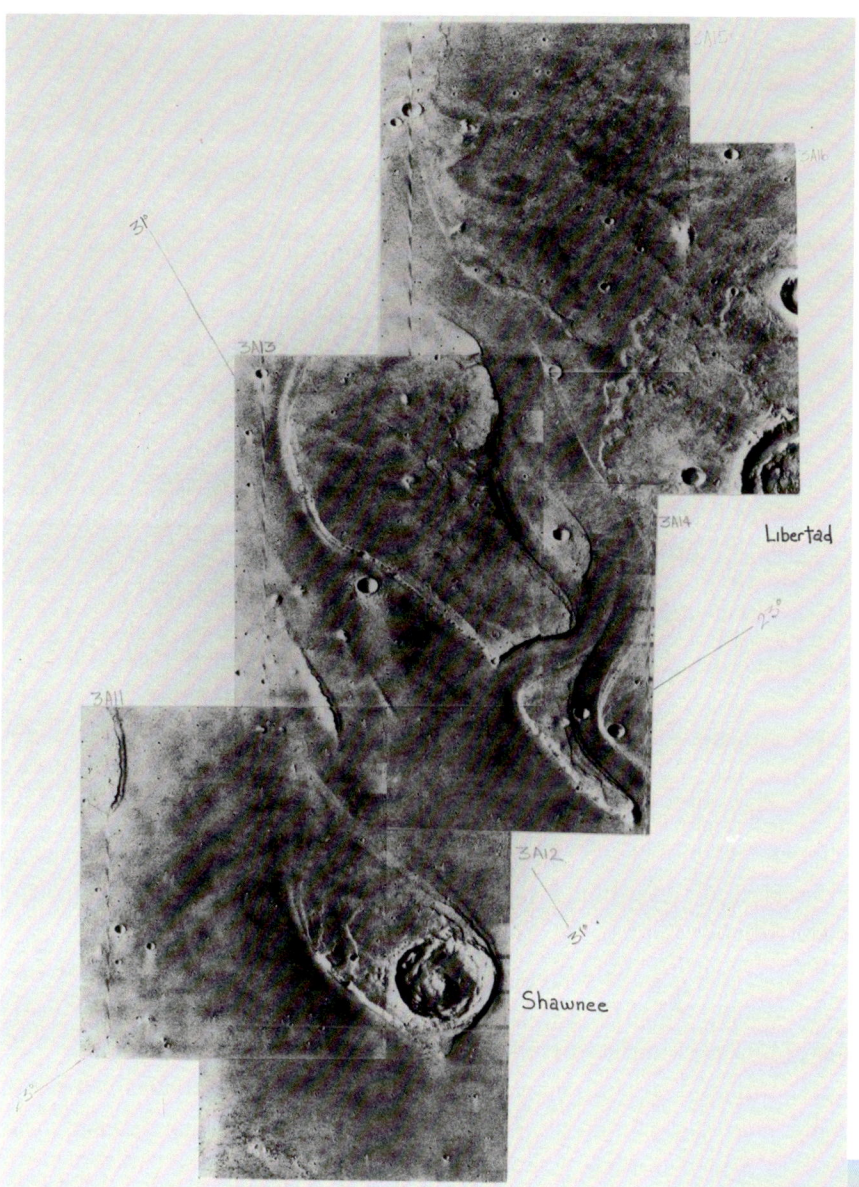

anders: Das gewagte Unternehmen musste zweimal verschoben werden, als die langbrennweitigen (475 mm) Zwillingsteleskopkameras des Orbiters zeigten, dass die auf früheren Mariner-Bildern schön glatte und ebene Landezone in Chryse in Wirklichkeit von Stromtälern

Mosaik aus 6 *Viking/Orbiter-1*-Fotos vom 22. Juni 1976. Deutlich sichtbar: die nach Norden (oben) fließenden Strom-»Kanäle« mit ihren tropfengleichen »Inseln«, die auf einstmalige Wassermengen schließen lassen.

Links: Bemannte Marslandung nach *Viking*-Manier (Bremsraketen) kurz vor dem Aufsetzen – Mitte: Die *Mutch Memorial Station* nach der Landung: Modellansicht des *Viking*-Landegeräts auf dem Mars (1976)

und Flussläufen durchzogen war: ein chaotisches Terrain von Felsformationen und Klippen, auf dem eine Landung mehr als riskant erschien. Auch die für den zweiten Versuch am 17. ausgesuchte Stelle in Chryse Planitia (»Goldebene«) wurde verworfen, als präzisere Messungen mit den Tiefraumradars von Arecibo, Puerto Rico (300 m Antennendurchmesser), und Goldstone, Kalifornien (63 m), sie von Geröll und Unebenheiten übersät zeigten.

Die Entscheidung, den Orbit zu verschieben, um eine dritte Landezone auszukundschaften, fiel der NASA nicht leicht. Jede weitere Verzögerung führte näher an den Moment heran, wenn die Flugkontrolleure ihre volle Aufmerksamkeit dem zweiten Marsboten zuwenden mussten. Das 780 Mann starke Flug- und Landeteam kam also mit jedem verstreichenden Tag mehr und mehr in Zeitdruck. Konnte bis spätestens 25. Juli keine Landezone für *Viking* 1 gefunden werden, musste man ein Verschieben der Landung bis nach Ankunft der Schwestersonde in Kauf nehmen. Doch die dritte untersuchte Zone, einige 100 km weiter westlich, aber immer noch im interessanten Einzugs- und Stromablaufgebiet von Chryse, erwies sich als günstig. Das Signal zur Lander-Abtrennung erging am Dienstag, 20. Juli, um 9:50 Uhr MEZ, und danach verlief alles vollautomatisch. Die Entfernung zu

82

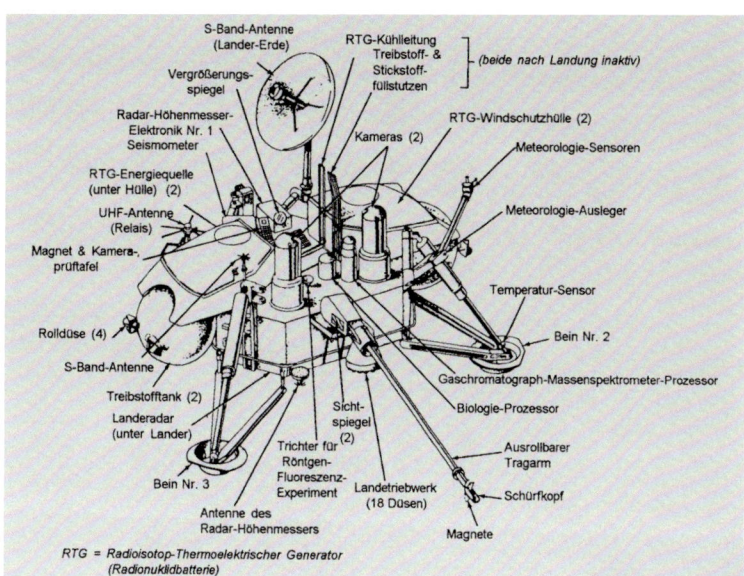

S-Band-Antenne
(Lander-Erde)

Vergrößerungs-
spiegel

RTG-Kühlleitung
Treibstoff- &
Stickstoff-
füllstutzen

(beide nach Landung inaktiv)

Radar-Höhenmesser-
Elektronik Nr. 1
Seismometer

RTG-Windschutzhülle (2)

Kameras (2)

Meteorologie-Sensoren

RTG-Energiequelle
(unter Hülle) (2)

UHF-Antenne
(Relais)

Meteorologie-Ausleger

Magnet & Kamera-
prüftafel

Temperatur-Sensor

Rolldüse (4)

Bein Nr. 2

S-Band-Antenne

Gaschromatograph-Massenspektrometer-Prozessor

Treibstofftank (2)

Landeradar
(unter Lander)

Sicht-
spiegel
(2)

Biologie-Prozessor

Trichter für
Röntgen-
Fluoreszenz-
Experiment

Ausrollbarer
Tragarm

Bein Nr. 3

Landetriebwerk
(18 Düsen)

Schürfkopf

Antenne des
Radar-Höhenmessers

Magnete

RTG = Radioisotop-Thermoelektrischer Generator
(Radionuklidbatterie)

Rechts: *Viking 1 & 2-Lander*
(Gesamtansicht)

*Viking*s Heimatplaneten betrug zu dieser Zeit über 350
Mio. km; das bedeutete eine Gesamtsignalverzögerung von 42 Minuten bei
der Übertragung eines Radiosignals im Zweiwegeverkehr Mars-Erde-Mars.
Bordvorgänge, deren Abwicklung nicht unterbrochen werden konnten, wie
die eigentliche Landung, mussten daher vollautomatisch unter Computer-
kontrolle erfolgen.

Der gesamte programmgesteuerte Eintritts- und Landevorgang dauerte
3 Std. 21 Min. und verlief perfekt, doch erfuhr man das auf der Erde erst
21 Minuten später. 15 Sekunden nach Touchdown entfaltete sich die Para-
bolantenne und richtete sich auf die ferne Erde; dann klappte ein 100 cm
langer Ausleger mit meteorologischen Instrumenten auseinander. 10 Sekunden später begann die Aufnahme des ersten Bildes. Sein Eintreffen auf der
Erde, Vertikalstreifen um Vertikalstreifen, rief steigenden Jubel hervor. Es
zeigte Steine und fein granuliertes Material – Sand und Staub. Bei manchen
Gesteinsbrocken ließen Sandfahnen auf der Leeseite auf Windeffekte schließen. Von rechts ragte der Fußteller eines Landebeins ins Bild, und in der
konkaven Schale hatte sich beim Aufsetzen eine kleine Menge Sand und
Staub angesammelt. Auf der linken Bildhälfte war einer der Vertikalstreifen
dunkler ausgefallen: wahrscheinlich eine etwa einminütige Verdunklung der
Sonne durch Wolken oder Staub.

Viking 2 traf am 7. August ein, und auch sein Orbit wurde danach für die Abtrennung des Landers und die fotografische Erkundung sorgfältig getrimmt. Die Landung seiner Forschungsstation am 3. September verlief ebenfalls plangemäß. Ihre Landestelle lag 1500 km weiter im Norden, in Utopia Planitia, auf der Böschung eines Kraters namens Mie. Mit einem Bein setzte sie auf einen Stein auf, der ihre Lage um 8° schräg stellte. Wie ihre Schwesterstation nahm sie sofort die Arbeit auf, und beide Roboter verrichteten sie von da an viele Jahre lang ohne Probleme.

Mit ihren erstmals farbigen Fotos bestätigten die *Vikings*, dass der Rote Planet tatsächlich rot ist: rostrot bzw. rötlich-braun. Dies gilt nicht nur für den Marsboden, so weit die Sicht der Landerkameras reichte, sondern auch für die Atmosphäre. Aufgrund schwebender Staubteilchen ist der Himmel auf dem Mars nicht blau, sondern rosafarben. Die Farbtönung des Bodens und des Sandbelags auf allen sichtbaren Felsbrocken ist auf Eisenoxid, also Rost, zurückzuführen, das als feine Schicht an den Silikatkörnern haftet. Der Anteil an ferromagnetischem Material am Boden ist mit 3–7% so hoch, dass es sich bei dem vermuteten Mineral um Magnetit (Fe_3O_4) oder Maghemit (Fe_2O_3) handeln könnte.

Bodenanalysen ergaben ferner, dass die Marserde an den Landestellen hauptsächlich aus Eisen, Kalzium, Aluminium, Silizium und Schwefel besteht. Das Material enthält heterogen gemischte feinkörnige Silikat- und Oxidmineralien, eingelagert in großen Mengen hydrierter (wasserhaltiger) Sulfate. Das Verhältnis von Kalzium zu Kalium ist so hoch, dass das Material nicht alkalisch ist, wie etwa Granit. Offenbar ist die Marserde stark oxidiert und enthält vermutlich eine hohe Konzentration von Peroxiden, Stoffen also, die stärker oxidiert sind als ihr normaler chemischer Zustand auf der Erde. Dieser »angehobene« Zustand könnte durch fotokatalytische Einwirkung des auf dem Mars durch keine Ozonschicht abgeschirmten Ultraviolettlichts verursacht worden sein.

Nach *Viking* stand fest, dass die Marsatmosphäre tatsächlich zu 95% aus CO_2 besteht. Weitere 2,5% gehen auf Stickstoff und seine Isotope, 2% auf das Edelgas Argon und vor allem dessen Isotop Argon-40 (entstanden aus radioaktivem Zerfall von Kalium-40 in kaliumreichen Mineralien). Der Rest ist Sauerstoff (0,1–0,4%), Wasserdampf (0,01–0,1%) und etwas Krypton und Xenon. Eine kleine Sensation bildete der erstmalige Nachweis von Stickstoff, ein für jeglichen Lebensprozess notwendiges Element. Krypton und Xenon sind chemisch inert, d. h. sie werden nicht durch chemische Reaktionen aus der Atmosphäre entfernt, wie chemisch reaktive Gase wie Wasserstoff, CO_2 und zum Teil auch Stickstoff. Ihr Vorkommen ist daher ein guter Indikator für die Gesamtmenge der seit der Entstehung eines Planeten in seine Atmosphäre entlassenen Gase. Die *Viking*-Werte des Verhältnisses von Argon-40 zu Argon-36 (2750:1) und des Krypton- und Xenon-Vorkommens lassen darauf schließen, dass die Marsatmosphäre einst etwa 10-mal dichter gewesen sein muss als heute. Der von den meteorologischen Instrumenten am ersten Tag gelieferte Wetterbericht blieb in der Folge überraschend stabil und zeigte nur geringe Schwankungen: »Am späten Nachmittag leichte Winde von Osten, die nach Mitternacht in leichte Winde aus Südosten übergehen. Größte Windstärke war 24 km/h. Temperaturen wechselnd von –85,5°C bei Morgendämmerung bis –30°C am späteren Nachmittag. Luftdruck: 7,7mb.«

Die *Vikings* hielten Ausschau nach makroskopischem Leben, doch vom rein Optischen her blieb die Suche fruchtlos. Keines der Fotos zeigte eine Spur von Vegetation, Tieren, Fußstapfen oder Farbflecken. Und in ihrer Suche nach mikroskopischem Leben führten die automatischen Biologielabors beider Lander mit einem extrem komplexen System von miniaturisierten Testzellen, Öfen, Kühlern, Geigerzählern, Gas-Chromatografen, Lampen und Testflüssigkeiten drei grundlegende biochemische Experimente in Variationen durch. Die dafür nötigen Bodenproben wurden von einem 3 m langen Schürfarm eingebracht, gesiebt und den jeweils vorrangigen Testzellen zugeführt. Aber auch nach Jahren sorgfältigster Analysen blieben die Ergebnisse unvollständig, unerwartet und zum Teil anscheinend auch widersprüchlich, sodass die Existenz von mikroskopischem Marsleben, heute oder in der Vergangenheit, weder bewiesen noch widerlegt wurde. Ein Leben, wie wir es kennen, wurde nicht gefunden. In Anbetracht der vielen »unirdischen« Spielarten, in denen es auftreten könnte, gelang es den *Viking*-Robotern jedoch nicht, die Preisfrage eindeutig zu beantworten. Auch nach mehreren anderen Landern und Rovern seit *Viking* blcibt die Debatte offen, und eine

Mars aus 418000 km Entfernung: oben Ascraeus Mons mit Wolkenfetzen von Wassereis, unten das reifbedeckte Kraterbecken Argyre, in der Mitte der Supercanyon Valles Marineris (1976)

Auflösung des Rätsels ist vorerst nicht in Sicht. Unser nächster »Hoffnungs-
träger« ist MSL *Curiosity*.

Beide *Viking*-Orbiter übermittelten zusammen 52 000 Bilder, die 97% der
Oberfläche zeigen. Orbiter-2 funktionierte bis zum 25. Juli 1978, Orbiter-1
zwei Jahre länger, bis 7. August 1980. Die Satelliten werden noch mindestens 30–40 Jahre lang nicht zum Absturz kommen. Die beiden Lander sen-
deten insgesamt an die 4550 Bilder; und ihre Lebensdauer übertraf alle
Erwartungen. Lander-2 wurde nach 3,5 Jahren am 11. April 1980 abge-
schaltet; Lander-1 verstummte erst am 13. November 1982, mehr als sechs
Jahre nach der Landung, nachdem eine letzte kurze Phase seines Betriebs
durch private Spenden finanziert worden war. Nach dem 1980 beim Berg-
steigen tödlich verunglückten NASA-Chef des *Viking*-Fotoauswertungsteams
trägt er heute den Namen »Thomas Mutch Memorial Station«. Die Gesamtkosten des Programms beliefen sich auf rd. 1 Milliarde Dollar.

Von den Raumsonden verbleibt uns noch ein weiteres Vermächtnis für die
Zukunft und die kommende bemannte Phase: ein richtiggehender Mars-
Kalender. Die speziell für das *Viking*-Programm eingerichtete Marstag-Zäh-
lung begann mit »Sol 0« im Moment der Abtrennung von Lander-1 (1 Sol,
die Bezeichnung des Mars-Tages, entspricht eiuner Marsumdrehung bzw.
24,6 Stunden.) Zur Zählung der Jahre im neuen Marskalender wurde 1965,
das Jahr des historischen Vorbeiflugs von *Mariner 4*, gleich dem Jahr 1000
gesetzt. Da jedes Marsjahr, wie wir gesehen haben, nicht ganz 687 Erdtage
umfasst, muss wie auf der Erde von Zeit zu Zeit ein Schaltjahr eingeschoben
werden. Dabei hat man ungerade Marsjahre als Schaltjahre von 669 Marstagen Länge definiert. Gerade Jahre sind keine Schaltjahre, außer wenn durch
10 teilbar. Jahre, die durch 100 teilbar sind, sind ebenfalls keine Schaltjahre,
außer wenn durch 500 teilbar. Einen international akzeptierten »offiziellen«
Marskalender gibt es allerdings noch nicht.

Die Sowjets hatten nach der erfolgreichen Landung der amerikanischen
Viking-Geräte das Ziel Mars aufgegeben und sich zunächst voll ihrem äußerst
erfolgreichen Programm der Venusforschung gewidmet. Erst 1983 wandten
sie sich wieder dem Roten Planeten zu, diesmal spezifisch seinem inneren
Mond Phobos, der gemeinsam mit Deimos der Wissenschaft viele Rätsel auf-
gibt. In einer sehr anspruchsvollen Mission sollten zwei komplexe Automaten bis auf 50 m an den Mond herangeführt und drei Landegeräte auf ihm
abgesetzt werden. Eines davon war mobil: ein »Hüpfer«, der sich durch

Federkraft in kleinen Froschsprüngen über die Oberfläche der Miniwelt fortbewegen konnte.

Noch im Hochgefühl ihrer erfolgreichen Venuslandungen und mit internationalen Partnern durchgeführten VEGA-Sondenflüge zum Kometen Halley brachten die Russen Beiträge von 13 verschiedenen Ländern im Phobosprojekt zusammen. Untersuchen wollte man nicht nur den Marsmond, sondern auch den Mars selbst sowie die Sonne. Die hierzu entwickelten zwei Sondengeräte *Phobos 1* und *2* trugen identische Experimente zur Analyse des Mondes und eine nicht mobile Landekapsel. Das erste Gerät war zusätzlich mit einem Extrem-Ultraviolett-Detektor und einem Röntgenteleskop und Koronografen für die Sonnenforschung bestückt, das zweite mit einem Infrarot-Spektrometer/Radiometer und dem Hüpfer. Von den dicht über dem Boden schwebenden Sonden sollte das Möndchen mit einem Laser und einer Ionenschleuder beschossen und durch massenspektrometrische Analyse der dergestalt gewonnenen Verdampfungsprodukte die Bodenbestandteile ermittelt werden.

Gestartet wurden die beiden Raumsonden am 5. und 12. Juli 1988. Da jeder Apparat über 6 t wog und selbst die vierstufige Proton-Rakete nicht über genügend Energie verfügte für den endgültigen Einschuss in die interplanetare Transferbahn, musste das autonome Antriebssystem jeder Sonde das restliche ΔV von 500 m/s aufbringen. Nach erfolgreichen Kurskorrekturen am 16. und 21. Juli verlief die Mission in den folgenden Wochen plangemäß. Doch am 31. August, einen Tag vor Beginn eines mit dem Solar Maximum Satellit (SMM) der NASA koordinierten Sonnenbeobachtungsprogramms, trat die erste Katastrophe ein. In einer zum *Phobos-1*-Bordcomputer gefunkten Kommandosequenz, die nicht ordnungsgemäß überprüft worden war, hatte ein Techniker ein einziges Zeichen ausgelassen. Der Automat schaltete sein Raumlagekontrollsystem ab und geriet ins Taumeln. Seine Sonnenzellen verloren die Richtung zur Sonne, und damit war sein Schicksal besiegelt: Totalverlust.

Alle Hoffnungen der internationalen Teams lagen jetzt auf *Phobos 2*. Doch gegen Jahresende fiel sein Hauptradiogerät aus, und es verblieb nur der schwächere Reservesender. Im Januar schoss sich der Apparat plangemäß in eine Umlaufbahn um den Mars ein und begann mit dem Forschungsprogramm. Spätere Manöver brachten ihn in die gewünschte Annäherungsbahn zu Phobos, und eine Zeit lang schien alles gutzugehen. Doch am 27. März

Sonnenuntergang auf dem Mars (oben links der Mond Phobos und darüber Deimos. Bildmitte oben: Planet Erde)

1989 gegen 16 Uhr Moskau-Zeit begann die Sonde mit einem Schwenkmanöver, das katastrophal enden sollte. Um das 20–30 km lange Möndchen besser vor die Kamera zu bekommen, musste sie sich im Raum so drehen, dass ihre Antenne nicht länger zur Erde zeigte. Drei Stunden später sollte sie automatisch in die Ausgangsstellung zurückkehren. Doch die Zeit kam und verging, und sie meldete sich nicht. Später empfangene kurzzeitige Radiosignale von der Rundstrahlantenne zeigten, dass der Robotspäher ziellos rotierte. Alle Bemühungen der Kontrolleure blieben fruchtlos, und eine Woche später gaben sie auf. Heute weiß man, dass ein Fehler im Bordcomputer den Verlust verschuldet hat.

Obwohl die Mission nach außen hin als völliger Reinfall erschien, verbrachte *Phobos 2* in Wirklichkeit 57 aktive Tage in einer Umlaufbahn mit 850 km Periapse, in denen er viel neues Wissen, aber auch neue Fragen über den Roten Planeten und seinen Mond gewann. Nachgewiesen hat er das Fehlen eines ausgebildeten Magnetfeldes sowie die Existenz einer vom Sonnenwind in der Hochatmosphäre des Mars erzeugten Ionosphäre, die den anströmenden Sonnenwind aus energetischen Teilchen ab- und um den Planeten herumlenkt. Dadurch entsteht, wie bei Venus und Erde, auf der Sonnenseite eine Stoßwelle im All und auf der Schattenseite ein Plasmaschweif.

Mit zwei Spektrometern sondierte *Phobos 2* die Atmosphäre während 33 Sonnenauf- und -untergängen und fand neben 95% Kohlendioxid Spuren von Sauerstoff und – erstmalig – Ozon. An Wasserdampf wurden nur etwa fünf Tausendstel eines Prozents in der Luft gemessen, doch schienen sich Anzeichen von Wasser in Bodenmineralien in gebundener Form als Hydroxylradikal OH zu zeigen.

Von Phobos, dem der Aufklärer bis auf 190 km nahe kam, machte er 37 Aufnahmen. Bahnvermessungen erlaubten eine präzisere Bestimmung seiner Masse: 108 Billionen Tonnen. Daraus ergab sich mit dem bereits bekannten Volumen ein spezifisches Gewicht von 1,95 g/cm^3 – wesentlich niedriger als alle bekannten Meteoriten. Das heißt: Entweder ist das Innere des Mondes porös, vielleicht ähnlich einer riesigen Schutthalde, oder es besteht aus einer Mischung von Gestein und weniger dichten Stoffen wie Wassereis, oder es ist eine Kombination von beiden. Spektraluntersuchungen von der Erde lassen dagegen vermuten, dass der Mond knochentrocken ist. Ob Phobos und Deimos eingefangene Asteroiden oder ein Überbleibsel aus dem Entstehungsprozess des Mars sind, bleibt weiterhin unbeantwortet. Doch gesichert ist nun, dass Phobos' Oberfläche keineswegs so homogen ist, wie man einst geglaubt hat.

Nach ihren *Viking*-Erfolgen hatte die NASA zunächst einmal anderen, erdnäheren Projekten den Vorrang gegeben, allen voran der Entwicklung des Space Shuttle, die für viele Jahre den Löwenanteil der verfügbaren Haushaltsgelder beanspruchte. Volle 17 Jahre vergingen seit dem Start der *Viking*-Sonden, bis endlich eine neue Mission zum Roten Planeten startbereit war: der 510 Mio. Dollar teure Mars Observer (Gesamt-Programmkosten: 891 Mio.). Doch bekanntlich nahm das weitpublizierte Unternehmen einen tragischen Ausgang.

Der neue Aufklärer startete am 25. September 1992 auf einer Titan-III mit neuer TOS-Oberstufe. Die Sonde machte sich auf den 720 Mio. km weiten Weg, und alles verlief plangemäß. Um so unvorstellbarer war der Schock bei allen Beteiligten, als das Raumfahrzeug nach elfmonatiger tadelloser Funktion am 21. August 1993 bei Beginn des Orbit-Einschussmanövers am Mars, 340 Mio. km entfernt, mit einem Mal verstummte. Trotz aller späteren Bemühungen der weltbesten Steuerungsspezialisten blieb der Marsaufklärer verschollen – und ist es auch heute noch.

Doch die Marserforschung ging – und geht – weiter. Wie zielstrebig die heutige Raumfahrt den Weg zum Mars eingeschlagen hat, zeigt sich darin, dass in den zwölf Jahren von 1996 bis 2007 zwölf Orbiter- und Landemissionen zum Roten Planeten ausschwärmten, darunter eine russische und zwei europäische. Acht von ihnen war Erfolg beschieden. Zu ihnen gehörte in erster Linie ein neuer Sondentyp der NASA, der durch kleinere Baugröße und -masse, d. h. durch kleinere Startraketen, dabei aber maximaler Verwendung miniaturisierter Bordelektronik, eine schnellere und billigere Projektdurchführung ermöglichen sollte, nach dem Motto »smaller – faster – cheaper«. Typisch dafür waren die neuen *Surveyor*-Sonden, die in jenem Jahrzehnt zum Mars flogen. Verloren gingen zwei dieser NASA-Sonden (*Mars Climate Orbiter*, 1998, und *Polar Lander*, 1999) sowie ein ESA-Lander (*Beagle-2*, 2004) und die russische Marssonde *Mars-96* mit Orbiter, Lander und Penetrator (1996).

Als erste Sonde nach zehnjähriger Mars-Pause schickte die NASA am 7. November 1996 den Marsspäher *Mars Global Surveyor* (MGS) auf die Reise. Gestartet wurde er um 12 Uhr mittags Ortszeit in Cape Canaveral auf einer Delta II/7925A. Mit 1060 kg Masse galt die Sonde auch als die bislang schwerste Vertreterin des neuen Programms. Sie war in drei Achsen stabilisiert, wobei Solarzellenflächen und Hauptantenne drehbar montiert waren und daher getrennt gerichtet werden konnten.

An Bord hatte MGS fünf der sieben Hauptinstrumente des verschollenen *Mars Observer* sowie dessen UHF-Sender/Empfänger, der für die Übertragung von Radiosignalen von Landern zur Erde die Relaisfunktion übernehmen kann. Vier der fünf Instrumente waren aktiv: ein Mars-Orbit-Kamerasystem (MOC) mit zwei Weitwinkelkameras von 7,5 km Auflösung für globale Aufnahmen und 280 m Auflösung für spezielle Übersichtsbilder, ein Thermal-Emissionen-Spektrometer (TES) zur Messung von Wärmestrahlung aus Gestein, Eis und Wolken und Bestimmung deren chemischer Zusammensetzung, ein Mars-Orbit-Höhenmesser (MOLA), das mit extrem kurzen Laserimpulsen präzise Höhenbestimmungen zur Anfertigung einer topografischen Marskarte ermöglichte, und, an einem langen Ausleger, ein Magnetometer/Elektronenreflektometer (MAG/ER) zur Klärung der enorm wichtigen Frage, ob der Mars ein Magnetfeld besitzt. Das fünfte, passive Experiment diente der Ermittlung der Veränderungen von Radiosignalen von der Sonde beim Durchlaufen der Marsatmosphäre.

Bei seiner Ankunft am Mars am 11. September 1997 verringerte MGS in etwa 400 km Entfernung vom Planeten zunächst durch ein 22 Minuten langes Triebwerkmanöver seine Geschwindigkeit von 5 km/s auf 0,99 km/s und erzielte damit einen hochelliptischen Orbit mit einem marsfernen Punkt (Apoapse) von 54 026 km und einer Periode von 45 Stunden.

Im Verlauf der nächsten sechs Monate veränderte die Sonde diesen Orbit durch ständiges Eintauchen in die Atmosphäre und entsprechend resultierendem aerodynamischem Abbremsen sowie Triebwerkszündungen so weit, dass die Apoapse von 54 000 km auf eine Höhe um 450 km verringert wurde und damit im März 1999 schließlich die Umlaufbahn erreichte, die für ihre Aufgabe der vollständigen Kartierung der Marsoberfläche am günstigsten war: ein polarer, sonnensynchroner (d. h. ständig dem Sonnenschein ausgesetzter) Orbit von 450 km Höhe, 92,9° Bahnneigung und rd. zwei Stunden Umlaufzeit.

Dabei überquerte MGS den Äquator auf der Sonnenseite jeweils um 14:00 Uhr (Mars-Ortszeit) von Süden nach Norden, um die beste wissenschaftliche Kartierung zu gewährleisten. MGS, der seine Primärmission im Januar 2001 beendete, befand sich in seiner dritten Missionserweiterungsphase,

als das Raumfahrzeug am 2. November 2006 aufhörte, Radiosendungen und -kommandos zu beantworten. Ein schwaches Signal wurde drei Tage später empfangen, das anzeigte, dass sich das Gerät auf »Safe Mode« geschaltet hatte. Alle weiteren Versuche einer Kontaktaufnahme mit *Sur-*

veyor misslangen, und im Januar 2007 erklärte die NASA die Mission offiziell für beendet.

Weniger Glück als der *Mars Global Surveyor* hatte die bereits erwähnte russische Sonde *Mars-96*, an der sich Deutschland, Frankreich und über ein Dutzend anderer Länder beteiligten. Bei ihrem Start am 16. November 1996 auf einer vierstufigen Proton-Rakete von Baikonur in Kasachstan kam es zu einer Katastrophe, die die seit über 30 Jahren andauernde Kette russischer Marsflug-Versager fortsetzte und für die russische Marsforschung einen sich noch für viele Jahre negativ auswirkenden Rückschlag bedeutete.

Erfolg war dagegen der NASA beschieden, als sie am 4. Dezember 1996 mit *Pathfinder* die zweite US-Sonde seit dem unseligen *Mars Observer* auf die Reise zum Roten Planeten schickte – auf einer Delta II/7925. Ihre Hauptaufgabe: die Demonstration eines einfachen und relativ billigen Landers und seiner Forschungskapazität, dann die Erprobung eines kleinen ferngesteuerten Marsfahrzeugs, mitsamt der Kommunikation zwischen dem Minirover und dem Lander. Aufgabe des wissenschaftlichen Programms: die Untersuchung der Bodenbeschaffenheit und der klimatischen Bedingungen in der Landezone.

Anders als bei den *Viking*-Missionen wurde beim Eintreffen der Sonde am Mars keine Warte-Umlaufbahn vorgeschaltet, d. h. die Landung von *Pathfinder* erfolgte direkt, ungeachtet der gerade herrschenden klimatischen Bedingungen, und zwar am 4. Juli 1997, dem amerikanischen Nationalfeiertag. Dieser Direkt-Modus war zwar wesentlich riskanter, ersparte jedoch erhebliche Zusatzmasse und erlaubte daher die Wahl einer billigeren Startrakete vom Typ Delta II: Die Gesamtmasse der Sonde betrug nämlich nur etwa 870 kg. Davon entfielen 304 kg auf die Marschstufe (inklusive 80 kg Hydrazintreibstoff) und 325 kg auf den eigentlichen Lander. Die wissenschaftlichen Instrumente waren daran mit 11 kg und der kleine Rover mit rund 12 kg beteiligt.

Der Landeort war eine Stelle in der steinigen Flutebene des Ares Vallis bei 19,4° Nord und 33,1° West, etwa 843 km südöstlich von *Viking 1* – eine Region, die allem Anschein nach einstmals Wasserfluten bedeckt hatten. Beim Eintritt in die Atmosphäre mit 27 000 km/h schützte das Gerät zunächst ein später abgeworfener Hitzeschild; zur eigentlichen Landung diente dann ein 7,3-m-Fallschirm, gefolgt von drei Feststoffraketen von insgesamt 3 t Schub zur weiteren Abbremsung und schließlich ein System von vier 5,2-m-Airbags aus Kevlar von 82 m^3 Volumen, die von Gasgeneratoren aufgeblasen wurden. Die Luftkissen milderten den hüpfenden Aufschlag so weit ab (auf 37,6 km/h), dass das Gerät funktionstüchtig blieb. Der gesamte Vorgang dauerte vom Eintritt bis zur Landung knapp 5 Minuten: um 18:57 Uhr MEZ war *Pathfinder* auf dem Mars.

Als die Luftkissen danach entleert und durch Seilzüge mechanisch zurück-gezogen waren, regte sich die pyramidenförmige Landestation, die später den Namen »Carl Sagan Memorial Station« erhielt: Sie klappte ihre seitli-chen Schutzwände herunter, auf deren Innenseiten Solarzellen zur Energie-versorgung wie auch der Mikrorover saßen, und erwartete so den Sonnen-aufgang um 21:40 MEZ. Dann erhob sich eine 24 Farben »sehende« Stereokamera, die mit deutscher Beteiligung entwickelt worden war, auf einem 1 m hohen Mast und begann mit Panoramaaufnahmen. Der kleine ferngesteuerte Rover mit dem Namen *Sojourner* (»Reisender«), nur 63 cm lang, 48 cm breit und 28 cm hoch, stand auf sechs Rädern von je 13 cm Durchmesser. Zur Energieversorgung mit 16 W diente eine 0,2 Quadratme-ter große Sonnenzellenfläche auf seinem flachen »Dach«. Zusätzlich gepow-ert von 9 Lithium-Thionol-Chlorid-Batterien, die die Bordleistung auf 30 W erhöhten, hatte der

»Six wheels on soil!« (Sechs Räder am Boden!) Minirover *Sojourner* bei der ersten Bodenberüh-rung auf dem Mars

begrenzt »intelligente« Mikrorover ferner zwei Schwarz-Weiß-Fernseh-kameras mit Abstands-Lasern für Stereosicht nach vorne, eine monoskopi-sche Farbkamera nach hinten und ein ebenfalls heckwärts gerichtetes Alpha/Protonen/Röntgen-Spektrometer zur Untersuchung des Marsgesteins, unter anderem auch nach Feuchtigkeitsspuren.

Am frühen Morgen des 6. Juli, nach der Behebung einiger Schwierigkeiten, war es endlich so weit: *Sojourner* richtete sich aus seinem zusammengefalte-ten Zustand auf und rollte langsam, mit 40 cm/min, von einer der beiden selbst ausgefahrenen Rampen. Um 8:30 Uhr MEZ hieß es jubelnd im Jet Pro-pulsion Laboratory (JPL): »Six wheels on soil!« Der erste von der Erde gesandte Rover hatte den Mars betreten – ein Schritt, den mancher Wissen-schaftler mit dem von Neil Armstrong auf dem Mond verglich.

Die »Carl Sagan Memorial Station« und ihr Rover *Sojourner,* genannt nach der afro-amerikanischen Abolitionistin, Frauenrechtlerin und Wanderpre-digern Sojourner Truth (Isabella Baumfree, 1797–1883), funktionierten beide erheblich länger, als ihr Design ursprünglich vorsah, *Pathfinder* fast dreimal länger, und der Rover sogar zwölfmal länger.

Von der Landung bis zur letzten Radiobotschaft am 27. September 1997 sandte *Mars Pathfinder* 2,3 Milliarden Bits an Information zur Erde, ein-schließlich mehr als 16 500 Bilder vom Lander und 550 Aufnahmen vom Rover, sowie mehr als 15 chemische Analysen von Steinen und Marsboden plus eine Fülle von Daten über Winde und andere Wetterfaktoren. Die von den Instrumenten auf *Pathfinder* und *Sojourner* gewonnenen wissenschaft-lichen Daten zeigten erstmals, dass Mars in Vorzeiten warm und feucht war, mit Wasser in flüssiger Form und einer dichteren Atmosphäre.

Pathfinder und der kleine Rover waren auch die ersten Marsroboter, die dank des gerade um sich greifenden Internets weltweit ein Millionenpublikum in ihren Bann zu ziehen begannen. Allein am 9. Juli 1997 erhielt *Pathfinder* im World Wide Web im Zeitraum von 24 Stunden 47 Millionen Zugriffe (»hits«). Es lag zum Teil wohl auch daran, dass man bei *Sojourner* und spä-teren Robot-Forschern durch Verniedlichung und Cartoon-Namen so etwas wie Animismus-Beseeltheit evozieren wollte (mit Steinen namens »Yogi«, »Barnacle Bill«, »Volkswagen« usw.) Aber das war erst der Anfang. *Mars Polar Lander* verzeichnete am 3. Dezember 1999 bereits 69 Millionen Zugriffe, und die Landung des *Mars Exploration Rover MER-A Spirit* brachte es in den 24 Stunden von 3. auf 4. Januar 2004 auf 109,2 Millionen hits und

2,2 Terabytes an heruntergeladener Information. Seither ist eine rege und wachsende Beteiligung der Öffentlichkeit für NASA, ESA und zukünftige andere Raumfahrtagenturen ein überaus wichtiger, nicht mehr wegzudenkender Bestandteil der Marsexploration geworden. Ist es der Anfang von Mars als »common cause«-Ziel der Menschheit?

Die nächste NASA-Sonde, *Mars Odyssee*, gestartet am 7. April 2001 auf einer Delta II, war die erste Mission des neustrukturierten *Mars Exploration Program*, einer langfristigen Initiative des Einsatzes von Robotersystemen zur Erforschung des Roten Planeten. Sie erreichte Mars am 24. Oktober 2001 und bremste sich im Verlauf der nächsten drei Monate mit der bei MGS bewährten Aerobraking-Technik in einen erkundungsoptimalen Zweistunden-Orbit. *Mars Odyssee* war ursprünglich die Orbiter-Komponente des *Mars-Surveyor-2001*-Programms, dessen Lander dann nach den Verlusten von *Mars Climate Orbiter* und *Mars Polar Lander* gestrichen wurde. Die Sonde erhielt den Namen *2001 Mars Odyssee* als Hommage an die durch den renommierten Science-Fiction-Autor Arthur C. Clarke und seinen Stanley-Kubrick-Film »2001: A Space Odyssee« verkörperte Vision und Inspiration der Erforschung des Weltraums. Gesamtkosten der Mission: nur 297 Mio. Dollar.

*Odyssee*s wichtigste Instrumente waren THEMIS (Thermal Emission Imaging System) zur Bestimmung der Verteilung von Mineralien, vor allem solcher, die sich nur in Gegenwart von Wasser bilden können, GRS (Gamma Ray Spectrometer) mit dem russischen HEND (High Energy Neutron Detector) zur Bestimmung der Anwesenheit von 20 chemischen Elementen auf der Marsoberfläche, einschließlich Wasserstoff im oberflächennahen Untergrund, aus denen Rückschlüsse auf die Menge und Verteilung des möglichen Wassereises auf dem Planeten gezogen werden können, und MARIE (Mars Radiation Environment Experiment) für die Untersuchung der Strahlenbelastung.

Mit ihnen wurde erstmalig eine globale Oberflächenkartierung der Menge und Verteilung vieler chemischer Elemente und Mineralien möglich. Der im sichtbaren Spektrum arbeitende Teil des *Odyssee*-Imaging-System liefert Bilder von einer Klarheit, die die Sichtlücke zwischen den *Viking*-Orbiter-Kameras der 1970er-Jahre und den späteren hochauflösenden Bildern von *Mars Global Surveyor* ausfüllen.

Aus der damit erzielten Bestimmung der Wasserstoff-Verteilung über den

Links: MER-A (Mars Exploration Rover A) *Spirit*, erspäht vom Marsorbit
Rechts: MER-B *Opportunity* passiert die 12-Meilen-(19,2 km)-Marke auf dem Weg zum Krater Endeavour, den er am 9. August 2011 erreichte.

Planeten fand die Wissenschaft den Beweis für das Vorkommen großer Mengen von Wassereis dicht unter der Oberfläche in den Polarregionen. *Odyssee* verzeichnete auch die Strahlenbelastung in einer niedrigen Umlaufbahn um den Mars, aus der sich das Strahlungsrisiko für zukünftige menschliche Entdecker von der Erde bestimmen lässt.

Das primäre Wissenschaftsprogramm dauerte von Februar 2002 bis August 2004. Danach erhielt der Orbiter eine Reihe von Missionsverlängerungen. Nach Abschluss seiner Hauptaufgabe wurde *Odyssee* das Kommunikations-Relais für nachfolgende NASA- und internationale Lander, darunter die beiden *Mars Exploration Rover* MER-A und MER-B von 2003. Am 15. Dezember 2010 stellte *Odyssey* mit 3340 Betriebstagen den Rekord ein für das am längsten gediente Raumfahrzeug am Mars, den bis dahin MGS gehalten hatte. Gegenwärtig (Ende 2011) hält *Mars Odyssee* den Rekord der am längsten überlebenden aktiven Raumsonde im Orbit um einen Planeten (10+ Jahre); abgesehen von Sonden, die um die Erde kreisen. Die Rekordsonde half und hilft wesentlich bei der Identifizierung bevorzugter Landestellen für zukünftige Lander und Rover zur weiteren Aufdeckung der Geheimnisse des Roten Planeten.

Mit den beiden Raumsonden MER-A und MER-B begann NASA eine neue Explorationsphase. Sie erhöhten die Zahl der Landeerfolge auf dem Mars auf 5. MER-A startete am 10. Juni 2003 und wurde kurz danach in *Spirit* umbenannt; MER-B folgte am 7. Juli 2003 nach und erhielt den Namen *Opportunity*. *Spirit* landete am 4. Januar erfolgreich im Krater Gusev, von dem man annimmt, dass er einst durch einen Komet- oder Asteroideinschlag entstanden ist und danach einen See enthalten hat. Zu ihm führt ein wahrscheinlich damals von Wasser geformtes Tal namens Ma'adim (hebräisch für Mars).

*Spirit*s Schwestersonde setzte ebenso fehlerfrei am 25. Januar 2004 auf der Meridiani Ebene auf; dort hatte man Mineralablagerungen entdeckt, die auf einstiges Wasservorkommen hinweisen. Ihr Landeplatz wurde zu Ehren der beim Unglück des Space Shuttle Columbia umgekommenen Astronauten auf »Columbia Memorial Station« getauft. Signalempfang von den Landungen kam bei *Spirit* neuneinhalb Minuten später, aufgrund der Entfernung des Mars von der Erde von, zu dieser Zeit, 170 Mio. km, bei *Opportunity* nach elf Minuten. Der Landevorgang der beiden Geräte erfolgte ähnlich dem von *Pathfinder*: Aeroshell, dann Fallschirm im Überschall, gefolgt von Bremsraketen, Aufblasen von den Lander völlig umhüllenden Luftkissen, Aufschlag und wiederholtes Hüpfen über schätzungsweise 1 km hinweg bis zum Stillstand, dann Entleerung und Zurückziehung der Luftkissen, Entfaltung des Landers, Aktivierung des auf ihm befestigten Rovers und – nach einer Woche der Aufklärung – schließlich Herunterrollen des Rovers. Danach begannen die beiden Golfkart-großen 6-rädrigen Rover ihre Forschungsreise auf der Suche nach Wasser auf gegenüberliegenden Seiten dieser faszinierenden Welt.

Aufgabe der beiden Fahrzeuge war die weiträumige Erforschung und Untersuchung des Bodens, des Gesteins, der vorkommenden Mineralien, der geologischen und chemischen Prozesse sowie aller Umweltfaktoren, die einen Hinweis auf mögliches Leben geben können. Dazu führte jeder von ihnen ein Instrumentarium mit, bestehend aus drei Kameras (eine JPL-Panorama- und Stereokamera, eine für Aufnahmen im Infrarot und eine JPL-Mikroskopkamera für mikroskopische Aufnahmen), ein Mößbauer-Spektrometer (zur Analyse eisenhaltiger Mineralien von der Johannes-Gutenberg-Universität Mainz), ein Alphateilchenröntgenspektrometer vom Max-Planck-Institut

für Chemie in Mainz und ein Steinschürfgerät auf einem Gelenkarm. Für die Fernsteuerung von der Erde waren außerdem eine Hinderniserkennungskamera (vorne und hinten am Rover) sowie eine Schwarz/Weiß-Navigationskamera mit Weitwinkelobjektiv montiert.

Heute steht fest, dass *Opportunity* an einem der bisher interessantesten Orte im Sonnensystem gelandet war. Seine Instrumente, zumal die in Deutschland entwickelten, fanden zahlreiche Belege für ehemals flüssigem Wasser auf dem Mars, etwa hohe Schwefelkonzentrationen im Gestein, wie sie unter irdischen Bedingungen meist nur in Gesteinen gefunden werden, die sich aus eingedampften mineralhaltigen Wässern bilden wie Gips oder Anhydrit sowie Jarosit, ein Eisen-Schwefel-Mineral, zu dessen Entstehung auf der Erde ebenfalls Wasser nötig ist. Solches Gestein ist entweder in offenem stehenden Wasser ausgefällt worden oder war über einen längeren Zeitraum hinweg Grundwasser ausgesetzt. Darüber entdeckte man regelmäßig verteilte, millimetergroße und kugelrunde Mineralaggregate in großer Zahl im Gestein, die bald als Konkretionen gedeutet werden konnten, wie sie sich in wässrigem Milieu entwickeln. Angesichts dieser Entdeckungen sprach die NASA von der Formation als ehemals *soaking wet* (tropfnass).

Bestätigt wurde auch, dass an der Landestelle von *Opportunity* früher ein offener flacher Salzsee oder Ozean existiert hatte. *Opportunitys* Kameras erfassten Gesteine, die als Reste einer ehemaligen Küstenlinie interpretiert wurden. Wie NASA hervorhob, sind es genau solche Ablagerungen, die eventuelle (Mikro-)Fossilien oder andere Spuren biologischer Aktivität hervorragend konservieren würden. Eine Rückkehr in die Gegend zum Zwecke einer automatisierten oder konventionellen Probennahme durch Menschen wäre damit sehr wünschenswert und auch wahrscheinlich. Auf Satellitenbildern ist zu erkennen, dass die infrage kommenden Schichten, ein helles, feingeschichtetes Gesteinspaket, offenbar über mindestens mehrere Tausend Quadratkilometer verbreitet sind.

Im Gegensatz zu den spektakulären Entdeckungen seiner Schwestersonde *Opportunity* auf Meridiani Planum auf der gegenüberliegenden Seite des Planeten konnte *Spirit* in seiner Primärmission keine Hinweise auf ein ehemaliges Gewässer am Landeort im Gusev-Krater liefern. Alle untersuchten Gesteine waren Basalte, wenngleich es auch Hinweise darauf gab, dass einige davon möglicherweise hydrothermal beeinflusst waren. Sieht man von äolischen Staub- und Sandverwehungen ab, hat *Spirit* bisher keine Sedimentgesteine entdeckt. Auch andere Hinweise auf die geologische Tätigkeit fließenden Wassers fehlen, was insofern überrascht, als die Erkundung des Gusev-Kraters aus Orbithöhe deutlich erkennen ließ, dass die Landschaft hier anscheinend von gewaltigen Wassermassen weiträumig geprägt worden war, wenn auch nur kurzzeitig. Wenn das Wasser diese Landstriche nur in einem sehr kurzen katastrophenartigen Ereignis überflutet hat, ist es kaum zur flächenhaften Ablagerung von Sedimenten wie auf Meridiani Planum gekommen. Die gesamte Umgebung von Gusev erinnert mit einer Ausnahme eher an die bekannten Landestellen der *Viking*-Sonden und des *Mars Pathfinder*.

Erst mit *Spirits* Erforschung der nach dem verunglückten Shuttle benannten Columbia Hills (von denen jeder Hügel den Namen eines der Besatzungsmitglieder trägt) und insbesondere der Home Plate änderte sich das Bild. Im Silica Valley, östlich der Home Plate, fand der Rover in seinen Radspuren eine weiße Substanz, welche sich bei den Untersuchungen als Siliziumdioxid herausstellte, ein Hinweis auf ein mögliches hydrothermales Sys-

101

Spirit roving«. Künstl. Darstellung des Robotforschers

tem bei seiner Entstehung vor Jahrmillionen. Dies hätte gute Voraussetzungen für Leben geschaffen. Andere Belege früheren Wassers fanden sich, darunter Goethit, durch das Mößbauer-Spektrometer.

Ansonsten wurden meteorologische Beobachtungen unternommen wie die Abbildung von Staubteufeln und Sonnenuntergängen sowie Sonnen- und Mondfinsternissen. Außerdem überwachte *Spirit* ständig den sogenannten Tau-Wert (*dew point*), d. h., er maß die Durchlässigkeit der Atmosphäre.

Die Missionsdauer sollte anfangs garantierte 90 Marstage betragen (Sols, entsprechend 92 Erdtage, da 1 Sol = 24 Std. 39,5 Min auf der Erde), doch haben beide Rover diese weit übertroffen. Ihre Missionen wurden regelmäßig verlängert. Im April 2009 fuhr sich der Rover *Spirit* im Sand fest, und bis Januar 2010 versuchte man vergeblich, ihn durch Fahrmanöver zu befreien. Am 22. März 2010 empfing die NASA die letzten Radiosignale von *Spirit*, bei dem gerade Winter herrschte. In der Hoffnung, dass sich der Rover bei steigendem Sonnenstand wieder melden würde, startete die NASA eine mehrmonatige Kommunikationskampagne, doch blieben alle Versuche erfolglos. Am 25. Mai 2010 wurde der Rover aufgegeben und die Mission von der NASA für beendet erklärt – nach fast sieben Jahren produktiver Betriebszeit.

Insgesamt arbeitete *Spirit* 2210 Marstage (Sols) auf der Oberfläche und legte dabei 7730 m auf der Marsoberfläche zurück. Insgesamt wurden 156 002 Aufnahmen mit den Kameras übermittelt, davon 6315 Aufnahmen mit der Mikroskopkamera. Es wurden 367 Messungen mit dem AXPS-Röntgenspektrometer und 932 Messungen mit dem Mößbauer-Spektrometer durchgeführt.

Opportunity war (und ist) mittlerweile unermüdlich am Werk. Nach einer Fahrtstrecke von 33 km auf der Meridiani Ebene seit seiner Landung im Juli 2003 erreichte der Rekordrover am 9. August 2011 den 22 km weiten Krater Endeavour, seit Mitte 2008 das Ziel des inzwischen sieben Jahre alten Rovers, nachdem er den kleineren Victoria-Krater nach zweijährigem Verweilen hinter sich gelassen hatte. Mit der Erforschung von Endeavour soll *Opportunity* nun mehrere Jahre verbringen, wenn er so lange am »Leben« bleibt, denn der Krater bietet den Forschern neue Möglichkeiten, ältere Gesteinsschichten zu untersuchen. Insbesondere hält *Opportunity* Ausschau nach Schichtsilikaten, die sich nur in Verbindung mit Wasser bilden können. Ins Innere des Kraters soll nicht gefahren werden, da dort die gleichen Gesteinsschichten erwartet werden, die der Rover bisher in der Meridiani Ebene untersucht hat.

Am 2. Juni 2003, als Erde und Mars sich näher standen als in den vorhergegangenen 60 000 Jahren, startete die erste Marssonde der Europäischen Raumfahrtagentur ESA in Baikonur/Kasachstan auf einer russischen Sojus-FG/Fregat-Trägerrakete. Die Mission *Mars Express* bestand aus zwei Elementen – dem eigentlichen Orbiter und einem Landegerät namens *Beagle 2* für exobiologische und geochemische Forschung. Obwohl *Beagle 2* bei der Landung verscholl, hat der Orbiter seit 2004 bis heute mit großem Erfolg gearbeitet und hochauflösende mineralogische Kartierungen der Marsatmosphäre, Radarsondierungen des Bodens bis hinunter zum Permafrost, präzise Vermessungen von Zirkulation und Bestandteilen der Atmosphäre nebst Untersuchungen der Wechselwirkungen zwischen Atmosphäre und dem interplanetarischen Medium durchgeführt. Dafür hat die ESA den Missionsbetrieb von *Mars Express* fünfmal verlängert, das letzte Mal bis 2014.

Mars Express umkreist den Mars in einem elliptischen Orbit mit 10 107 km Apoapse und 298 km Periapse, bei einer Orbitperiode von 6,7 Stunden. Bei der Periapse ist die Instrumentenseite zum Mars gerichtet, bei der Apoapse zeigt die Schüsselantenne zur Erde für den Nachrichtenverkehr.

Das wissenschaftliche Instrumentarium von *Mars Express* umfasst sieben Messkomplexe von insgesamt 116 kg Masse: Das Bodenradar MARSIS (Mars Advanced Radar for Subsurface and Ionospheric Sounding) auf zwei ausgefahrenen 20 m langen Radarauslegern zur Sondierung des Mars bis in eine Tiefe von 5 km, die hochauflösende CCD-Stereokamera HRSC für Bilder mit einer Auflösung von bis zu 10 Metern und darunter, die eine dreidimensionale farbige Marskarte erstellen kann, das Spektrometer OMEGA für mineralogische Kartierung im sichtbaren und Infrarot-Licht, das Spektrometer SPICAM für atmosphärische Untersuchungen im Ultraviolett- und Infrarot-Licht, das PFS (Planetary Fourier Spectrometer) zur Sammlung von Informationen über die Beschaffenheit der Atmosphäre, der ASPERA-Analysator für Weltraumplasma und energetische Atome, das Lander-Kommunikationsrelaissystem MELACOM und das MaRS-(Mars Radio Science)-Experiment zur Erforschung von Atmosphäre, Ionosphäre, Boden, Gravitationsanomalien und der Sonnenkorona während Sonnenkonjunktionen.

Mars Express und der Rover *Opportunity* sind nicht die einzigen Raumfahrzeuge, die gegenwärtig den Roten Planeten erforschen. NASAs *Mars Reconnaissance Orbiter* (MRO), gestartet am 12. August 2005, umkreist derzeit den Planeten auf der Suche nach Belegen, dass es auf ihm über längere Zeiträume flüssiges Wasser gegeben hat. Nach seinem Eintreffen am Zielplaneten am 10. März 2006 bremste sich MRO innerhalb von fünf Monaten mit der bewährten und inzwischen zur Routine gewordenen Aerobraking-Methode durch 445 Umkreisungen und atmosphärisches Eintauchen an der Periapse plus einigen Schubdüsen-Manövern in seinen endgültigen Zielorbit von 250–316 km Höhe, den er im September 2006 erreichte. Etwas später, am 17. November, bestand er seinen Test als orbitale Nachrichtenrelaisstation, als er Daten vom Rover *Spirit* aufnahm und sie erfolgreich an die Erde weiterleitete.

MRO ist seit den *Viking*-Orbiter/Lander-Sonden von 1975 nicht nur die bisher schwerste US-amerikanische Marssonde, sondern sie verfügt auch über ein sehr umfangreiches und anspruchsvolles Instrumentarium. Neben einer Reihe technischer Messgeräte umfasst es die wissenschaftlichen Geräte HiRISE (High Resolution Imaging Science Experiment), bestehend aus einer hochauflösenden Fotokamera mit großem CCD-Teleskop, der CTX-(Context Imager)-Kamera für Graustufenbilder im sichtbaren Licht mit einer Wellenlänge von 500 bis 800 nm und einer Auflösung von etwa 6 m, die Weitwinkel- und Telekamera MARCI (Mars Color Imager), das CRISM-Experiment (Compact Reconnaissance Imaging Spectrometer for Mars), der MCS (Mars Climate Sounder) und das SHARAD (Shallow Radar), das mithilfe eines Bodenradars unter der Marsoberfläche nach Wasser- und/oder Eisvorkommen suchen soll. MRO's Telekommunikationssystem ist dabei, mehr Daten zur Erde zu übertragen als alle bisherigen interplanetaren Missionen zusammen; damit ist er ein hochgradig befähigter Relaissatellit für zukünftige Missionen.

MRO hat entdeckt, dass sich die Gesamtmenge der Marsatmosphäre dramatisch mit der Neigung der Planetenachse ändert. Dieser Prozess wirkt sich auf die Stabilität von flüssigem Wasser aus, wenn es auf der Marsoberfläche vorhanden ist, und erhöht die Häufigkeit und Stärke von Staubstürmen. Mithilfe des SHARAD-Bodenradars fanden die Wissenschaftler, dass das Trockeneis (gefrorenes Kohlendioxid, CO_2) am Südpol etwa 30-mal mehr CO_2 enthält als bisher angenommen. Es wird vermutet, dass ein Großteil dieses Gases in die Atmosphäre des Planeten eintritt und ihre Masse erhöht, wenn sich die Mars-Achse stärker neigt.

Die neugefundene Lagerstätte hat ein Volumen von etwa 12 000 Kubikkilometern, ähnlich dem amerikanischen Lake Superior, und enthält etwa 80 Prozent mehr Kohlendioxid als die heutige Marsatmosphäre. Durch sublimierendes (verdampfendes) Trockeneis entstandene Senkgruben und andere Hinweise deuten darauf hin, dass sich die Ablagerungen in Auflösung befinden und dabei jedes Jahr mehr Gas in die zu 95% aus CO_2 bestehende Atmosphäre abgeben, im Gegensatz dazu hat die viel dichtere Erdatmosphäre einen Kohlendioxid-Gehalt von weniger als 0,04%.

Demnach existiert das CO_2 auf dem Mars gegenwärtig zur Hälfte als Trockeneis und zur Hälfte als atmosphärisches Gas, kann aber zu anderen Zeiten nahezu völlig gefroren sein oder sich fast vollständig in der Atmosphäre befinden. In letzterem Fall wären die Winde stärker, der dadurch aufgewirbelte Sand dichter und die entstehenden Staubstürme häufiger und intensiver. Ferner könnten die aufgrund der durch den CO_2-Anstieg erhöhten Luftdichte ausgedehnteren Gebiete der Marsoberfläche Wasser im flüssigen Zustand zulassen, ohne zu verdampfen.

Modellberechnungen aufgrund der bekannten Schwankungen der Achsenneigung des Planeten ergaben erhebliche Änderungen der Gesamtmasse der Marsatmosphäre innerhalb von Zeiträumen von 100 000 Jahren oder weniger. Führt man die Menge der CO_2-Ablagerungen im Boden in Klimamodelle für den Zeitraum ein, in dem durch die Achsenneigung und Orbitparameter des Mars die Menge des auf den Südpol auftreffenden Sonnenlichts ein Maximum war, ergibt sich eine globale ganzjährige Zunahme des durchschnittlichen Luftdrucks von 75% gegenüber dem gegenwärtigen Wert.

Ein stärker geneigter Mars mit einer dichteren Kohlendioxid-Atmosphäre verursacht einen Treibhauseffekt, der die Marsoberfläche wärmt, während dickere und länger bestehende Polkappen abkühlen. Der letztere Effekt ist auf dem Mars stärker als der Treibhauseffekt; die Marsatmosphäre ist zu dünn, um ihn auch bei einer Verdopplung des CO_2-Gases zu verursachen, im Gegensatz zur Erde.

Nach neuesten HiRISE-Entdeckungen von MRO gibt es auf dem Mars außerdem Anzeichen, dass dort während der wärmsten Monate auch heute noch fließendes Wasser existiert. Dunkle, fingerähnliche Rillen erscheinen und erstrecken sich während des späten Frühjahrs und im Sommer auf manchen Böschungen, verschwinden im Winter und kommen im nächsten Frühling zurück. Man ist diesen jahreszeitlichen Veränderungen in solch wiederkehrenden Markierungen auf Steilhängen in den mittleren Breiten der südlichen Hemisphäre nachgegangen, und die bisher beste Erklärung für ihre Entstehung ist das Fließen stark salzhaltigen Wassers. Der Salzgehalt senkt die Gefriertemperatur des Wassers, und die Hänge mit den Rillen werden selbst tiefer im Boden warm genug, um Wasser flüssig zu halten, das etwa so salzhaltig ist wie ein irdischer Ozean, während pures Wasser bei den beobachteten Temperaturen gefrieren würde.

Die Rillen sind nur etwa zwischen 50 cm und 5 m weit, mit Längen von mehreren Hundert Metern. Während rillenartige »Gullies« schon früher beobachtet wurden, zeigen manche dieser wärmeren, dem Äquator zugewandten Böschungen mehr als 1000 einzelne »Bäche«. Sie sind zu warm für CO_2-Frost und zu kalt für reines Wasser –, aber Sole bleibt flüssig, und Salzablagerungen über großen Gebieten des Mars legen nahe, dass Brackwasserströme in der Vergangenheit häufig waren. Es ist wahrscheinlich, dass sie sich zu bestimmten Zeiten auch heute noch an bestimmten Orten bilden. Durch ihr Strömen könnten sie die Sandkörner und damit die Oberflächenrauheit in einer Weise ändern, dass sie sich als dunkle Formationen zeigen. Doch wie sie sich danach wieder aufhellen, ist schwerer zu erklären. Haben tatsächlich größere Mengen Kohlendioxid in der Vergangenheit eine solche Rolle beim Werden des heutigen Mars und seiner Atmosphäre gespielt, dann ergibt sich für die Wissenschaft die Frage, was wurde aus dem CO_2? Diesem Fragenkom-

Mars-Rillen (»Gullies«) im Krater Newton, wahrscheinlich geformt durch salzhaltiges Wasser (Sole)

plex dient eine für 2013 geplante Marssonde der NASA, genannt MAVEN (Mars Atmosphere and Volatile EvolutioN), mit vier primären Aufgaben: Bestimmung der Rolle, die der Verlust flüchtiger Stoffe aus der Atmosphäre an den Weltraum im Laufe der Zeit gespielt hat, Bestimmung des aktuellen Zustands der oberen Atmosphäre und Ionosphäre sowie ihrer Wechselwirkungen mit dem Sonnenwind, Bestimmung der aktuellen Fluchtrate neutraler Gase und Ionen in den Weltraum und der sie kontrollierenden Prozesse und Bestimmung der Verhältnisse stabiler Isotope in der Marsatmosphäre.

Die bisher letzte auf dem Mars gelandete Sonde war der am 4. August 2007 von der NASA auf einer Delta-II-7925 gestartete Lander *Phoenix*. Die Landung am 25. Mai 2008 erfolgte im Gegensatz zu den Mars-Rovern *Pathfinder/Sojourner*, *Spirit* und *Opportunity* nicht airbaggestützt, sondern mithilfe von Bremstriebwerken. Wegen der Entfernung zur Erde von 276 Mio. km konnten die ersten Funksignale von der Landestelle erst 15 Minuten später empfangen werden. Um die Telemetriedaten während der kritischen EDL-Phase (Entry, Descent and Landing) sicher aufzeichnen zu können, waren die Umlaufbahnen der aktiven Mars-Orbiter so abgestimmt worden, dass die

Signale der Sonde von allen drei Orbitern MRO, *Mars Express* und *Mars Odyssee* aufgenommen werden konnten.

Phoenix landete in einer Region des Mars, wo nach *Mars-Odyssee*-Daten der Boden dicht unter der Oberfläche ab etwa 2–5 Zentimetern Tiefe bis zu 80 Prozent aus Wassereis bestehen soll. Um das Eis zu studieren, konnte *Phoenix* mit einem robotischen Schürfarm in eine Tiefe von bis zu einem halben Meter in den Grund vordringen.

Am 20. Juni 2008 gab der Chefwissenschaftler der Mission, Peter Smith von der University of Arizona, die Entdeckung von Wassereis bekannt, das bei Grabungen von *Phoenix*' Schaufelarm wenige Zentimeter tief im Untergrund der Landestelle zutage getreten war. Am 1. August 2008 berichteten die Forscher von einem weiteren Erfolg bei der Wassersuche: Eine mit der Schaufel gewonnene und in einem Ofen erhitzte Bodenprobe gab Wasserdampf frei – ein definitiver Beweis, dass auf dem Mars tatsächlich Wasser vorkommt. Außerdem wurde am 5. August 2008 die Entdeckung erheblicher Mengen von Perchloraten bekannt gegeben, gefunden durch das nass-chemische Labor MECA des Landers in einer Bodenprobe. Auf der Erde kommen Perchlorate in ariden (trockenen) Wüstengebieten vor. Am 3. September konnten mit dem kanadischen Laserinstrument Lidar Schauer von Eiskristallen/Schnee in einer Höhe von etwa 3 km nachgewiesen werden, die aus vorüberziehenden Wolken fielen. Aufgrund der Temperatur in der Atmosphäre muss es sich um Wassereis gehandelt haben, das vor dem Erreichen des Bodens in einer Höhe von etwa 2,5 km wieder sublimierte. Am 2. November 2008, als am Standort der Sonde der Winter eingesetzt hatte und ihre Energieversorgung abfiel, sandte sie zum letzten Mal wissenschaftliche Daten. Damit endete die Primärmission des Landers im November 2008, wie anfangs geplant. Hochauflösende Bilder von MRO vom 7. Mai 2010, kurz vor der Sommersonnenwende, deuteten darauf hin, dass während des Marswinters die Solarpaneele von *Phoenix* unter ihrer Eislast verbogen oder abgebrochen wurden, wodurch der Lander endgültig funktionsunfähig wurde.

Phoenix' **Schürfarm entdeckte im Juni 2008 an seiner Landestelle blankes Wassereis wenige Zentimeter tief im Untergrund – eine kleine Sensation.**

MSL (Mars Science Laboratory) *Curiosity* beim Checkout im NASA Jet Propulsion Laboratory, Pasadena, Cal., Oktober 2011

Nach derzeitigen Planungen nimmt die unbemannte Erforschung des Roten Planeten im Jahr 2012 und danach ungeschmälert ihren Lauf. Ein erneuter Versuch der russischen Raumfahrt nach 15-jähriger Pause (seit dem Verlust der Marssonde *Mars-96*) hatte freilich Pech: Die am 8. November 2011 um 21:16 Uhr MEZ auf einer Zenit-2SB/Fregat-Rakete gestartete Probenrückholsonde *Phobos-Grunt* strandete in der Erdumlaufbahn, als die Zündung ihrer Einschussstufe ausblieb. Hauptaufgabe der ehrgeizigen Mission, unter Beteiligung von China mit dem Marsorbiter *Yinghuo-1* (»Glühwürmchen«) und dem Experiment SOPSYS (Soil Offloading and Preparation System) sowie der U.S. Planetary Society mit einem Instrument namens LIFE (Living Interplanetary Life Experiment) mit zehn sorgsam ausgesuchten extremophilen Mikroorganismen in einer kleinen versiegelten Kapsel, sollte die Rückholung einer Bodenprobe von ca. 200 gr. von dem kleinen Marsmond Phobos sein, die Rückkehr zur Erde war für August 2014 geplant.

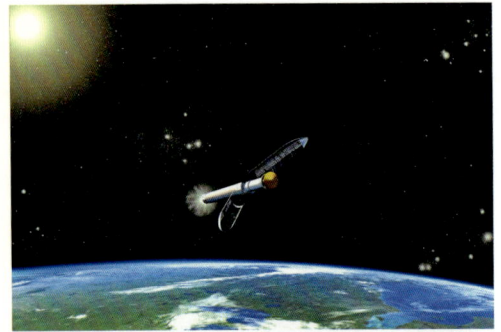

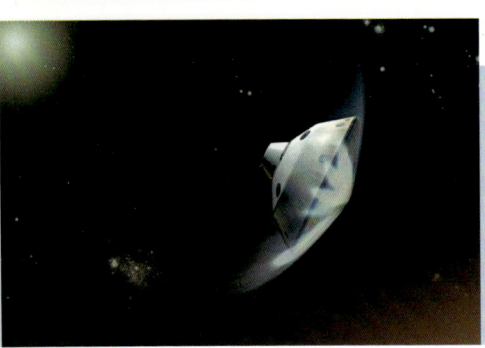

Auch auf dem Planeten selbst soll 2012 wieder gelandet werden, mit der am 26. November 2011 von der NASA gestarteten anspruchsvollen Großsonde *Mars Science Laboratory* (MSL) *Curiosity* (Neugier), von der etwa doppelten Länge und mehr als fünffachen Masse aller bisherigen Mars-Rover. Von seinen zehn wissenschaftlichen Instrumenten dienen zwei der Einbringung und Auswertung von Gesteinsmehl, das der Rover-Roboterarm aufnimmt. Eine stabile Plutonium-Radionuklid-Energiequelle (Radioisotope Thermal Generator, RTG) liefert Strom und Wärme für das Fahrzeug. Landen soll *Curiosity* mittels der neuen Sky-Crane-(Himmelskran)-Technik. Hierbei wird nach dem sorgfältig gezielten atmosphärischen Eintritt mittels Abschmelz-Hitzeschild ein Überschallfallschirm von 16 m Durchmesser entfaltet, gefolgt vom Abbremsen der Landerplattform mit Raketenschub und dem nachfolgenden Absenken des Rovers von der Plattform an drei Leinen um ca. 7,5 m bis zu seinem sanften Aufsetzen. Dann werden die »Kran«-Seile und das Datenkabel gekappt, und die Landerplattform steuert sich mit Raketenschub seitwärts zu einer Crash-Landung in sicherem Abstand.

Als Landeort wurde der 154 km weite Krater Gale ausgewählt, benannt nach dem Amateur-Astro-

MSL *Curiosity* Missionsverlauf (v.o.n.u.): 1. Start zum Mars am 26. November 2011 auf Atlas V/Centaur. 2. Raumsonde, bestehend aus Marschflugkörper, Hitzeschild, Abstiegsstufe und Rover, auf dem Weg zum Mars. 3. Annäherung am Mars (August 2012): Nach Abtrennung des Marschflugmoduls richtet sich die Sonde zum Eintritt aus. 4. Eintritt in die Marsatmosphäre in etwa 125 km Höhe, mit 5,8 km/s. Der Landevorgang dauert 6,5 Minuten.

nomen und Marsbeobachter Walter Frederick Gale des späten 19. Jh. Im Inneren des Kraters erhebt sich ein Berg von geschichteten Gesteinen etwa 4800 m über dem Kraterboden, den *Curiosity* untersuchen soll. Die elliptische Landezone im Krater ist eine glatte Fläche von 20 x 25 km Ausdehnung, deren Boden heruntergewaschenes Kraterwand-Material enthält. Orbiterinstrumente haben am Fuß des Hügels Signaturen von Tonmineralien und Sulfatsalzen festgestellt, die mit den gesamten Rover-Instrumenten untersucht werden sollen. Dieses Gestein stellt das Hauptziel bei der Suche nach organischen Molekülen dar, weil diese Umstände in der Lage sind, mikrobielle Lebensformen zu unterstützen.

In die Bergerhebung mit ihren Schichten an Tonmineralien und Sulfatsalzen sind nach ihrer Ablagerung zwei benachbarte Täler bzw. Schluchten geschnitten worden. Dadurch sind hier Gesteinsschichten freigelegt worden, die Umweltveränderungen über Dutzende oder Hunderte von Millionen Jahre repräsentieren. *Curiosity* kann es gelingen, diese Schichten in dem seiner Lande-Ellipse nächstliegenden Taleinschnitt zu untersuchen und damit Zugang zu erlangen zu einer langen Geschichte von Veränderungen der Umwelt auf dem Planeten.

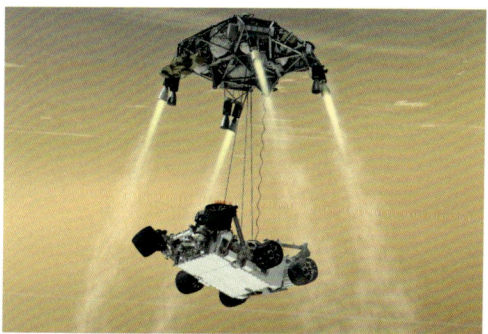

(v.o.n.u.): 5. Abstiegsstufe am Fallschirm. 6. Abbremsung durch 8 Triebwerke, dann 4 im Schwebezustand. 7. »Sky Crane«: Der Rover wird an Stahlseilen abgesenkt und sanft aufgesetzt. 8. 6. August 2012: Entfalteter *Curiosity* nach »Wheels Down«

Kapitel 5
Areologie: Eine Welt voller Rätsel und Wunder

Was ist es, das den Mars zu einer für den Menschen so interessanten Welt macht?

Seine intensive Erforschung durch unbemannte Sonden hat uns, wie das vorangegangene Kapitel zeigt, eine überwältigende Fülle neuer Erkenntnisse beschert und tut es noch immer. Wie ein jäh aufgerissenes Fenster erlauben sie den Blick auf eine faszinierende Welt voller nie gesehener, ja nie geahnter Naturwunder. Aufgeben musste man die ursprüngliche Ansicht, dass Mars der »Zwilling« der Erde sei und eine sehr ähnliche Entstehungsgeschichte wie diese durchlaufen hat, einschließlich der Bildung von Meeren und vielleicht sogar analoger Lebensformen.

An die Stelle dieser Vorstellung trat zunächst die neue Auffassung vom Mars als einfach einer größeren Version unseres Mondes, gestützt auf die Fernsehbilder von *Mariner 4*, die eine kraterübersäte Oberfläche zeigten. Die beiden folgenden Vorbeiflüge von *Mariner 6* und *7* übermittelten die gleichen Ansichten und schienen damit die Interpretation zu bestätigen, dass die Marsoberfläche eine Entstehungsgeschichte ähnlich der des Erdmondes erlebt hat. Erst *Mariner 9* korrigierte diesen fälschlichen Eindruck. Wie sich jetzt zeigte, war er nur deswegen entstanden, weil alle drei früheren Vorbeiflüge zufällig über die gleichen Gebiete der kraterreichen Mars-Südhalbkugel gegangen waren.

Nun erwies sich die Planetenoberfläche mit einem Mal als aus einzigartigen Formationen bestehend, deren Entstehungsprozesse gänzlich anders als die von Mond und Erde verlaufen sein mussten – Prozesse, derengleichen man bisher noch nirgendwo begegnet war.

Ohne Zweifel hat Mars eine eigene, unirdische Entwicklung durchgemacht, für die es auf der Erde nicht unbedingt Entsprechungen geben muss. Die

Erde-Mars im Größenvergleich. Durchmesser Erde: 12 756 km; Mars: 6787 km

Menge unseres neuen Wissens über seine Topografie, Geologie, Geografie, Atmosphäre, Wetter- und Klimabedingungen, Entwicklungsphasen, ja über die Gesamtheit seiner physikalischen und chemischen Charakteristiken und die zahlreichen Theorien zur Erklärung vieler noch offener Fragen füllen heute ganze Bände. Mit der folgenden Beschreibung können wir nur eine kurze zusammenfassende Übersicht über das Gesamtbild geben, das der Rote Planet heute bietet (siehe Anhang, Tabelle II).

Was seine Dimensionen betrifft, so steht er halbwegs zwischen Erde und Mond. Sein Durchmesser von 6787 km ist nicht ganz doppelt so groß wie der des Mondes (3476 km), entspricht aber nur wenig mehr als der Hälfte des Erddurchmessers (12 756 km äquatorial). Präzise Teleskopbeobachtungen konnten ermitteln, dass er wie die Erde keine exakte Kugelgestalt hat, sondern über die Pole leicht abgeflacht ist. Die Größe der »Quetschung« bzw. Abplattung (errechnet aus der durch den Äquatorialradius dividierten Differenz zwischen diesem und dem Polarradius) beträgt »optisch« 1:166 (= 0,006). Bestimmen lässt sie sich auch aus der beobachteten Bewegung von Marssatelliten, deren Orbits durch die Abplattung rückläufig präzessiert (s. Kapitel 3), und damit ergibt sich eine »dynamische« Abplattung von 1:190 (= 0,00525).

Mit diesen Abmessungen muss Mars eine Oberfläche von rd. 144 Mio. km^2 haben, etwa so viel wie die Festländer der Erde (die bei ihr aber nur 29% der Gesamtfläche ausmachen). Da sein Volumen von 163,18 Mrd. km^3 nur etwa ein Siebtel und seine Masse von 642 Trillionen Tonnen rund ein Zehntel der entsprechenden Erdparameter betragen, muss seine spezifische (durchschnittliche) Dichte, d. h. Masse je Volumeneinheit, ebenfalls geringer als die der Erde sein. Man findet einen Wert von 3,93 g/cm^3, doch ist in Anbetracht der noch bestehenden Unsicherheiten bezüglich Masse und Volumen derzeit ein runder Wert von 4 g/cm^3 wohl angebrachter. Die spezifische Dichte der Erde liegt mit 5,52 g/cm^3 wesentlich höher.

Obwohl die Masse des Mars nur ein Zehntel der Erdmasse beträgt, ist seine Schwere an der Oberfläche nicht ebenfalls ein Zehntel, sondern höher, und zwar mit 3,73 m/s^2 knapp unter $^2/_5$ (d. h. sie liegt zwischen $^1/_3$ und $^1/_2$) des irdischen Werts, da der Abstand vom Massenmittelpunkt, der Radius, von dessen Quadrat die Schwere abhängt, kleiner ist. Ein Körper fällt auf dem Mars langsamer: In der ersten Sekunde nicht 9,81 m wie auf der Erde, sondern nur 3,7 m. Ein nach 260 Tagen schwerelosen Flugs auf dem Mars landender Astronaut hat also bei der Anpassung keine so starke Umstellung zu verkraften wie bei der Erdheimkehr. Leichter ist auch der Abflug vom Mars: Statt 11,2 km/s Fluchtgeschwindigkeit sind nur 5,03 km/s aufzubringen, um seinem Schwerefeld auf einer Parabelkurve zu entkommen.

Entstanden ist der Mars, wie auch die Erde und die anderen Welten des Sonnensystems, nicht gemeinsam mit der Sonne aus einer rotierenden Scheibe von Gasen und Staub, wie man es sich seit dem 17. Jh. vorgestellt hat. Wie dieser Mechanismus genau abgelaufen sein soll, hatte man ohnehin nicht zu sagen vermocht. Inzwischen haben die Funde unserer Raumfahrtprojekte den Prozess der Planetenbildung entmystifiziert und die Aufstellung eines neuen Modells dafür ermöglicht. Nach heutiger Vorstellung entstanden Mars und die anderen Planeten durch Zusammenballung zahlreicher kleiner Körper, beginnend durch Kollisionen von Staubkörnern im ursprünglichen Sonnennebel und ihrem Zusammenbacken zu immer größeren Klumpen. Die chemische Zusammensetzung dieser Körper entsprach im Mittel der des gesamten Sonnensystems, wenn auch etwas unterschiedlich, je nach dem Abstand von der Sonne.

Doch das Innere der Planeten ist alles andere als homogen, d. h. es ist chemisch nicht durchgehend gleichförmig ausgebildet, sondern differenziert in eine äußere Kruste, einen darunterliegenden Mantel und einen zentralen Kern. Damit sich diese »heterogene« Strukturierung einstellen konnte, muss der Planet irgendwann in seiner Entwicklung so heiß gewesen sein, dass die ganze Masse schmelzen, sich vermengen und sich dann den chemischen Differenzen entsprechend stratifiziert absetzen konnte. Früher glaubte man, dass diese Erhitzung erst lange nach Abschluss des eigentlichen Zusammentretens eintrat, das selber im kalten Zustand erfolgte. Heute hat sich aufgrund der Erkenntnisse aus der Raumfahrt die gegenteilige Auffassung durchgesetzt, nämlich dass die Planeten schon heiß entstanden sind und gleich bei ihrer Bildung die differenzierten che-mischen Zonen in ihrem Inneren ausbildeten, die sie heute so heterogen machen.

Dies trifft gleichfalls auf den Mars zu – doch damit hören die Gleichheiten auch schon auf. Es sind hauptsächlich zwei Besonderheiten, die ihn auf einen anderen Entwicklungsweg als den der Erde geführt und seine Oberfläche so »unirdisch« gemacht haben: seine im Vergleich zur Erde geringere Größe und seine weitere Umlaufbahn. Da sein Abstand von der Sonne 1,4-mal größer ist als der unsrige, empfängt er 40% (genauer: 444/1000) weniger Wärmeenergie als wir und hat daher eine von vornherein erheblich kältere Oberfläche. Selbst zur Mittagszeit am Äquator steigen seine Temperaturen selten über den Wasser-Gefrier-punkt. Bei Einbruch der Nacht fallen sie rapide, erreichen jedoch nicht die abgrundtiefen Nacht-werte des Mondes, weil das CO_2 seiner »Luft« bei

Dünner Raureif an der Landestelle von *Phoenix*

−123°C ausfriert und die Temperatur deshalb nicht weiter fallen kann: Sie sta-bilisiert sich. Die sich dadurch bildende und im Verlauf der Nacht langsam ansammelnde Frostschicht kann im Winter, zu Beginn des Frühlings und im Spätherbst als »Raureif« beobachtet werden.

Im Ganzen gesehen erscheint der Planet sehr asymmetrisch, wie der Mond, Merkur und auch die Erde: Seine südliche Halbkugel ist weitaus dichter gekratert als die nördliche. Er gleicht dort in vielem den Hochlandgebieten des Mondes, und wie es der Zufall wollte, haben *Mariner 4, 6* und *7* nur diese

Ansichten fotografiert. Die Trennlinie zwischen den beiden Hälften liegt grob auf einem etwas schräg zum Äquator geneigten Großkreis.

Die beträchtliche Menge an Meteoritenkratern aus der Urzeit des Planeten auf der Südhälfte lässt auf relativ hohes Alter der dortigen Kruste schließen. Sie sind überwiegend flacher und seichter als Mondkrater und im Allgemeinen ohne die von diesen ausgehenden frischen, hellen Strahlen ausgeworfenen Materials. Erklären lässt sich deren Fehlen durch den Einfluss der stark oberflächenverändernden Winde. Andererseits ist das Kraterterrain nicht so dicht gekratert wie die Hochebenen des Mondes: Mit durchschnittlich 15 Einschlagbecken von über 50 km Durchmesser je einer Mio. km² hat der Kriegsgott nur etwa ein Viertel so viele Pockennarben wie Frau Luna.

Im Gegensatz zu den Einschlagformationen der Südhälfte ist die nördliche Hälfte in erster Linie von den Auswirkungen eines gewaltigen Vulkanismus geprägt, und die Ebenen, aus denen sie größtenteils besteht, sind glatt und relativ kraterfrei. Ähnlich dem Äquatorwulst der Erde zeigt die Marskruste etwas südlich seines Äquators eine breite Ausbauchung von 5000 km Länge und 7 km Höhe über der mittleren Bezugshöhe (definiert durch einen Luftdruck von 6,1 Millibar [mb]). Von dieser sogenannten Syrien-Erhebung erstrecken sich Risse und Sprünge viele Tausend km weit nach allen Richtungen.

Eine der von der gewaltigen Beule ausgehenden Erhebungen ist der von Nordost nach Südwest verlaufende, 200 km lange Kammrücken Tharsis, auf dem sich die gewaltigen Schildvulkane des Mars erheben. Ihre Entdeckung durch *Mariner 9* war eine der aufsehenerregendsten Sensationen in der Erforschung des Roten Planeten. Ein von Schiaparelli 1877 wegen seines zeitweiligen weißlichen Aussehens auf Nix Olympia (»olympischer Schnee«) getaufter Fleck erwies sich als ein gewaltig aufragendes Bergmassiv mit oft weiß bekränzter Spitze. Drei andere dunkle Bergspitzen wurden im Gebiet Tharsis sichtbar, mit Krateröffnungen in ihren Gipfelkronen. Damit entpuppten sie sich als gewaltige Vulkane, die alle irdischen Vulkane weit in den Schatten stellten; überragt werden sie vom früheren Nix Olympia, dem nun auf Olympus Mons umgetauften, mit 27,3 km Höhe und 600 km Basisdurchmesser größten und höchsten Berg im ganzen Sonnensystem, dreimal höher als der Mount Everest! Verglichen mit ihm hat der größte Schildvulkan der Erde, Mauna Kea auf Hawaii, nur ein Fünftel der Bodenfläche und weniger als ein Zwanzigstel des Volumens. Allein seine Krateröffnung ist ein über 80 km weites Caldera-Becken, einst ein gewaltiger kochender, turbulenter See flüssigen Basalts, aus dem sich die Lava

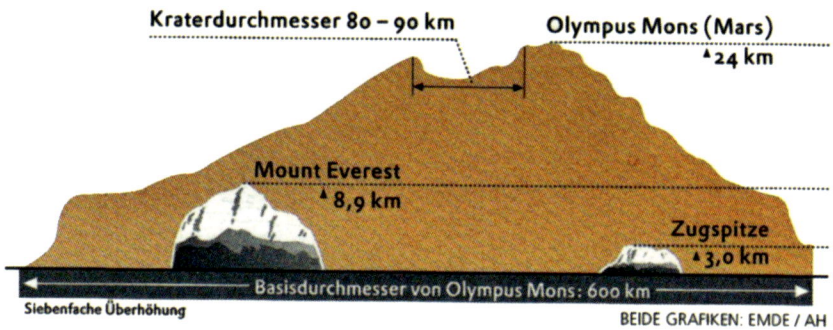

Kraterdurchmesser 80 – 90 km

Olympus Mons (Mars)
▲ 24 km

Mount Everest
▲ 8,9 km

Zugspitze
▲ 3,0 km

Basisdurchmesser von Olympus Mons: 600 km

Siebenfache Überhöhung

BEIDE GRAFIKEN: EMDE / AH

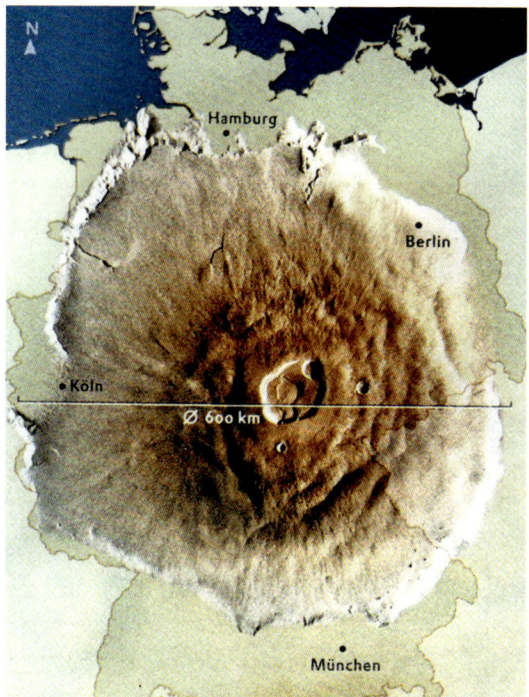

N

Hamburg

Berlin

Köln

Ø 600 km

München

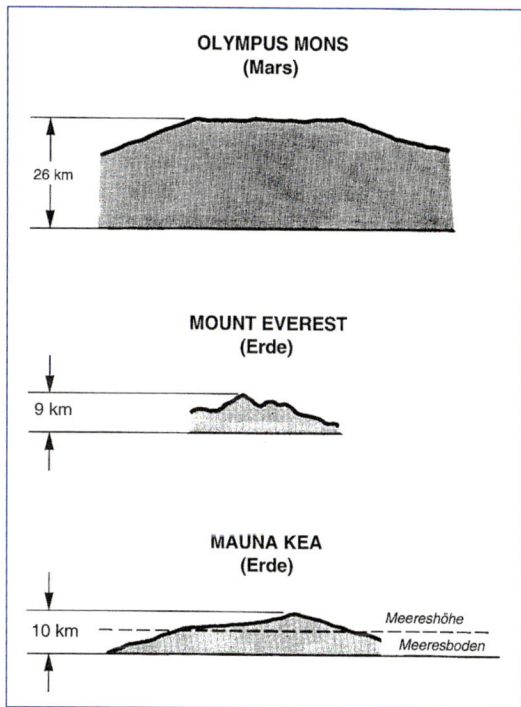

OLYMPUS MONS
(Mars)

26 km

MOUNT EVEREST
(Erde)

9 km

MAUNA KEA
(Erde)

10 km

Meereshöhe
Meeresboden

in riesigen Strömen sprudelnd über die Flanken in die Tiefe ergoss. Die drei anderen mächtigen Tharsis-Vulkane sind Ascraeus Mons, Pavonis Mons und der 14 km hohe Arsia Mons, dem

Oben: Olympus Mons, Mt. Everest und Zugspitze im Größenvergleich (7-fach überhöht). Links: Flächenausdehnung von Olympus Mons (Basisdurchmesser 600 km). Rechts: Höhenvergleich Schildvulkan Olympus Mons, Mt. Everest und Schildvulkan Mauna Kea (Hawaii)

Aussehen nach kleinere Ausgaben des Olympus Mons. Der Gipfelkessel von Ascraeus zum Beispiel hat einen Durchmesser von 50 km, der von Arsia 140 km, und die Pavonis-Caldera misst 45 km.

117

Immer wenn von Vulkanismus die Rede ist, denkt man auf der Erde zuerst an die uns vertrauten kegelförmigen Stratovulkane wie Ätna, Stromboli oder Fujiyama, einen Typ, der durch tief darunterliegende Plattentektonik bestimmt wird und nicht auf dem Mars vorkommt. Neben ihnen gibt es aber auch bei uns Schildvulkane, etwa auf Island, Hawaii und den Galapagos-Inseln, bei denen basaltische Lavaströme im für sie typischen glattgerundeten, schildförmigen Profil erstarrt sind. Die Typenbezeichnung »Schild« verdanken sie ursprünglich den isländischen Vulkanen, die man wegen ihrer Ähnlichkeit zu einem umgedrehten Ritterschild so nannte.

Schildvulkane sind im Grundriss oft, aber nicht immer, rund. Während die hawaiianischen Schilde Mauna Loa und Mauna Kea eher lang gestreckte Form haben, weil sie durch mehrfache Ausflüsse entlang Krustenrissen erzeugt worden sind, haben die des Mars kreisrunde Grundrisse wie die auf Island und den Galapagos. Das Vertikalprofil von Schildvulkanen hängt andererseits wesentlich von der Größe der Eruption und der dabei frei werdenden Lavamenge ab: Rasch bzw. in großen Mengen erzeugte Lava hinterlässt flache Böschungen mit flutartigen Strömungsstrukturen; langsam oder in kleinen Mengen ausgestoßene Lava formt kuppelförmige Vulkane mit steilen Seiten.

Neben den Tharsis-Vulkanen ist auf einem 4 km hohen Plateau namens Elysium eine zweite Gruppe von Schildvulkanen mit sternförmig ausstrahlenden Frakturen, eingefallenen Lavaröhren und komplexen Calderen entdeckt worden: Elysium Mons, Albor Tholus und Hecates Tholus. Elysium ist demnach geologisch eine kleinere Version der Syrien-Erhebung. Andere marsianische Vulkantypen neben den Schilden sind kleinere, kuppelförmige Erhebungen mit steilen Flanken wie Tharsis Tholus mit 120 km Durchmesser, und einfache wie auch zusammengesetzte Kegelformationen mit bis zu 11 km Höhe – also immer noch höher als der Mount Everest.

Doch keine von ihnen ist so merkwürdig und rätselhaft wie die sogenannte Patera (lat. Untertasse), die bei gigantischer Flächenausdehnung nur geringe Höhe hat, wie etwa Alba Patera, die eine flache zentrale, komplexe Einsenkung aufweist und über 1600 km im Durchmesser misst. Einige zeigen sich als Vertiefungen mit ausgezackten Wänden und oft auffallend sternförmig verlaufenden Kammrücken; man hält sie für erodierte Schildvulkane, wie Apollinaris Patera, sowie halb zugeschüttete Schilde. Andere nehmen einzigartige Sonderstellungen ein, für die es weder auf der Erde noch auf Mond oder Merkur annähernd ähnliche Beispiele gibt.

118

Wenn einst der erste Mensch den Gipfel des Olympus oder eines der anderen Riesen von Tharsis erklommen hat, steht er auf der höchsten Erhebung des Mars. Tief zu seinen Füßen erstreckt sich die rotbraune Trockenlandschaft dieser wundersamen Welt bis zum Horizont, so weit das Auge reicht. Der Abstieg sollte nicht schwerfallen und auch mit einem Rover leicht zu machen sein, denn der sanfte Böschungswinkel der Schildvulkane liegt im Mittel bei 6°. Der vom Olympus wie Zeus herabsteigende Astronaut kommt am Fuß der Vulkanschilde auf gewaltige Flutebenen aus erstarrten Lavaströmen, die häufig frühere, Hunderte von Jahrmillionen ältere Einschlagbecken überflutet und zugedeckt haben. Je nachdem, ob sie aus großen Lavaseen oder Lavaströmen erstarrt sind, unterscheidet man zwischen Flutbasaltplateaus und Basaltebenen. Ungefähr zur gleichen Zeit, als sich die vulkanischen Ebenen bildeten, erlebte Mars ein Zeitalter intensiver Frakturierung der Kruste, hauptsächlich durch vertikale Verschiebungen: Eine ziemlich rätselhafte Tektonik, die ursächlich mit dem Vulkanismus zusammenhängen muss. Durch solche Bruchprozesse entstand wahrscheinlich das gewaltige Grabensystem der Valles Marineris.

Das relative Alter der vulkanischen Strukturen auf dem Roten Planeten nimmt einen beträchtlichen Teil seiner geologischen Geschichte ein. Die inneren Lavaschmelz- und -austrittsprozesse müssen deshalb Milliarden von Jahren angedauert haben. Es ist eines der noch ungelösten Rätsel, wie das Marsinnere so außerordentlich lang vulkanisch aktiv bleiben konnte und welche Gase die Lavaausflüsse zur Atmosphäre beigetragen haben.

Neben den Vulkanen und vulkanischen Ebenen der Nordhalbkugel zeigt die Marsoberfläche beiderseits des Äquators Landstriche voller durcheinandergewürfelter Steinblöcke und bogenförmiger Bergrutsche an den steileren Böschungen; die Fachsprache bezeichnet solche Felder als »chaotisches Terrain«. Ihre Entstehung ist vielleicht auf örtlich begrenztes Zusammenbrechen des Bodens als Folge des Nachgebens und Verschwindens von darunterliegendem Material wie Magma oder Permafrost (Grundeis) zurückzuführen. Verdampfung von Bodeneis oder Grundwasser kann auch eine nur auf Mars beobachtete merkwürdig ausgehöhlte bzw. »zernagte« Terrainform erzeugt haben. Kriechbewegungen von unterirdischen Materialien könnten ferner die Erklärung für auffallend parallel laufende Hügelkämme und Furchen in vielen Gebieten sein.

**Tafelberg am Valles Marineris,
aufgenommen von *Mars Express***

Von den auf den Sondenfotos gefundenen ehemaligen Wasserläufen weist jeder seine ganz eigenen Charakteristiken auf: Länge, Breite, Tiefe, Boden- und Wandformen, Kopf- und Mündungsausbildung, Beziehung zu anderen Kanälen, relatives Alter, topografische, geologische und geografische Lage usw. Es gibt drei Haupttypen: Ausflussrinnen, die von örtlich begrenzten Quellen ausgehen, wie das über 200 km lange und bis 20 km breite Mangala Vallis mit zahlreichen terrassenförmig abgesetzten »Inseln«, Überlaufrinnen, die klein beginnen und in Größe und Tiefe anwachsen wie das 600 km lange Ma'adim Vallis, und ausgehöhlte Rinnen mit steilen Wänden und weiten, ebenen Sohlen. Besonders auffallend sind die in vielen Größen auftretenden verästelten Talnetzwerke – manche lang, schmal, gewunden und fadenförmig, andere kurz, weit, breitsohlig und gedrungen.

Obgleich Mars allem Anschein nach niemals eine eigentliche Hydrosphäre (Ozeane) und Atmosphäre terrestrischer Art gehabt hat, sprechen geochemische und morphologische Anzeichen dafür, dass es große Wassermengen gegeben hat und die Atmosphäre, die er hat, einst wesentlich stärker gewesen sein muss als heute. Vor allem die an den Polen entdeckten Bodenphänomene lassen ferner darauf schließen, dass der Rote Planet im Verlauf sei-

120

ner Geschichte mehrere einschneidende Klimaveränderungen durchgemacht hat.

Den Polarregionen des Mars ist der Ursprung ihrer Ablagerungen und Verwitterungsspuren, die *Mariner 9* erstmals entdeckt hat, deutlich anzusehen. Ihre Formationen treten in zwei Haupttypen auf: einförmig geschichtete und ungeschichtete, beide wahrscheinlich äolisch, also von starken Winden abgelagert und zu glatt gerundeten und terrassenartig abgesetzten Böschungen und Hügeln geformt. Die einzelnen Lagen, anscheinend um 10–50 m dick, bestehen wahrscheinlich aus einer Mischung von Eispartikeln und windgeblasenem, periodisch deponiertem Staub und vulkanischer Asche.

Die unterste, älteste und ungeschichtete Ablagerung zeigt starke Kraterung und andere Verwitterungserscheinungen, mit Gruben von bis zu 500 m Tiefe. Ihre Gruppierungen ergeben eine kantige, durchlöcherte Terrainform, die die Spuren einstiger Klimaschwankungen aufweist. Auch die darüberliegenden, in abgesetzten Terrassen angeordneten dünnen Schichten sowie der oberste dünne Deckmantel zeigen die Auswirkungen kürzerfristiger Klimaschwankungen. Auf diese muss dann ein weiterer einschneidender klimatischer Umschwung gefolgt sein, der die heutigen Marszustände herbeigeführt hat, darunter riesige Dünenfelder um die Polarkappen. Die Eisschichten beider Pole haben einen permanenten Teil, der auch die wärmeren Sommer übersteht und, wie *Phoenix* gefunden hat,

Erodierte Ablagerungsschichten am Canyon Chasma Boreale, Nähe Mars-Nordpol

hauptsächlich Wassereis ist, und eine jahreszeitlich bedingte »Überkappe« aus Trockeneis, die jeweils mit dem Winter kommt und geht, abwechselnd an jedem Pol.

Welcher Mechanismus die offenbar gewaltigen Klimaschwankungen verursacht haben könnte, ist ein weiteres noch ungelöstes Rätsel. Eine mögliche Erklärung: Veränderungen in der Schrägstellung der Rotationsachse des Planeten sowie in seiner Umlaufbahn aufgrund der Schwerkraftstörungen anderer Planeten, besonders des Jupiter. Als Folge dieser Einwirkungen hat die

heutige Achsenschräge von 24° im Verlauf von Jahrmillionen zwischen 15°
und 35° als äußersten Grenzen geschwankt – weitaus mehr als die ebenfalls
aufgetretenen Veränderungen der Erdachse. Diese Schwankungen, die eine
Periodizität von 120 000 Jahren sowie eine darüberliegende »höherfrequente«
Periodiziät von 1 200 000 Jahren zeigen, können erhebliche Variationen in
den Jahreszeiten verursacht haben.

Die Störungen durch die anderen Planeten beeinflussen auch die Form der
Marsumlaufbahn um die Sonne, in erster Linie die Exzentrizität, also ihre
elliptische Streckung. Diese Schwankungen haben ihre eigene Periodizität:
Sie treten in Zyklen von 95 000 Jahren und darübergelagerten 2 Millionen
Jahren auf. Bei jeder Veränderung in der Stellung und Umlaufbahn des Planeten hat sich natürlich auch die Einstrahlung der Sonne zyklisch geändert
– und im gleichen Rhythmus muss die Bildung jahreszeitlicher und permanenter Eisablagerungen geschwankt haben, gefolgt von einer ganzen Kette
weiterer Auswirkungen.

Als z. B. die Schrägstellung der Marsachse bis auf 15° zurückging, musste die
mittlere Jahrestemperatur der Polkappen gefallen und damit die Menge des
zu Eis gefrorenen CO_2 gestiegen sein, umgekehrt bei einer bis 35° zunehmenden Schrägstellung. Aufgrund der unter allen Planeten einzigartigen
ausschlaggebenden Rolle, die Kohlendioxid bei Mars in der Bildung der
Atmosphäre spielt, haben sich auch diese und damit die Sonneneinstrah-
lung, die äolischen Prozesse und alles andere mitverändert.

Wie reimt man sich aus der Fülle all dieser neuen Beobachtungen und Entdeckungen nun ihre eigentliche Entstehung zusammen? Wie stellt man sich
den Werdegang des heutigen Mars vor? Warum hält man auch heute noch an
der Suche nach Leben als zentralem Schwerpunkt der Marsforschung fest?
Woher dieses fantastische Locken des Roten Planeten?

Man unterscheidet heute drei verschiedene Stadien, die der Mars seit seiner
Bildung vor 4,6 Milliarden Jahren durchgemacht hat:

- die Noachische Ära der ersten Milliarde Jahre: ein warmer Planet mit viel Wasser und einer wesentlich dichteren Atmosphäre als heute
- die Hesperische Ära der folgenden 500 Millionen bis 1,5 Milliarden Jahre, in denen
  die geologische Aktivität allmählich zum Erliegen kam und die Wassermengen an
  der Oberfläche zu Eis gefroren, zu Eiskappen an den Polen und unterirdischem
  Eis oder Permafrost, und

- die Amazonische Ära der letzten 2–3 Milliarden Jahre, also der heutige Mars: trocken, ausgedörrt, mit einer Atmosphäre, die zu dünn für flüssiges Wasser ist, das, abgesehen von vereinzelten Örtlichkeiten oder als Sole, bzw. Brackwasser, nur noch in festem oder gasförmigem Zustand vorkommen kann.

Zunächst sei erneut festgehalten, dass die Zustände auf dem Mars nicht immer so ungastlich waren wie heute. Die seit *Mariner 9* bekannten verästelten Stromtalnetze und Abflusskanäle machen die einstige Anwesenheit großer Wassermengen so gut wie sicher, und die Tatsache, dass manche der Wasserläufe nach geologischen Maßstäben noch ziemlich jung zu sein scheinen, d.h. weniger als eine Milliarde Jahre alt, macht sie überdies auch im Hinblick auf die Suche nach Leben hochinteressant, denn ihr geringes Alter erhöht die Chance, dass es auf dem Mars noch unterirdische Reservoire flüssigen Wassers geben könnte. Hinweise darauf haben sich in den letzten Jahren deutlich verstärkt.

Das Marsklima muss also zur Zeit der Bildung der Flusstalnetze drastisch anders als heute gewesen sein. Die Zeit, in der dies geschah, lässt sich aus den uns vorliegenden Daten noch nicht genau bestimmen, doch die Tatsache, dass sich dichtverzweigte Netze auch in das viel ältere Kraterterrain der südlichen Halbkugel eingefressen haben, mag bedeuten, dass das wärmere und feuchtere Zeitalter fließenden Wassers zwischen 3,5 und 4 Mrd. Jahre zurückliegt. Wie man weiß, fand in dieser Periode, vor 3,8 Mrd. Jahren, auch das schwerste Bombardement von Meteoriten aus dem All statt, als die letzten Überreste aus der Entstehung des Sonnensystems auf alle inneren Planeten niederhagelten und ihre Oberflächen mit Kratern übersäten.

Vor 3,8 Mrd. Jahren – das war aber auch die ungefähre Zeit, aus der die frühesten uns bekannten Anzeichen von biologischem Leben auf der Erde stammen. Der eigentliche Prozess seiner Entstehung aus chemischen Komponenten, beginnend mit der Bildung des ersten selbstreplizierenden Moleküls durch das »zufällige« Zusammentreten der Bausteine, mag selbst nur wenige Millionen Jahre gedauert haben. Da auf dem Mars zu dieser Zeit offenbar gewaltige Wasserströme in den Stromtalnetzen flossen, hält man es für immerhin plausibel, dass sich auch dort Leben gebildet hat, dessen fossile Spuren Planetenforscher auffinden könnten.

Wenn der Rote Planet damals, lange bevor er rot wurde, ein wärmeres, gastlicheres Klima hatte, so stellt sich natürlich die Frage, was mit diesem geschehen ist. Man glaubt heute, dass er ursprünglich eine dichte Atmosphäre aus Kohlendioxid und Stickstoff besaß, vielleicht sogar noch dichter als die heutige Lufthülle der Erde. Wie heute bei der Venus, hielt sie durch den Treibhauseffekt langwellige elektromagnetische Wärmestrahlung zurück und sicherte so ein warmes Bodenklima. Auf die Dauer verband sich jedoch das gasförmige CO_2 mit flüssigem Wasser und bildete eine schwache Säure. Diese Kohlensäure (H_2CO_3) ist im freien Zustand nicht existenzfähig; sie tut sich mit dem Gestein des Bodens zu Karbonaten zusammen, d. h. zu Kalk (= Kalziumkarbonat, $CaCO_3$) und mit Magnesium zu Dolomit ($CaMg(CO_3)_2$). Diese Stoffe sanken auf die Böden von Ozean- und Seebecken, und so geschah es, dass die Atmosphäre allmählich all ihr CO_2 verlor und der Planet zu der kalten, trockenen Welt von heute wurde.

Warum lief der gleiche Prozess nicht auch auf der Erde ab, die nach unserem heutigen Wissen wahrscheinlich ebenfalls mit einer dicken Kohlendioxid-Atmosphäre begann? Aus dem CO_2 dieser Uratmosphäre hatten blau-grüne Algen, primitive Bakterien in Hunderten von Metern mächtigen »Matten« (Fachwort: »Stromatoliten«) mithilfe von Lichtenergie den späteren Sauerstoff geschaffen, doch wäre dieser Prozess der sogenannten Fotosynthese zum Erliegen gekommen, wenn die CO_2-Konzentration durch die fortwährenden Kalksteinabsetzungen in den Ozeansedimenten zu stark abgenommen hätte. Was hat ihn daran gehindert?

Die Antwort ist, dass der Absetzungsprozess bei uns zunächst ebenso verlaufen ist, doch mit dem Unterschied, dass die Erde im Gegensatz zu Mars über das bemerkenswerte Phänomen der Plattentektonik verfügt, der wir wahrscheinlich buchstäblich unser Leben, das gesamte irdische Leben verdanken.

Die feste äußere Schale unseres Planeten, die Lithosphäre, besteht nämlich aus getrennten Platten, die sich seitwärts gegeneinander verschieben. Wo sie auseinanderklaffen, etwa in der Mitte der Meeresböden, bildet sich eine neue Kruste; wo sie zusammentreffen, entsteht Kompression, und dort schieben sie sich gewöhnlich in Unterzugszonen über- bzw. untereinander. Hier können sich Vulkane bilden oder Gebirgsketten auftürmen, z. B. Anden und Himalaya.

Die Plattentektonik sorgt im Zusammenhang mit den Bewegungen der auf dem flüssigen Magma schwimmenden Kontinentalschollen für ein dynamisches Eigenleben des Erdinneren, das Oberflächenmaterialien ständig ins

Erdinnere rezykliert, unter die Schollen zieht und an anderen Stellen aus Spalten, Schloten und Vulkanen auf den Ozeanböden wieder ausspuckt. Dieser ausgleichende Zufluss von Kohlendioxid hat die Biosphäre nicht nur vor dem Untergang gerettet, sondern buchstäblich aufblühen lassen und die Geschicke der Erde und ihrer Bewohner bestimmt.

Wir sehen also: Ein ständig umschichtender Konvektionsprozess tief im Erdkern, geschürt durch radioaktiven Zerfall und die urzeitliche Wärme der Erdbildung, hat das komplexe Wechselspiel der Atmosphäre und Meere mit der Biosphäre verbunden, um Gaia, die Mutter Erde, wie wir sie kennen, zu schmieden. Und wir brauchten (und brauchen) die Erforschung fremder Planeten, um zu diesen Erkenntnissen zu kommen, die früher allenfalls Theorien waren und nun durch das Gegenbeispiel anderer Welten gefestigt werden!

Denn der Mars weist überhaupt keine erkennbare Plattenbewegung auf, wahrscheinlich weil er kleiner ist und seine Innenwärme schneller nach außen abstrahlte, als er sie zu erzeugen vermochte. Seine Kruste erscheint sehr stabil, und daher gibt es auch keine lang gestreckten Gebirgszüge oder Unterzugszonen. Verwerfungen, wie etwa die San-Andreas-Falte in Kalifornien, und Kompressionsformationen sind kaum vorhanden. Aufgrund dieser größeren Stabilität der Marsgeologie und der geringeren klimatisch bedingten Verwitterung haben sich viel ältere Strukturen erhalten als auf der Erde, wo die Oberfläche schnelleren Kreislaufprozessen unterworfen und öfters »umgeackert« worden ist. Ein gutes Beispiel bilden die irdischen Vulkane, die die Plattentektonik dadurch in ihrer Größe begrenzt hat, dass sie sie mit ihren Verschiebungen von ihrer eigentlichen Magmaquelle weggetragen hat. Auf dem Mars blieben Vulkane dagegen auf ihrem Ursprung hocken und konnten dadurch weiterwachsen, solange glutflüssiges Magma vorhanden war. So erklärt sich die Entstehung der gewaltigen Schildvulkane von Tharsis, insbesondere des riesigen Olympus Mons.

Es ist nicht ausgeschlossen, dass der Ausfluss heißer Lava über die einst abgesetzten Karbonatschichten das gebundene Kohlendioxid erneut freigesetzt und eine zweite vorübergehende warme und feuchte Klimaphase von wenigen 100 Mio. Jahren Dauer zurückgebracht hat. Mit dem Dünnerwerden der durch die geringere Schwerkraft weniger an den Planeten gefesselten Atmosphäre als bei der Erde musste der Treibhauseffekt nachlassen und die Temperaturen allmählich unter den Gefrierpunkt fallen. Das flüssige Wasser im Freien verschwand endgültig, womit es auch keine CO_2-Absorption mehr gab, und so entstanden nach und nach die Bedingungen, die wir heute auf dem Roten Planeten antreffen.

Wenn es einst Leben gab, musste es damit auch verschwunden sein? Nun, es gibt auf der Erde florierende Ökosysteme in extrem kalten und trockenen Tälern auf dem Südpolkontinent Antarktika, etwa im Wright Valley. In diesen Gebieten, die neben Mars als marsähnlichste Stellen im Sonnensystem angesehen werden, existieren Algen und Flechten bei einer durchschnittlichen Jahrestemperatur von −20°C in bester Gesundheit. Regen gibt es hier niemals, und der einzige Niederschlag, jährlich weniger als 2 cm, besteht aus einem leichten, die Talsohlen dünn überpudernden Schneefall.

Die Algen leben unter 3–6 m dicken Eisschichten, durch die gerade genug Sonnenlicht filtert, um Fotosynthese zuzulassen. Nährstoffe und Luft gelangen mit Sickerwasser auf die Böden der gefrorenen Seen. Die Flechten haben ihrerseits an den Bergwänden eine prima Nische gefunden: dicht unter der Oberfläche bestimmter Kalksteinfelsen, die sich in der Sommersonne leicht anwärmen, die knappe Feuchtigkeit zurückhalten und die Organismen vor Wind und Ultraviolettstrahlung schützen. Ausschlaggebend für die Existenz von Leben ist also nicht die Durchschnittstemperatur, sondern die Fähigkeit des Bodens, im Sommer Schmelzwasser zu erzeugen. Mehr braucht's nicht.

Auch in unseren Meeren gibt es Nachweise für die Diversität von Organismen unter »außerirdischen« Zuständen: In den Sedimenten der Ozeane finden wir zahlreiche Metalle in verschiedenen Ladungszuständen, die mit katalytischen Reaktionen Elektronen wie in einem elektrischen Leiter verschieben können, wie es sich in jeder lebenden Zelle abspielt. In den heißen Qellen der Tiefsee, wo es statt Sauerstoff nur noch Schwefelwasserstoff, Methan und Wasserstoff gibt, kommen extreme Drücke und Temperaturen hinzu – und auch dort floriert organisches Leben – wahrscheinlich entstanden aus chemischer Evolution.

Und eine ähnliche Vielfalt solch »extraterrestrischer« Umweltzustände könnten auf dem Mars auch heute noch anzutreffen sein! Ist es da ein Wunder, dass die Funde der Raumsonden das brennende Interesse der Forschung nicht etwa gemildert haben, sondern nur noch mehr anfachen, wie wir gesehen haben?

Noch deutlicher wurde dies durch eine Verlautbarung vom August 1996, dass es Forschern des Instituts für Genomforschung (TIGR) in Rockville, Maryland, der Universität von Illinois und der Johns-Hopkins-Universität gelungen sei, einen wissenschaftlichen Durchbruch in der Genforschung zu erzielen, als sie die genetische Information, das »Genom«, eines Einzellers vom Typ *Methanococcus jannaschii* entschlüsselten und dabei erstmalig die Existenz eines exotischen dritten Hauptzweigs allen irdischen Lebens nachweisen konnten. Zwei Drittel des Genmaterials dieser Lebensform waren in der Biologie bislang noch nie gesehen worden und stehen daher, wie die Nachricht besagte, in keinerlei Verwandtschaftsverhältnis zu irgendwelchen derzeit bekannten Genen. *Methanococcus* ist damit eindeutig ein »Archaeon«, ein Angehöriger einer völlig separaten und eigenen Lebensform – der Archaea.

Hierzu muss man wissen, dass irdisches Leben in zwei Zellenhauptgruppen existiert: Bakterien ohne Zellkern, die sogenannten »Prokaryoten«, und daneben die komplexeren »Eukaryoten« mit Zellkernen, zu denen alle komplexen Organis-

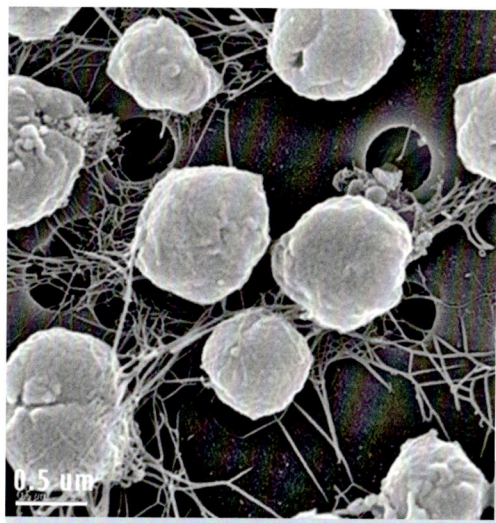

Ur-Bakterium Methanococcus jannaschii, mit anderen Archaeen neben den Bakterien und Eukaryoten eine der drei Domänen, in die alle zellulären Lebewesen eingeteilt werden. Der Methanproduzierer, an White Smokern der Tiefsee gefunden, war das erste Archaeon, dessen Genom vollständig entschlüsselt wurde.

men von der Hefe bis zu den Pflanzen, Tieren und Menschen gehören. Zu diesen beiden Gruppen gesellen sich nunmehr die Archaea als dritte, und zu ihr gehört der 1983 auf dem tiefsten Meeresboden entdeckte *Methanococcus jannaschii*, der nur bei Umwelttemperaturen um 85 °C und einem Druck von 200 Atmosphären lebt und gedeiht. Der Mikroorganismus ist nicht auf die Sonne angewiesen; zum Leben benötigt er einzig Stickstoff, Kohlendioxid und Wasserstoff, aus denen er Erdgas (Methan, daher sein Name) herstellt. Und was noch erstaunlicher ist: die Archaea umfassen nicht nur ein paar vereinzelte, rare Organismen, sondern machen mindestens ein Drittel, wenn nicht sogar die Hälfte aller Biomasse auf der Erde aus, das meiste davon in den Weltmeeren. Wie wenig wissen wir doch über unseren eigenen Planeten!

Als US-Präsident Bill Clinton am 7. August 1996 vor dem versammelten Pressekorps des Weißen Hauses verkündete, dass NASA-Wissenschaftler in Marsgestein Hinweise auf mögliches urzeitliches Leben auf dem Roten Planeten entdeckt hätten, schien sich eine Sensation anzubahnen: Die Nachricht, dass tief in dem vor 13 000 Jahren als Meteorit ALH84001 (Allan Hills 84001) auf die Erde gestürzten Steinbrocken vom Mars organische Moleküle

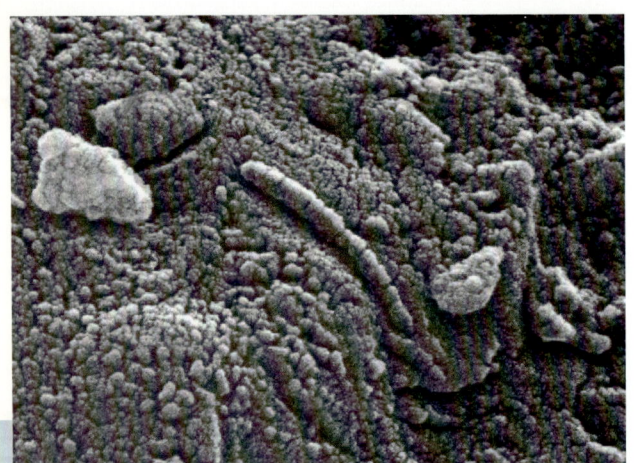

Hochauflösende Raster-Elektronenmikroskopaufnahme eines der zahlreichen fossilartigen röhrenförmigen Gebilde – neben Karbonat-Ablagerungen – im Inneren des Marssteins ALH84001

gefunden wurden, daneben Spuren mehrerer mit biologischer Aktivität verknüpfter Mineralien sowie mögliche mikroskopische Fossilien primitiver, mikroben-ähnlicher Organismen, einige eiförmig, andere röhren- bzw. wurmartig und gegliedert, doch winzig klein im Vergleich zu irdischen Mikroben, erregte gewaltiges weltweites Aufsehen.

Die Entdeckung betraf vier einzelne Schlüsselelemente, die die Möglichkeit einer biologischen Herkunft besonders dann plausibel machen, wenn man sie im Zusammenhang nimmt:

1. Winzige Klümpchen von Karbonaten, d. h. minimale Mineralkonzentrationen von Kohlenstoff- und Sauerstoffatomen in Verbindung mit Atomen anderer Elemente wie Kalzium, Eisen und Magnesium. Solche Karbonatspeicher werden auf der Erde von Lebewesen angelegt, können allerdings auch ohne biologisches Zutun entstehen.

2. Im Inneren der Karbonatklümpchen fanden sich benzolähnliche Moleküle, sogenannte polyzyklische aromatische Kohlenwasserstoffe (PAKs), ein häufig bei der Verwesung von Organismen entstehender Molekültyp.

3. Ebenfalls in den Karbonatkonzentrationen entdeckte man Kristalle von Eisenoxid (Fe_3O_4, Magnetit) und Eisensulfid: magnetische Mineralien, die auf der Erde von manchen Bakterien produziert werden und ihnen unter anderem als Richtungssensorium dienen. Diese Mineralien entstehen ferner in einer Umgebung, die saurer als die Karbonate ist – und die Aufrechterhaltung von verschiedenen chemischen Milieus in unmittelbarer Nachbarschaft voneinander ist typisch für Lebewesen.

4. An den Rändern der Klümpchen fanden sich schließlich winzige Versteinerungen von eiförmigen, wurmartigen und röhrenförmigen Strukturen, die wie die kleinsten bekannten Einzeller auf der Erde aussehen, allerdings nur Millionstel Millimeter groß sind.

Zwar finden sich die exotischen Kohlenstoff-Verbindungen PAKs auch auf der Erde – in Dieselabgasen, angebrannten Kochtöpfen, verschmorten Hamburgern und Zigarettenrauch –, doch werden sie auch in großen Mengen zwischen den Sternen vermutet. Sie bilden sich bei hohen Temperaturen, wahrscheinlich auch in großen Mengen in Sternatmosphären. Wegen ihrer hexagonalen Ringstruktur sind sie so stabil, dass sie die intensive Strahlung und harten Umweltzustände des Weltraums überstehen können. Lange Jahre von Wissenschaftlern angezweifelt, gibt es für die ALH84001-Biofunde seit 2009 neue Analysen, nach denen sie weder auf der Erde noch nichtbiologisch entstanden sein mussten. Dennoch wird die These, dass die Biofunde vom Mars stammen, bis heute kontrovers diskutiert. Inzwischen wurden auch in zwei anderen Marsmeteoriten, Shergotty und Nakhla, mögliche Relikte von früherem Leben gefunden. Unter anderem auf diesen Strukturen baut die Theorie der Panspermie auf, nach der das Leben auf der Erde durch Keime aus dem All entstanden ist.

Sollten unsere weiteren Forschungssonden, zu denen auch eine Probenrückholung gehört, tatsächlich Spuren einstmaligen Lebens oder sogar heutigen Lebens in Form von Mikroorganismen auf dem Mars nachweisen, so wäre dies eine der größten wissenschaftlichen Entdeckungen der Neuzeit. Ihre Auswirkungen auf unsere Welt wären von heute kaum absehbarer Breiten- und Tiefenwirkung in den spirituellen, geistigen und materiellen Bereichen unseres Lebens. Bezüglich unserer Vergangenheit und Zukunft ergäben sich fantastische Möglichkeiten: Ist das Leben auf Mars und Erde getrennt entstanden oder einst per »Meteoritenpost« in Form lebensfähiger Sporen aus der Ferne des Alls gekommen, wie es die Theorie der Panspermie behauptet? Stammen wir Menschen ursprünglich von Saatgut eines frühen Marsmeteoriten ab und sind somit die wirklichen Marsianer? Zweifellos erhielte dann auch die Suche nach späteren Fossilien höherer Tierformen auf dem Mars und nach Versteinerungen auf anderen Himmelskörpern des Sonnensystems höchste Prioritätsstufe, etwa auf den Monden der äußeren Planeten, wie Europa und Titan, und auf bestimmten Asteroiden. Betroffen wäre davon auch die Frage, ob Leben außerhalb des Sonnensystems in der Milchstraße existiert, und damit würde das Interesse an der Suche nach eventuellen Radiosignalen intelligenter Rassen ebenfalls hochschnellen.

Die weiterführende Suche nach einstigem oder heutigem Leben auf dem Mars, also nach Bio-Oasen oder Fossilien, nicht nur von Mikroorganismen, sondern auch von höheren Lebensformen, steht nicht erst heute, sondern schon zumindest seit den Landungen der beiden Forschungsstationen *Viking 1* und *2* auf dem Roten Planeten 1976 bei uns an oberster Stelle.

Der Marsmeteorit ALH84001 war bereits 1984 in der Antarktis gefunden worden, erwies sich jedoch erst 1993 als vom Mars stammend. Sein Alter bestimmte man auf 4,5 Mrd. Jahre, der Zeitraum, den er im antarktischen Eis gelegen hat, auf 13 000 Jahre. Der eigentliche Verlauf seiner Vorgeschichte lässt sich genauestens rekonstruieren, und zwar aus der Analyse seiner Oberflächenschichten auf die Einwirkung kosmischer Strahlung während seines Aufenthalts im freien Weltraum sowie seines Inneren durch radiometrische Datierung des radioaktiven Zerfalls darin enthaltener Elemente. Die Zerfallsprozesse dieser Radioisotopen sind genau bekannt und ermöglichen so eine genaue Datierung. Deutliche Schockspuren in seinen Mineralkristallen gaben ferner eindeutige Hinweise auf mechanische Einwirkungen starker äußerer Kräfte.

Somit steht fest, dass das Meteoritengestein in einer vulkanischen glutflüssigen Masse entstand, die allmählich abkühlte und erstarrte. Zum größten Teil handelt es sich bei ihr um Orthopyroxon, ein Silikatgestein aus Silizium und Sauerstoff in Verbindung mit etwas Eisen und Magnesium. Etwa 500 Millionen Jahre nach der Erstarrung, also vor 4 Mrd. Jahren, ungefähr der Zeitraum des intensivsten Meteoritenbombenhagels, schlug ein Bolide auf dem Roten Planeten ein und erhitzte das Gestein auf Schmelztemperaturen. Weitere 3,85 Mrd. Jahre später, also vor nur 15 Millionen Jahren, sprengte ein erneuter Einschlag den Stein aus dem Felsmaterial heraus und schleuderte ihn in den Weltraum. Man hat gezeigt, dass die dazu nötige Energie durchaus schon von einem mittelgroßen Meteoriten aufgebracht werden kann, vor allem bei schrägem Aufschlag, und man glaubt inzwischen sogar den genauen Ort des Einschlags auf dem Mars identifiziert zu haben: entweder im Sinus Sabaeus, 14° südlich des Marsäquators, oder ein ovaler Krater östlich von Hesperia Planitia.

Im All zog das hinauskatapultierte Bruchstück Millionen von Jahren seine Bahn um die Sonne, bis ihm dann vor 13 000 Jahren die Erde in die Quere kam und es auf deren Südpolkappe stürzte. Daran ist durchaus nichts Ungewöhnliches: Pro Jahr treten rund 40 000 Tonnen außerirdischen Materials in die Erdatmosphäre ein und verglühen darin zumeist, doch sind darunter immer einige feste Körper groß genug, um den Erdboden zu erreichen. Die meisten bestehen aus Gesteinen, die auf die Bildung des Sonnensystems vor 4,5 Mrd. Jahren zurückgehen und seither unverändert geblieben sind, doch etwa 10 Prozent der Steinmeteoriten entstammen glutflüssiger Lava auf einem Himmelskörper.

Von den über 53 000 Meteoriten, die sich derzeit (August 2011) im Besitz der Forscher befinden, stammen über 150 vom Mond und 99 vom Mars. Woher wissen wir dies so genau? Im Grunde nur deshalb, weil wir im Verlauf des Raumfahrtprogramms Menschen zum Mond und robotische Forschungssonden zu anderen Planeten gesandt haben. Wie schon in Verbindung mit der radiometrischen Datierung erwähnt, liefert den Nachweis eine Analyse der in den Steinen enthaltenen Radioisotope, etwa von Rubidium und Strontium. Vergleicht man die Mengenverhältnisse dieser strahlenden Elemente zueinander mit den Marsboden-Analysen der beiden *Viking*-Lander, so zeigen ihre

Der Allen Hills Meteorit ALH84001 (aufgeschnitten), gefunden am 27. Dezember 1984 von Roberta Score in der Antarktis und 1993 als 4,5 Mio. Jahre altes Marsgestein identifiziert

Isotopen-»Signaturen«, petrologische Charakteristika und relativ jungen Kristallisationsalter, eindeutig, dass die 99 Marsmeteoriten, einschließlich ALH84001, tatsächlich vom Roten Planeten stammen, obwohl sie sich mineralogisch unterscheiden. Mindestens zwei von ihnen, EET79001 und ALH77005, enthielten sogar kleine Einschlüsse von Gas, deren Analyse auf Argon, Krypton und Xenon zweifelsfrei ergab, dass es sich um winzige Mengen der uns ebenfalls von *Viking* her bekannten Marsatmosphäre handelt.

Es war EET79001, der bei der Elefanten-Moräne in der Antarktis gefundene »marsianische Rosette-Stein« (wie ihn einer der Forscher, Everett Gibson, ehrfurchtsvoll nannte), der im Oktober 1996 für eine weitere Sensation sorgte: Britische Forscher der Open University in London meldeten den Fund weiterer Hinweise auf primitives Marsleben in diesem Marsmeteoriten – mit einem wichtigen Unterschied: der 7,9 kg schwere Himmelsbote EET79001 ist nur 175 Mio. Jahre alt, also mehrere Jahrmilliarden jünger als der erste, und war erst vor 600 000 Jahren vom Mars ins All katapultiert worden. Das würde bedeuten, dass es in noch viel jüngerer Vergangenheit Leben auf dem Roten Planeten gegeben haben könnte, vor nur 600 000 bis 175 Mio. Jahren, und damit steigt natürlich die Chance, dass auch noch heute dort Leben vorkommt.

Dass die Entdeckungen erst neuerdings gemacht wurden, obwohl die Mars-meteoriten schon seit mehreren Jahren »erkannt« sind, liegt an den zum Nachweis der mikroskopischen Strukturen erforderlichen präzisen Unter-suchungsmethoden, die erst mit neuesten Analyseinstrumenten möglich wurden: zum Beispiel durch hochauflösende Transmissions-Elektronenmi-kroskopie (TEM), bei der die ausgesandten Elektronen dünne Objekte durchdringen und so ihr Inneres abbilden (wogegen sie bei Raster-Elektro-nenmikroskopie (REM) an der Oberfläche der Objekte abprallen) und durch Massenspektrometrie mit Laserpulsen. Die dergestalt in den Meteoriten gefundenen Indizien lassen freilich zahlreiche Fragen offen, und es ist mög-lich, dass sich die Funde bei den laufenden weiteren Untersuchungen als nichtbiogen herausstellen.

Wie sieht die Bilanz der Forschung der letzten Jahre »unter dem Strich« aus? Nach Meinung des Entdeckers der ältesten irdischen Nanofossilien, Prof. Wil-liam Schopf von der University of California, der den Marsresultaten äußerst skeptisch gegenüberstand, gilt es als so gut wie sicher, dass ALH 84001 vom Planet Mars stammt und rund 4,5 Mrd. Jahre alt ist. Keine Zweifel bestehen ferner daran, dass das entdeckte organische Material, die Karbonate und die fossilartigen Gebilde zum Inneren des Steins gehören, und mit 80-prozenti-ger Wahrscheinlichkeit sind sie so alt wie die durch Stoßeinwirkung entstan-denen Sprünge, in denen sie entdeckt wurden. Nicht eindeutig bewiesen ist andererseits, wie die Karbonate entstanden sind und ob die organischen Koh-lenwasserstoffverbindungen und die versteinerten Bakterien ähnelnden Gebilde wirklich biologischen Ursprungs sind. Die Entdecker betonten, dass keine ihrer Entdeckungen, für sich genommen, einen Beweis für die Existenz früheren Lebens darstellte. Obgleich es für jedes der Phänomene, einzeln betrachtet, anderslautende, nichtbiogene Erklärungen gäbe, ließen sie jedoch zusammengenommen – insbesondere hinsichtlich ihrer räumlichen Platzie-rung – mit größter Wahrscheinlichkeit nur den Schluss zu, dass sie ein Beweis für die Existenz primitiven Lebens auf dem frühen Mars darstellen.

Ob sich der von dem NASA-Team vorgelegte Indizienprozess – vor allem seine biologische Erklärung – erhärten lässt oder mit der Zeit an Plausibili-tät verliert, können erst weitere intensive Untersuchungen mit fortgeschritteneren Analysemethoden zeigen. Ganz gleich, welche Ansicht die an dieser Debatte beteiligten Forscher vertreten, es herrscht doch völlige Einigkeit darüber, dass es sich dabei vorläufig um Hypothesen handelt, die sich nach bewährter wissenschaftlicher Methodik erst mit wachsender Beweislast und wiederholten kritischen und skeptischen Expertenprüfungen zur Theorie erhärten lassen. Dazu sind weitere Studien nötig, an denen sich Forschungsteams aus vielen Ländern beteiligen. Um jedoch aus den sich ergebenden Theorien die absolute Wahrheit zu machen, falls überhaupt möglich, wird erst der forschende Mensch selbst an Ort und Stelle, sprich auf dem Mars, stehen müssen.

Sehr wundersam werden den ersten Mars-Menschen auch die beiden Monde Phobos und Deimos erscheinen. Die merkwürdigen Winzlinge, wahrscheinlich eingefangene Asteroiden, bieten für einen Beobachter auf dem Roten Planeten ein ständiges himmlisches Ballett höchst sonderbarer Rhythmik (siehe auch Anhang, Tabelle 2). Beide Körper sind alles andere als rund. Ihre asymmetrische Gestalt ist triaxial, mit anderen Worten: sie sehen aus wie Kartoffeln: Phobos misst ganze 27 x 22 x 19 km, Deimos nur 15 x 12 x 11 km. Wie der Erdmond umkreisen beide ihren Mutterplaneten in der Richtung seiner Rotation, doch wegen ihres viel geringeren Abstands von ihm enden damit auch schon die Ähnlichkeiten mit unserem Trabanten – abgesehen vielleicht von der Tatsache, dass sie ebenfalls kraterübersät sind und wie der Mond ihrer Zentralwelt stets die gleiche Seite zuwenden: Sie rotieren »synchron« mit ihrer Umlaufzeit. Hierbei zeigen sie ebenfalls die leichten lateralen Schaukelbewegungen wie der Erdmond, die man Libration nennt.

Phobos, der innere Satellit, läuft auf einer nahezu kreisrunden Bahn (Exzentrizität: 0,0152) mit einen mittleren Radius von nur 9378 km, d.h. $^1/_{41}$ der Entfernung Erde–Mond. Ziehen wir davon den Durchschnittsradius des Mars ab, ergibt sich für ihn eine Höhe von 5985 km über dem Boden. Der Beobachter auf dem Mars sähe ihn als Scheibchen von etwas weniger als der Hälfte der Weite unseres Mondes, ungefähr so hell, wie uns die Venus erscheint. Andererseits hätte ein Beobachter auf Phobos den Mars als gewaltige, deutlich rotierende rote Weltkugel über sich: Mit 42° Weite füllte sie nahezu ein Viertel seines Firmaments aus, 7000-mal größer als die uns sichtbare Mondfläche.

Mit einer siderischen Periode von 7 Std. 39 Min. braucht Phobos für einen

Menschen auf dem Mars, einer Welt voller Rätsel und Wunder. (Unten: Sonne, oben: Mond Phobos, darüber: Deimos). (Künstl. Darstellung)

Umlauf weniger als ein Drittel der Tageslänge seines Mutterplaneten. Das macht ihn zum einzigen uns bekannten Satelliten im Sonnensystem mit dieser Eigenschaft. Die Folge ist, dass er für eine Himmelsüberquerung von Horizont zu Horizont nur 4,5 Stunden benötigt. Die synodische Periode, d. h. die Zeit, nach der er wieder an derselben Stelle über dem Boden erscheint, beträgt hingegen 11 Std. 6 Min., und so kommt es, dass der Beobachter auf dem Mars täglich zwei Phobos-Auf- und -Untergänge erlebt, die außerdem gegenläufig zu denen aller übrigen Himmelskörper verlaufen. Denn obwohl Sonne und Sterne der Marsrotation entsprechend im Osten aufgehen wie auf der Erde und Phobos den Mars in dessen Drehsinn von West nach Ost umkreist, geht er dennoch, scheinbar paradoxerweise, im Westen auf, eilt in 4,5 Stunden über den Himmel und versinkt im Osten. Hierin verhält er sich wie künstliche Erdsatelliten, deren Perioden kürzer als ein Tag sind.

Für manche Orte auf dem Mars ist er allerdings auf ewig unsichtbar: Aufgrund seiner Nähe zum Boden und geringen Bahnneigung zum Äquator von nur 1,03° bleibt er im Nord- und Südpolarbereich über 69,5° Breite ständig unter dem Horizont.

Die Umlaufbahn des weiter entfernten Deimos ist mit e = 0,0002 noch runder. Sie hat einen Radius von 23 495 km, d. h. eine Höhe über dem Boden von 20 100 km und eine siderische Periode von 30 Std. 18 Min. Damit liegt Deimos nur wenig außerhalb der marsianischen Synchronbahn, deren Umlaufzeit genau der Planetenrotation entspricht, sodass ein Satellit am Himmel stationär schiene. Umgekehrt zu Phobos geht Deimos im Osten auf, bleibt ganze 2,5 Sols am Himmel und geht dann langsam im Westen unter. Da seine synodische Periode etwa 5,5 Tage beträgt, erscheint er drei Tage nach dem Verschwinden wieder im Osten. Aufgrund seines größeren Abstands kann er auch von den Polargegenden bis 83,5° Breite hinauf gesehen werden – allerdings nur als helles Lichtpünktchen von etwa dem doppelten scheinbaren Durchmesser der Venus, wobei seine Mondphasen mit dem unbewaffneten Auge kaum erkennbar sind.

Wegen der geringen Größe der beiden Monde gibt es auf dem Mars keine totalen Sonnenfinsternisse, dafür große Mengen von Sonnentransits, also Passagen oder Durchgänge: Phobos zieht jährlich rund 1300-mal vor der Sonnenscheibe vorbei, wozu er 19 Sekunden braucht. Deimos verzeichnet im Mittel 130 Durchgänge, jeder 1 Min. 38 Sek. lang. Mondfinsternisse, bei denen die Satelliten vom Schatten des Mars verfinstert werden, wird der zukünftige Mars-Mensch ebenfalls sehr häufig beobachten können.

Die gekraterten Oberflächen der beiden Minitrabanten sind von *Mariner 9* und den nachfolgenden *Viking*-Orbitern aufgenommen worden, nachdem schon *Mariner 7* 1969 den Schatten von Phobos, dessen elliptischer Umriss seine asymmetrische Gestalt verriet, auf der Marsoberfläche fotografierte. Fotografiert wurde vor allem Phobos auch von *Mars Global Surveyor*, *Mars-Express*, *Mars Reconnaissance Orbiter* und den beiden Rovern *Spirit* und *Opportunity*. Die sowjetische Sonde *Phobos-2* konnte den kleinen Mond nur für kurze Zeit aufnehmen und erforschen, bevor sie versagte. Die bereits erwähnte neue russische Sonde *Phobos-Grunt* sollte den Winzling erforschen und eine Bodenprobe von ihm gewinnen, doch wird es leider nicht dazu kommen. Der größte Phobos-Krater erhielt den Namen Stickney nach dem Mädchennamen der Ehefrau Angeline des Entdeckers von Phobos und Deimos, Asaph Hall (1877). Ein weiterer Krater trägt seinen Namen; andere benannte Krater sind D'Arrest, Roche, Todd, Wendell und Sharpless. Ein auffälliger Gratrücken, vielleicht ein Überbleibsel einer älteren Kraterwand, ist die Kepler Ridge.

Kapitel 6
Menschen zum Mars –
Visionen, Pläne und Konzepte

Mit dem Anbruch des Raumfahrtzeitalters begann man sich ernsthaft zu fragen, wie denn der bemannte Marsflug mit Raketenkraft ingenieurtechnisch überhaupt zu bewerkstelligen wäre. Dabei machte man sich vielerlei Vorstellungen, die mit der Zeit ein weites, schillerndes Spektrum von anfangs unwirklich-grandiosen Visionen durchliefen, die mit dem allmählich aber stetig hinzukommenden Erfahrungsschatz der Praxis fortschreitend realistischer ausfielen.

Es ist interessant und instruktiv für zukünftige Entwicklungen, wie insbesondere die entstehende reale Infrastruktur, d. h. Anlagen, Flugsysteme, Technologien, Errungenschaften im All, kurz: das ganze »Establishment«, mehr und mehr die neuen Konzeptstudien zu dominieren und einzuengen begann, auf Kosten neueren und unbefangen-innovativeren Denkens. Das mag zu einem gewissen Grad bedauerlich sein, doch lässt sich an der Weisheit, bei neuen Programmen vom Ausmaß einer Marsexpedition aus bereits gemachten Investitionen maximalen Nutzen ziehen zu wollen, in Wirklichkeit wenig rütteln.

Die erste technisch-wissenschaftlich seriöse Untersuchung, ob und wie der bemannte Marsflug mit chemischem Raketenantrieb möglich ist, datiert von dem Moment, als die erste Flüssigkeits-Großrakete, die A4 (wie die deutsche Terrorwaffe V-2 in der Ingenieurhistorie genannt wurde/wird) der Welt gezeigt hatte, dass sich mit dieser Technik tatsächlich der Erdanziehung entkommen und außerhalb der Atmosphäre fliegen ließ. Damit war der Schritt von utopischer Fantasie zu machbarer, wenn auch noch nicht bezahlbarer, Realität getan. Die historische Studie entstand Ende der 1940er-Jahre in Texas durch Wernher von Braun, unterstützt von seinen Peenemünder Kollegen Krafft Ehricke, Hans Friedrich, Josef Jenissen, Joachim Mühlner, Adolf

Thiel und Carl Wagner, als sich die deutschen Raketenpioniere nach ihrer Übernahme durch die US-Army in Fort Bliss neben dem Abschuss erbeuteter A4-Geräte zu langweilen begannen.

Was das Besondere an dem epochalen Werk war? Es erbrachte erstmalig den Beweis für die Durchführbarkeit großzügig ausgestatteter Expeditionen zum Nachbarplaneten mit konventionellen chemischen Treibstoffen und einem zwar großen, aber dennoch zu den Leistungsmöglichkeiten eines solchen Unternehmens in einem – damals – realistisch erscheinenden Verhältnis stehenden Aufwand. Es war eine erstaunliche Meisterleistung menschlicher Kreativität, denn da es davor nur Fantastisches und (dank Pioniergeistern wie Konstantin Ziolkowsky und Hermann Oberth) Spekulatives gegeben hatte, konnte v. Braun nur an diese wenigen Vordenker anknüpfen und sich auf keinerlei technische Vorbilder stützen. Die detaillierte technisch-programmatische Konzeptstudie wurde 1952 unter dem Titel *Das Marsprojekt – Studie einer interplanetarischen Expedition* im Frankfurter Umschau-Verlag und 1953 in den

Wernher von Braun (1959)

USA als *The Mars Project* von der University of Illinois (Urbana) veröffentlicht. Nicht nur befruchtete sie eine Generation späterer Marsplaner, deren Konzepte und Entwürfe in den folgenden Jahren wie eine Sturzflut nach einem Dammbruch hervorsprudelten, sondern sie lieferte auch ein überzeugendes Modellbeispiel für die Durchführungsmethodik solcher vorbereitenden Großuntersuchungen.

An benötigten Materialien, Menschen und Finanzen übertraf das »Marsprojekt« allerdings alles, was die Menschheit bis dahin in ihrer ganzen Geschichte an Ingenieuraufgaben unternommen hatte. Entwicklungen wie die der Atombombe und des B-52-Bombers hätte es weit in den Schatten gestellt. Das Erstaunlichste war freilich die Tatsache, dass zu seiner Durchführung keine besonderen technischen Breakthroughs nötig gewesen wären. D. h. seine Auslegung basierte auf Technologien, Prozessen und Methoden, die damals entweder bereits existierten oder in ihrer notwendigen Entwicklung absehbar

Wernher von Brauns Entwurf einer Raumstation, 1952: Das »Weltraumrad« von 75 m Durchmesser sollte die Erde in einem 2-Stunden-Takt in 1730 km Höhe umkreisen.

waren. Dadurch zeigte von Braun, dass die gewaltige Reise tatsächlich realisierbar war, wenn sich nur jemand finden ließ, der ihre Finanzierung – entsprechend der »von zehn Berliner Luftbrücken« (wie von Braun es später ausdrückte) – übernehmen würde.

Er organisierte das Problem in vier klar umrissenen Teilaufgaben. Die erste war der Aufbau einer Armada von Trägerraketen auf der Erde, die die Elemente der eigentlichen Marsschiffe zu ihrer Montage in den Erdorbit brachte. Später konzipierte v. Braun eine zusätzliche Erdorbit-Raumstation. Diese, ein gewaltiges, reifenförmiges »Weltraumrad« von 75 m Durchmesser, sollte die Erde in einer 2-Stunden-Bahn von 1730 km Höhe und 23,5° Neigung zum Äquator umkreisen. Der zweite Schritt, nach erfolgtem Zusammenbau der Flotte, war die eigentliche Reise zum Mars und die Stationierung des Geleitzugs in einer 1000-km-Kreisbahn um den Roten Planeten. Die dritte Phase betraf die Landung von Menschen und ihre Rückkehr zu den kreisenden Schiffen. Waren diese drei Abschnitte glücklich vollbracht, so sollte Phase 4, der Rückflug der Flotte zur Erde, keine sonderlichen Schwierigkeiten mehr bereiten.

Nach dem Apollo-Programm, der Space-Shuttle-Entwicklung, dem Bau des französisch/britischen »Chunnels« unter dem Ärmelkanal und der Errichtung der internationalen Raumstation ISS mögen uns technische Großprojekte heute kaum mehr zu erschüttern. Doch das gewaltige Ausmaß des von Braun'schen Marsprojekts übersteigt auch jetzt noch das Vorstellungsvermögen der meisten Menschen.

Man male sich aus: Um die Gesamtmasse der riesigen Expedition von zehn (!) Raumschiffen mit insgesamt 70 Mann Besatzung ins All zu transportieren, wollte v. Braun 46 wiederverwendbare Trägerraketen von je 6400 t Startmasse bauen, rund dreimal schwerer als die mächtige *Saturn V* der 1960er-Jahre. Von dieser Masse erreichten jeweils nur 39 t Nutzlast die Raumstation.

Jedes der zehn Marsschiffe wog voll beladen 3720 t, so viel wie ein Zerstörer, sodass insgesamt rund 950 Zubringerflüge des Großträgers erforderlich waren; die 46 Maschinen mussten also rund 20-mal wiederverwendbar sein. Die Montagezeit für die zehn Schiffe schätzte man auf neun Monate.

Nach dem detaillierten Plan sollten nach der Ankunft des Geleitzugs im Mars-Parkorbit drei geflügelte Landefahrzeuge von je 200 t brutto aus der Umlaufbahn bremsen und zur Erforschung des Bodens niedergehen. Da man zunächst über die Eignung des Bodens für horizontale Landungen von Fliegern nichts wissen konnte (an eine vorhergehende Rekognoszierung mit unbemannten Sonden war noch nicht gedacht), sollte das erste Landegerät mit Gleitkufen ausgerüstet werden, um auf der vermutlich schneebedeckten Polkappe niedergehen zu können (heute wissen wir, dass es auf dem Roten Planeten nur wenig Schnee gibt). Nach geglückter Landung musste die Besatzung dieses Scouts spezielle Kettenfahrzeuge ausladen und sich zur Äquatorzone auf die Reise machen, um dort eine Landebahn für die beiden anderen, mit Rädern ausgerüsteten Landemaschinen vorzubereiten. Der Landeplatz sollte danach zur Ausgangsbasis für die weiträumige Erforschung des Planeten werden. Über ein Jahr später hätte die Crew das Lager abgebrochen und wäre unter Zurücklassung eines der Gleiter in den beiden anderen zur orbitalen Flotte zurückgestartet. Die Aufstiegsgeräte wären dann ebenfalls aufgegeben worden und die zehn Expeditionsschiffe nach

Das Marsprojekt von W. von Braun, 1952: Mit 70 Mann Besatzung sollten sich zehn Schiffe auf die Rundreise machen, darunter drei geflügelte Landeboote. Mit 960 Flügen einer dreimal mächtigeren Großträgerrakete als die spätere *Saturn V* sollte die Flotte im Erdorbit montiert werden.

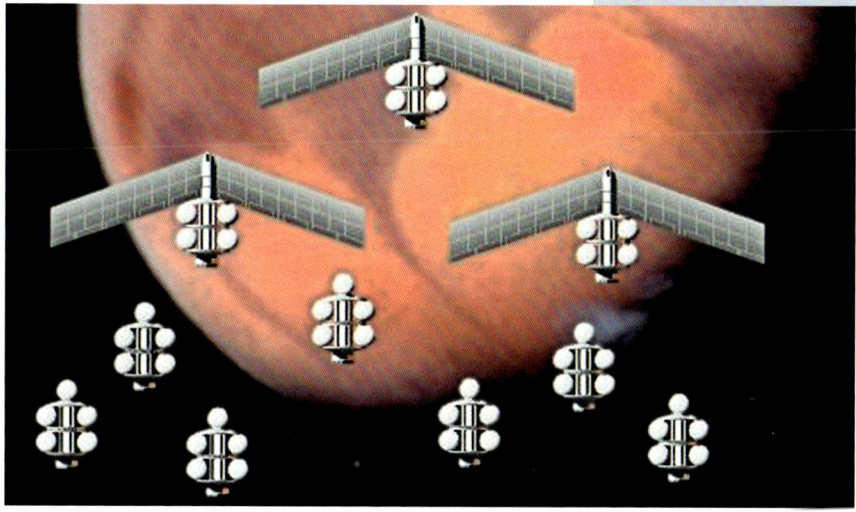

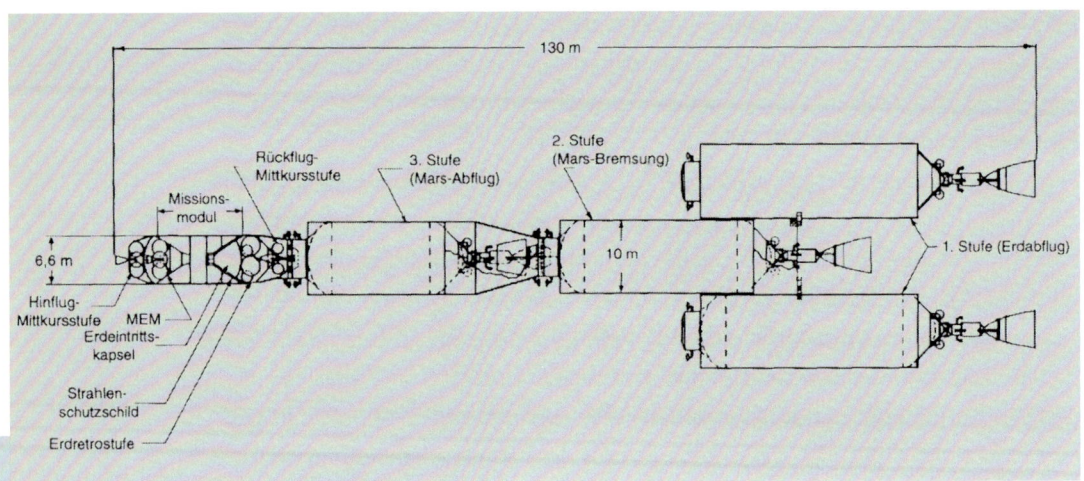

130 m

2. Stufe
(Mars-Bremsung)

Rückflug-
Mittkursstufe

3. Stufe
(Mars-Abflug)

Missions-
modul

6,6 m

1. Stufe (Erdabflug)

Hinflug-
Mittkursstufe   MEM
Erdeintritts-
kapsel

10 m

Strahlen-
schutzschild

Erdretrostufe

Schemaskizze eines bemannten NASA/MSFC-Marsschiffs von 1965

insgesamt zwei Jahren und 239 Tagen Abwesenheit zur Erde und der Raumstation zurückgekehrt.

Schon kurze Zeit nach Veröffentlichung seines Marsprojekts kamen v. Braun starke Bedenken hinsichtlich der Kosten des Unternehmens. Er erkannte, dass er das gigantische Ausmaß seiner Vision ganz erheblich einschränken musste, um sie den Realumständen der gerade aus dem Korea-Krieg gekommenen USA anzupassen. In einer gründlichen Abspeck-Revision strich er das Projekt zusammen, rechnete es erneut durch und veröffentlichte 1956 einen zweiten Programmvorschlag, der dank besserer Gesamtplanung nur 10% der Treibstoffmenge der 1952-Studie erforderte, obwohl die Grundannahmen für Triebwerksleistung und Konstruktionsgewichtsfaktoren die gleichen geblieben waren.

Wernher von Brauns Visionen, publiziert 1952–1953 in ganz USA durch mehrere bunt bebilderte Artikel in Collier's Magazine und 1955–1957 im Fernsehen durch die Walt-Disney-Studios, rüttelten ein Millionenpublikum auf und erregten auch das Interesse von Präsident Eisenhower im Weißen Haus der Nach-Korea-Jahre. Zweifellos trugen sie zur Gründung der NASA am 1. Oktober 1958 bei, wobei allerdings die sowjetischen Erfolge mit den ersten beiden Sputniks den letzten Anstoß gaben, so wie Juri Gagarin, der erste Mensch im All, Präsident John F. Kennedy 1961 zur politischen Entscheidung für das Mondlandeprogramm Apollo durch die NASA motivierte.

Im Verlauf der 1960er-Jahre konzentrierte die NASA erhebliche analytische Forschungstätigkeit auf die Durchführbarkeit von Marsmissionen unter verschiedensten Voraussetzungen. Bis in die 1970er-Jahre kamen hierzu über 40 interne Untersuchungen und industrielle Studienaufträge zusammen, mit einem Gesamtwert von über 4 Millionen Dollar (damaligen, also wesentlich höheren Geldwerts als heute).

Bis etwa 1968 untersuchten sie sämtliche nur erdenklichen Spielarten bemannter Marsmissionen in zahlreichen Variationen. Durch Kombination aller möglichen Flugbahnen, Betriebsweisen, Manöver und Schiffstypen entstand eine schier unübersehbare Menge von »Missionsmodalitäten«, die in einem breitangelegten Programm akribisch analysiert werden mussten, um einen Überblick über die jeweils bestmöglichen Missionsprofile zur bemannten Erforschung des Mars zu liefern. Dabei nahm man sich der Reihe nach vier Schwerpunktbereiche vor: Venus-Flyby, Mars-Flyby, Grand Tour und planetare »Stopover«.

1967 waren diese Studien unter Wernher von Brauns Oberleitung am Marshall Space Flight Center (MSFC) in Huntsville/Alabama weit genug fortgeschritten, um einen bevorzugten Modell-Start-termin zum Mars wählen zu können: den 5. September 1975. Das mit der Trägerrakete *Saturn V*

Profilschema der bemannten Marsmission von 1967-69 (W. v. Braun, NASA-MSFC/Boeing-Studie)

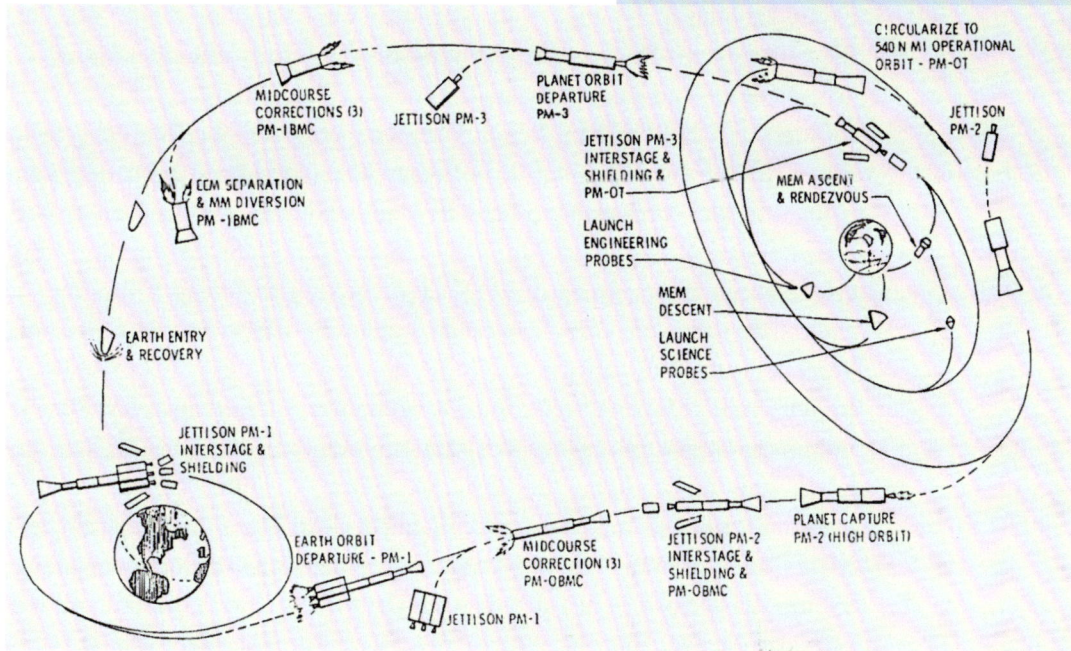

der Apollomissionen in die Erdumlaufbahn beförderte Marsschiff hätte einen Geschwindigkeitszuwachs (ΔV) von 4700 m/s aufbringen müssen, um den Mars nach 130 Tagen, am 23. Januar 1976, mit 9650 m/s Geschwindigkeit im Abstand von 1,25 Radien zu passieren. Die vierköpfige Crew sollte nach »En-route«-Experimenten während des Hinflugs einige Tage vor dem Encounter eine Anzahl von Orbitern und Atmosphärensonden starten, sodass diese noch vor ihnen am Ziel eintreffen und ihre Messungen dann zunächst zehn Tage lang an das vorbeirasende Schiff und später zur Erde übermitteln konnten. Ein Landeroboter hätte die Oberfläche fotografiert und Proben des Bodens und der Atmosphäre gesammelt, die dann mit den Filmen an Bord einer dreistufigen Rakete aufgestiegen und unter Fernsteuerung zum vorbeifliegenden Mutterschiff gebracht worden wären. Auch für solche Sondengeräte entstanden in jenen Jahren detaillierte Entwürfe, ebenso wie für das bemannte Missionsmodul und die Erdrückkehrkapsel, in die die Besatzung kurz vor Eintreffen umsteigen musste. Bei den hohen Eintrittsgeschwindigkeiten um 15 000–15 250 m/s hätte die für geringere Geschwindigkeiten gebaute Apollo-Eintrittskapsel nicht ausgereicht.

Als nächsten logischen Schritt nach den frühen Vorbeiflügen dachte die NASA an bemannte planetare »Stopover«- und Landemissionen (wobei man zu den ersteren auch reine Orbitermissionen ohne Landung zählte). Die Studien ergaben für die orbitale Abflugmasse des Schiffs mit einer Crew von acht Personen und einer Bordnutzlast von ~46 t in der Regel um 1200–1400 t für Mars und 500–700 t für Venus. Die hierzu erforderlichen Systeme, Techniken, Manöver und Flugführungsgenauigkeiten überstiegen den vom Saturn/Apollo-Programm erreichten Stand bei den anspruchsvolleren Missionen sogar ganz erheblich: um mehr als eine technische »Generation«. Die erforderliche Entwicklung neuer Technologien verlegte den frühestmöglichen Zeitpunkt nach damaliger Schätzung in die 1980er-Jahre, wobei 1984 besonders attraktiv war.

Eine typische Marsrundreise der Douglas Aircraft Co., ausgelegt für ein minimales Gesamtgeschwindigkeitsaufkommen von rund 1,44 EMOS (mittlere Bahngeschwindigkeit der Erde, s. Kapitel 3), wäre 1984 gestartet und hätte insgesamt 880 Tage gedauert, einschließlich 40 Tagen Aufenthalt auf dem Mars. Das Raumschiff konnte von einem einzigen Großträger der »Post-Saturn«-Klasse von 21 m Durchmesser (*Saturn V*: 10 m) in die Umlaufbahn gebracht werden, allerdings mit leeren Treibstofftanks; ihre Füllung erfor-

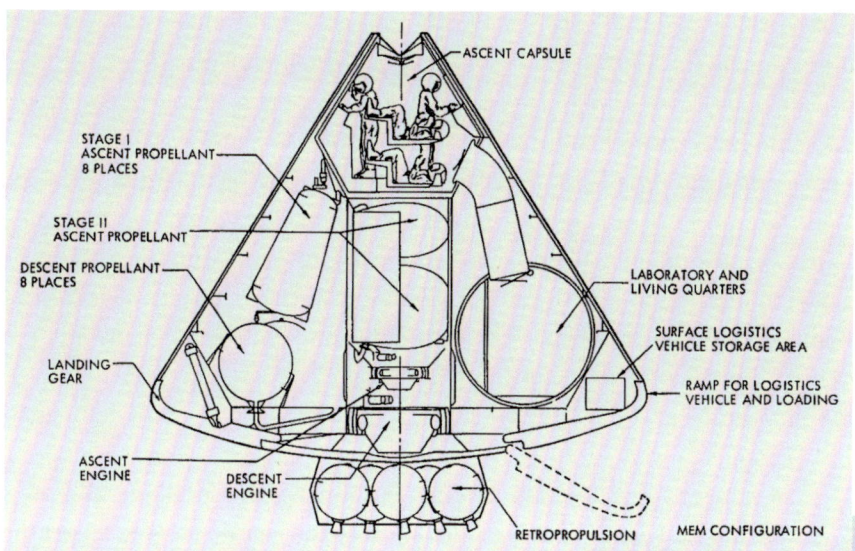

ASCENT CAPSULE

STAGE I
ASCENT PROPELLANT
8 PLACES

STAGE II
ASCENT PROPELLANT

DESCENT PROPELLANT
8 PLACES

LANDING
GEAR

ASCENT
ENGINE

DESCENT
ENGINE

LABORATORY AND
LIVING QUARTERS

SURFACE LOGISTICS
VEHICLE STORAGE AREA

RAMP FOR LOGISTICS
VEHICLE AND LOADING

RETROPROPULSION

MEM CONFIGURATION

Konzept des bemannten zweistufigen Mars-landers MEM (*Mars Excursion Module*) von 1967-69

derte zwei weitere Zubringerflüge. Damit das für leichtere Schubbelastungen ausgelegte Raumschiff die Lastkräfte des Erdstarts aufnehmen konnte, besaß es eine exoskelettartige Außenstruktur, die gleichzeitig als Mikrometeoritenschild diente und im Weltraum vor Triebwerkzündung von der jeweils aktiv werdenden Stufe abgeworfen wurde.

Als minimal erforderliche Crewgröße ermittelte man eine Anzahl von sechs Personen, ausgehend von der Annahme, dass drei zur Landung im Mars-lander und drei weitere zur Rückführung des Raumschiffs im Fall eines Totalverlusts des Landers samt Crew benötigt würden. Für die Besatzung war im bewohnbaren Teil des Schiffs ein spezieller Schutzbunker, genannt »Biowell« (Bioschacht), vorgesehen, der jeweils beim Betrieb der Kerntriebwerke oder bei Sonneneruptionen aufgesucht wurde. Da flüssiger Wasserstoff einen guten Strahlenschutz abgibt, befand sich der Unterstand im Inneren der Treibstofftanks der vierten Stufe. Für den Eintritt in die Erdatmosphäre untersuchte Douglas sowohl eine ballistische Kapsel vom Apollotyp (nur größer und schwerer) als auch einen geflügelten Auftriebskörper (Lifting Body).

Mit der zunehmenden Ernüchterung in den langfristigen Perspektiven der Raumfahrtplaner nach Entwicklung der *Saturn V* musste auch die ertragreiche Ära der sog. EMPIRE-(Early Manned Planetary/Interplanetary

Roundtrip Expedition)-Studien realistischeren Überlegungen weichen. Als die NASA im Juli 1969 Kennedys Auftrag der bemannten Mondlandung »vor Ende der Dekade« erfolgreich ausführte, war bereits deutlich zu erkennen, dass ihre ehrgeizigen Pläne daran anschließender Expansionsschritte im All neuer »Real-Politik« zum Opfer fallen würden. Die Nixonära brachte die Konfrontation mit außen- und innenpolitischen Problemen wie Vietnam-Krieg, Bürgerrechtsunruhen (z. B. Kent State University), teuren Sozialprogrammen, Inflation und die zunehmende Ernüchterung gegenüber Militarismus, Großindustrialismus, Umweltgefährdung und Patriarchalismus, die den US-Kongress zunehmend gegen weitere Großprogramme vom Stil Apollos einnahmen und die USA zwangen, sich vom Mond ab- und den neuen Prioritäten zuzuwenden.

Der Umschwung machte allen Beteiligten sonnenklar, dass ihre grandiosen Pläne für die Entwicklung übergroßer »Post-Saturn«- und NOVA-Träger für lange Zeit illusorisch bleiben würden. So schränkten sich Ende der 1960er-Jahre auch die Mars-Studien der NASA von den ehedem projektierten Großträgern zunächst auf die *Saturn V* ein. Ihr gesellte sich der 1972 von Nixon genehmigte Raumtransporter Space Shuttle bei. Bereits im Februar 1967 hatte das Science Advisory Committee (Wissenschaftsberatungsausschuss) des Präsidenten der NASA empfohlen, wiederverwendbare Raumfahrzeuge zu untersuchen bzw. »wirtschaftlichere Fährensysteme, die voraussichtlich teilweise oder vollständige Rückgewinnung und Wiederverwendung einschließen«.

Raumfahrtpionier Dr. Krafft A. Ehricke (rechts) mit Autor
J. v. Puttkamer (November 1971)

1968 untersuchte die Firma Boeing ein integriertes interplanetares Raumschiffkonzept für den gesamten Zeitraum 1975–1990, wobei für Missionen der Oppositionsklasse 40 Tage Aufenthalt am Zielplanet, für die der Konjunktionsklasse 500 Tage vorgegeben wurden.

Für Wernher von Braun stand es auch nach den realistischen Erfahrungen der Apollo-Entwicklungen noch Ende der 1960er-Jahre fest, dass eine

144

bemannte Marslandung als integraler Teil eines totalen Weltraumerschließungsprogramms in den 1980er-Jahren stattfinden konnte. Die mit dem Näherrücken der ersten Mondlandung unter seiner Oberleitung durchgeführten Marsstudien lieferten den Stoff für einen entsprechenden Plan, den er am 4. August 1969 der von Lee DuBridge geleiteten Space Task Group (STG) des US-Präsidenten in Washington und darauf dem US-Kongress vortrug, zwei Wochen nach der ersten Mondlandung durch Apollo 11. Die Kosten des Gesamtprogramms lagen nach seiner Schätzung bei 4 Mrd. Dollar (1969-Wert) für 1971, um dann auf 7–8 Mrd. p.a. anzusteigen und 1976 auf 6 Mrd. zurückzukehren. Andere Bestandteile des von George Mueller, dem damaligen Chef der bemannten Raumfahrt, stark unterstützten IPP (Integrated Program Plan)-Konzepts waren eine erdnahe Raumstation, das Space Shuttle, unbemannte Planetenforschung einschließlich der von einer damals bevorstehenden Konstellation begünstigten »Grand Tour«-Sondenmission zu den äußeren Planeten (aus der später das *Voyager*-Projekt hervorgehen sollte) sowie ein »ausgewogenes« Programm von Nutzanwendungen, wissenschaftlicher Forschung und Mondexploration. Als Zeitraum für die Marsmission hatte von Braun den November 1981 als Abflugtermin und den August 1983 als Rückkehrdatum festgesetzt. Die Landung selbst sollte im August 1982 stattfinden.

Die Expedition wollte er aus Sicherheitsgründen mit zwei identischen Schiffen durchführen, deren von zweistufigen *Saturn-V*-Trägern angelieferten Einzelteile im Erdumlauf zusammengebaut wurden. Das Space Shuttle beförderte Treibstoffe, Verbrauchsgüter und Besatzungen. Das eigentliche Marsschiff bestand neben den vier Antriebsstufen der Hauptflugphasen aus zwei Elementen, dem Missionsmodul (MM) und einem Marslander (Mars Excursion Module, MEM). Für Missionen der Oppositionsklasse hatte es neben dem *Saturn-V*-kompatiblen Durchmesser von 10 m eine typische Länge von 25 m ohne die Antriebsstufen, bei einer Masse von 128 t einschließlich aller Verbrauchsgüter. Der MM-Teil war eine Druckzelle, der vordere »Hangar«-Teil dem Raumvakuum ausgesetzt. Hier befanden sich das MEM, das durch eine Luftschleuse von der Crewkabine aus erreicht werden konnte, sowie unbemannte Sonden für den Abwurf bei der Venuspassage.

Das MEM war eine der Apollokapsel nachempfundene ballistische Eintrittskapsel für die aerodynamische Abbremsung in der Marsatmosphäre. Zum Aufsetzen fuhren Landebeine aus. An Bord befanden sich ein kleines

Laboratorium, ein Roverfahrzeug und genügend Vorräte, um vier Mann etwa zwei Monate lang zu versorgen, bevor sie mit der in der Kapsel eingelassenen Rückkehrstufe zu den im MM verbliebenen beiden Besatzungsmitgliedern im elliptischen Parkorbit zurückkehrten. Für Landung und Aufstieg verfügte das MEM somit über zwei getrennte Antriebssysteme mit lagerfähigen chemischen Treibstoffen. MEM-Außenstruktur und Labor blieben auf der Oberfläche zurück, und nach dem Crewtransfer ins MM wurde auch die Aufstiegsstufe im Orbit abgestoßen. Die geschätzte MEM-Gesamtmasse lag bei 45–50 t. Frühere Studien, die auf den Modellen einer dichteren Marsatmosphäre der Vor-*Viking*-Jahre beruhten, hatten als Minimumdurchmesser eines Apollo-ähnlichen MEM etwa 8,5 m ergeben, während ein auftrieberzeugendes Lifting-Body-MEM eine Länge von 5,8 m und eine Querschnittweite von 4,5 m gehabt hätte. Bei Entwürfen für Konjunktionsklasse-Missionen plante man wegen der längeren Aufenthaltsdauer auf dem Mars ein zweites MEM ein. Die Konstruktion des MEM sah dabei vor, dass es von einem einzigen Piloten gelandet und die gesamte gestrandete Crew zum Schiff zurückbringen konnte.

Das MM diente den sechs Besatzungsmitgliedern für die Dauer der Reise mit einer »Hemdsärmel«-Umgebung als Wohnquartier, Kontrollzentrale, Experimentlabor und Strahlungsbunker. Obwohl für sechs Mann und zwei Jahre ausgelegt, konnte es in der Not auch zwölf für längere Zeit versorgen, falls eines der Schiffe unterwegs ausfiel. Am Ende der Reise sollte es sich mit der vierten Stufe in eine elliptische Umlaufbahn einschießen, aus der die Crew via Space Shuttle zur Erde zurückkehrte, sodass sich eine Hochgeschwindigkeits-Eintrittskapsel erübrigte. Ein typisches MM hatte eine von einem dünnen Wärme- und Meteoritenschutzschild umgebene Druckzelle von 10 m Durchmesser und etwa 9 m Länge. Seine Masse betrug 64 t.

Die IMIEO (Initial Mass in Earth Orbit) der Marsexpedition lag je nach verwendetem Antriebssystem und gewähltem Startjahr zwischen 410 und 2270 t. Bei der Nutzlastkapazität der *Saturn V* von rund 120 t wäre eine ganze Reihe dieser Träger nötig gewesen, um die Einzelteile der Expedition ins All zu tragen (bei der ursprünglichen Planung der Apollo-Startanlagen in Cape Canaveral hatten v. Braun und sein Team deshalb für dem Startkomplex 39 nicht eine, sondern drei Startrampen vorgesehen, 39A, 39B und 39C). Für bemannte Flüge und möglicherweise auch Anlieferung von Treibstofftanks in seinem 4,5 x 18m großen Cargoraum oder in abgewandelter Form als

NASA-Konzept eines nukleargetriebenen Raumschiffs für die bemannte Marsexpedition unter Verwendung des NERVA-Triebwerks (v. Braun-Studie 1969)

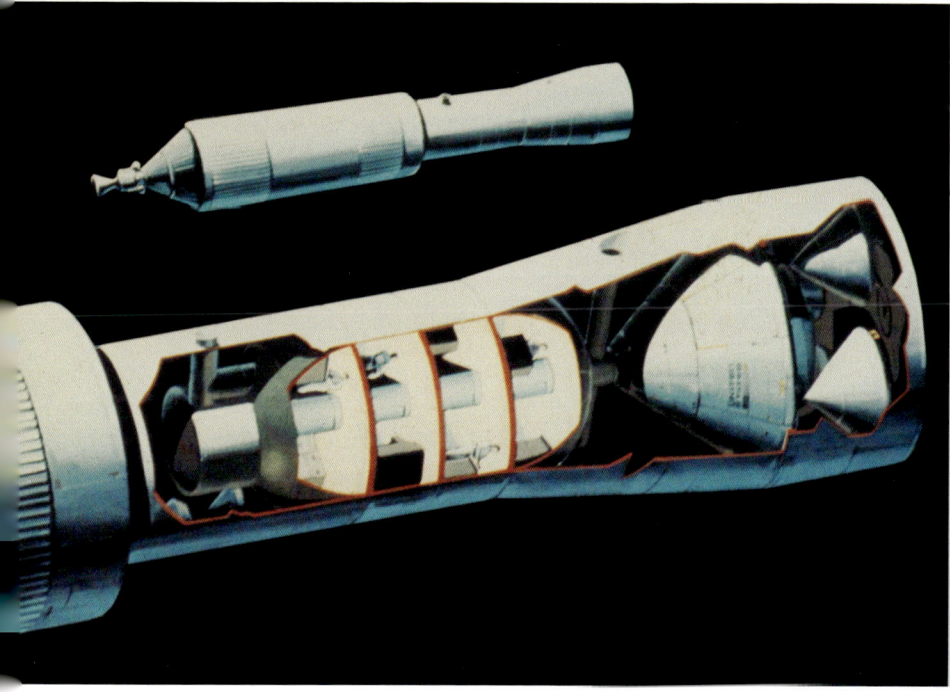

Blick in die Nutzlastsektion der v. Braun-Studie 1969. Vor der als Missionsmodul dienenden Raumstationszelle (aufgeschnitten) ein Mars-Landemodul (MEM) sowie unbemannte Eintrittssonden für den geplanten Venus-Swingby

unbemannte Schwerträger-Frachtversion kam das Space Shuttle in Betracht. Bei v. Brauns Mission wog jedes der Schiffe ~726 t (wovon der Treibstoff 544 t ausmachte, etwa 75%), bestehend aus drei parallel angeordneten Nuklearmodulen mit je einem Tank und einem Triebwerk und dem vor dem mittleren Modul sitzenden planetaren Teil. Die beiden äußeren Triebwerksmodule bildeten die erste Stufe für den Einschuss in die Mars-Übergangsbahn. Nach Brennschluss sollten sie abgetrennt und unter Fernsteuerung mit entsprechenden Retromanövern zur Erde zurückkehren, um wiederverwendet werden zu können. Das weiterfliegende Marsschiff hätte danach nur noch 306 t Masse gehabt.

Nach einem Flug von 270 Tagen sollten die Schiffe in einen elliptischen Orbit bremsen und einen der MEM-Lander mit einer Dreimann-Crew für 30–60 Tage auf der Oberfläche absetzen. Nach 80 Tagen Aufenthalt im Marsorbit hätten die beiden Schiffe am 28. Oktober 1982 den Rückflug angetreten, der sie am 28. Februar 1983 an der Venus vorbeiführte und am 14. August 1983 zur Erde zurückbrachte. Von jedem Schiff wären am Ende der Reise nur noch 73 t verblieben.

Doch auch diesmal sollten die Pläne nur Wolkenkuckucksheime bleiben. Die geänderten Prioritäten der USA der 1970er-Jahre ließen von Brauns integriertes Gesamtkonzept IPP (Integrated Program Plan) nicht Realität werden. Statt den STG-Empfehlungen von 1969 zu folgen, kürzte Präsident Nixon den Raumfahrthaushalt im Februar 1970 auf 3,5 Mrd. Dollar; im Januar 1972 betrug er nur noch 3,4 Mrd., und im Januar 1973 musste er gar auf 3,1 Mrd. zusammengestrichen werden. Dies entsprach etwa 60% der oben genannten STG-Empfehlungen (einschließlich 29% Wertverlust durch Inflation), sodass das tatsächliche NASA-Budget in den Jahren der Shuttle-Entwicklung noch unter der für ein Programmszenarium »ohne bemannte Flüge« errechneten STG-Minimumebene lag.

1978, ein Jahr nach Wernher von Brauns Tod, überprüfte ein NASA-Studienteam seine Marspläne von 1969 im Licht der mittlerweile stattgefundenen technischen und politischen Entwicklungen. Im August, rund neun Jahre nach seinem Vortrag seines Marsexpeditions-Konzepts vor dem Kongress, legte das Team eine den veränderten Umständen angepasste Version vor, die vor allem das neue Space Shuttle und den Verzicht auf die alte *Saturn V* berücksichtigte. Zur Begründung der bemannten Marsexploration wurden darin folgende Punkte angeführt: Mars biete neben der Erde von allen Planeten der Sonne die am wenigsten menschenfeindlichen Umweltbedingungen; er sei ein begehrtes wissenschaftliches Studienobjekt, das auf den Menschen große, ins Altertum zurückreichende Attraktion ausübte. Die bemannte Marserschließung sei als Menschheitsaufgabe anspruchsvoll genug, um internationale Zusammenarbeit mit allen ihr entspringenden Nutzen zu verlangen, und sie fordere Wissenschaft und Technik in einem Maß, dass sie zur neuen Wirtschaftslokomotive und zum Auslöser frischer Technologieschübe werden kann. Die Errichtung eines Camps nach den ersten Landungen eröffne das Potenzial späteren Wachstums zu einer synodischen (alle zwei Jahre versorgten) Basis mit zunehmender Autarkie durch Verwendung örtlicher Rohstoffe, etwa zur Gewinnung von Sauerstoff und Treibstoff.

Die *Saturn V* gibt es seit 1972 nicht mehr. Deshalb forderte die Studie von 1978 für den Frachttransport eine als Schwerlastträger ausgelegte Shuttle-Variante, die die bemannten Module der noch auf der Saturn basierten Studie von 1969 befördern konnte. Außerdem stellte sie fest, dass die Anwendung neuerer Zuverlässigkeitsstandards (Fehlertoleranz) wahrscheinlich leichtere und weniger komplexe Systeme ergeben würde.

Ob Langzeittests in der Umlaufbahn wirklich vonnöten sind, um die für die Marsmission erforderliche hohe Funktionszuverlässigkeit der Technik zu erzielen, wurde anfangs infrage gestellt, dürfte jedoch in der heutigen Atmosphäre erhöhten Sicherheitsbewusstseins in der Raumfahrt wieder als fraglos gelten. Nichtsdestoweniger wurden raumstationsgestützte Test- und Demonstrationsflüge in der Umlaufbahn als unverzichtbar angesehen, um orbitale Montage, Langzeitlagerung kryogenischer Flüssigkeiten wie Flüssigwasserstoff, recyclierende Lebenserhaltungsanlagen, Strahlungsschutz und viele andere noch fehlende Technologien erarbeiten zu können. Auch die von v. Braun geforderte Minimum-Besatzungsstärke von sechs Mann pro Expeditionsschiff konnte beibehalten werden, falls nicht neue wissenschaftliche Forderungen weitere Missionsexperten erforderlich machten. Die Crewquartiere müssten freilich umgestaltet werden, aufgrund des inzwischen hinzugekommenen Wissens über Humanfaktoren und Mensch/Maschine-Rollenteilung sowie der Unterbringung einer Mischbesatzung aus Männern und Frauen (die Beteiligung von Frauen, so unglaublich dies heute erscheinen mag, stand 1969 noch nicht zur Debatte!).

Hinsichtlich des wissenschaftlichen Forschungsauftrags der Marsmission empfahl die NASA 1978: 1. Von besonderer Wichtigkeit wäre die Rückholung von Bodenproben im ursprünglichen Zustand. 2. Bodenproben würden sowohl von den vulkanischen als auch den gemäßigten Zonen sowie von den Polkappen gebraucht. 3. Besonders wichtig wären Proben aus Schichten unter der Oberfläche. 4. Während der antriebslosen Flugphasen sollte der biowissenschaftliche Forschungsschwerpunkt auf dem Menschen liegen (Mann und Frau, Gruppendynamik). 5. Die Möglichkeit menschlicher Intervention im Verlauf der Mission werte das Forschungsprogramm aufgrund der Beobachtungsgabe und selektiven Fähigkeit des Menschen wesentlich auf. 6. Neben der Probenrückholung sollten automatische Instrumente und Registriergeräte im Stil der ALSEP-Anlagen (Apollo Lunar Surface Experiment Package) der Apollo-Mondlandungen, die auch nach Abflug der Menschen weiterarbeiten, installiert werden. 7. Zur Verhinderung von Vorwärts- und Rückkontamination erwüchsen dem Marsprogramm besondere Einschränkungen durch wesentlich schärfere Quarantänebedingungen als bei Apollo.

Nach der Eröffnung der »Betriebsphase« des Space-Shuttle-Programms am 4. Juli 1982 schmurgelten die Marsstudien der NASA zunächst auf kleiner Flamme. Am MSFC wurden in dieser Zeit (1984) Konjunktionsklasse- und Venus-Swingby-Missionen für den Zeitraum 2000–2045 durchgerechnet, bei denen sich IMIEOs von 667–1860 t ergaben. Die dabei und danach entstandenen umfangreichen Dateien bildeten die Grundlage für nachfolgende Zukunftsanalysen verschiedener Gremien bis in die 1990er-Jahre. 1985 setzte US-Präsident Ronald Reagan die Ad-hoc-Kommission NCOS (»National Commission on Space«, Nationale Weltraumkommission) ein, die unter der Leitung des ehemaligen NASA-Administrators der Apollo-Jahre Thomas O. Paine in einer die nächsten 50 Jahre überblickenden Prüfung neuer Weltraumunternehmungen der USA den Roten Planeten wieder in den Brennpunkt rückte. Ihr im Mai 1986 in einer vom Verlust des Space Shuttle *Challenger* (28. Januar 1986) belasteten Atmosphäre veröffentlichter Abschlussbericht *Pioneering the Space Frontier* legte ein »Manifest« für ein langfristiges ziviles Raumfahrtprogramm vor, das wissenschaftliche Erforschung des Kosmos, Nutzbarmachung des erdnahen Raums und Exploration, Rohstoffsuche und menschliche Siedlung im Sonnensystem als gleichermaßen wichtig erachtete.

Für Mars entwarf der Bericht ein anspruchsvolles, optimistisches und zum Teil fantastisches Szenarium, in dessen Verlauf Menschen permanente

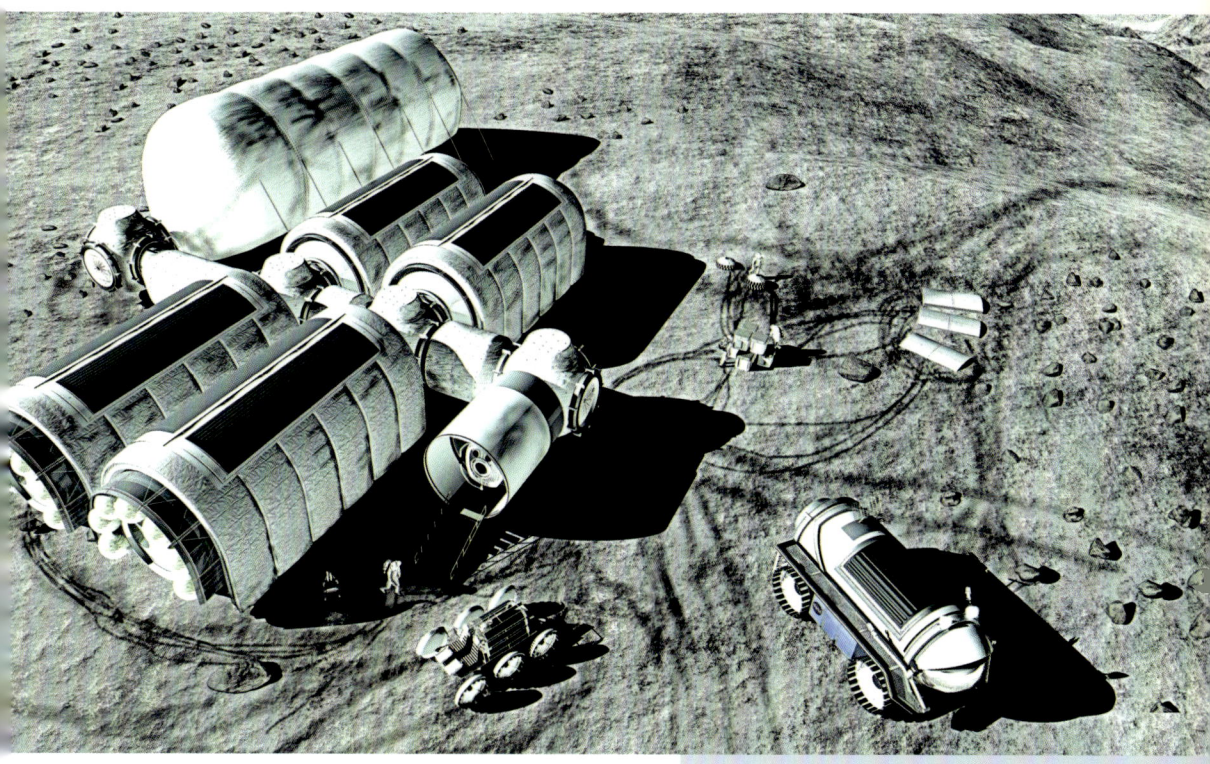

Basis-Camps auf der neuen Welt errichten. Forschungsflüge von der Erde, die im Jahrzehnt nach
2000 beginnen und im Verlauf des frühen 21. Jh.
zur Routine würden, stützen sich nach dieser Vision auf eine Reihe von
Fracht- und Mannschaftstransportsystemen, zwischen denen Marsreisende
mehrmals umsteigen würden, auf dem Weg von der irdischen Umschlag-
Raumstation, dem Spaceport, zum Raumhafen im Marsorbit und von dort
zur Landung. Ausgehend vom Basis-Camp, dem ein Vorrats- und Ausrüs-
tungslager angeschlossen ist, gingen die Expeditionsmitglieder dann ihren
spezifischen Aufgaben nach: geologische Studien mit neu mitgebrachten
Instrumenten, Forschungsausflüge mit ständig auf dem Mars verbleibenden
Fahrzeugen oder atmosphärische und geografische Untersuchungen mit
ferngesteuerten oder bemannten Flugmaschinen.
Im Kielwasser des *Challenger*-Verlusts war die Aufgabe der Weltraumkommission alles andere als leicht. So wenig realistisch ihr Abschlussbericht nach
seiner Fertigstellung erscheinen mochte, bestätigte er doch für die NASA,

dass die bemannte Raumfahrt tatsächlich nach anderen Welten im All greift, wie es einst Pioniere wie Konstantin Ziolkowsky, Hermann Oberth, Werner von Braun, Krafft Ehricke und Sergej Korolow in ihrem unerschütterlichen Idealismus und Optimismus angestrebt hatten.

Als nächster Schritt musste die NASA die weitgespannten Zukunftsdimensionen der Paine-Kommission in konkretere Pläne abgrenzen. Mit dieser Aufgabe beauftragte Administrator James Fletcher 1986 die 36-jährige Astronautin Sally Ride, Amerikas erste Frau im All. Sie organisierte eine Studiengruppe (zu der auch ich gehörte), und ihre weitbeachteten Erhebungen, im August 1987 in einem beherzten Report betitelt *Leadership and America's Future in Space* der Öffentlichkeit vorgelegt, beschrieben ein gefächertes Konzept der Zukunft im All, das vier alternative Langzeitinitiativen nebeneinanderstellte: Mission zur Erde, unbemannte Erforschung des Sonnensystems, Außenposten auf dem Mond und bemannte Erschließung des Mars. Ride beabsichtigte dabei nicht die Auswahl eines einzigen Programms auf Kosten der drei anderen, sondern vielmehr die Vorstellung von vier konkreten Beispielprogrammen, die die Diskussion der Ziele, Absichten und jeweils benötigten Anstrengungen des zivilen Raumfahrtprogramms katalysieren und beschleunigen sollten.

Ihr »Menschen zum Mars«-Programm folgte in großen Zügen dem von der NCOS beschrittenen Weg: Bereits kurz nach Beginn des 21. Jh. sollten Astronauten auf dem Mars landen und innerhalb eines Jahrzehnts im Verlauf dreier aufeinanderfolgender Missionen die menschliche Präsenz zu einem Außenposten ausbauen. Auch Sally Ride kam zu der Grundeinsicht, dass ein robustes, leistungsfähiges Raumtransportsystem einschließlich eines erhebliche Investitionen erfordernden Schwerlastträgers die wichtigste Voraussetzung für ein solches Programm wäre. Die erdnahe Raumstation spielte bei ihr ebenfalls eine Schlüsselrolle, da sie in den Vorbereitungsjahren die kritische lebenswissenschaftliche Forschung und Entwicklung medizinischer Technik ermöglichen und das für Lebenserhaltungssysteme, Antriebe, Strahlungsschutz, Automation, Fernsteuerung und Expertsysteme nötige Technologietestbett abgeben würde. Hinzu kämen neu zu entwickelnde Anlagen im Erdumlauf zur Lagerung gewaltiger Mengen an Treibstoffen und Montage großer Transportschiffe.

Vor allem betonte der Ride-Report, dass die NASA das Marsprogramm nicht mit der revolutionären Hauruck- und politischen Imponiermethode des vorzeitig beendeten Apollo-Programms, sondern mehr evolutiv verfolgen muss. Auf keinen Fall dürfe es unter dem Zeitdruck der 1960er-Jahre stehen, der es schwierig macht, ein Programm durchzuführen, das nicht nur ein starkes Fundament bietet, sondern dabei auch genügend Schwung entwickelt, um über die ersten bemannten Missionen hinaus lebensfähig zu bleiben. Wie es auch von Braun bereits in seiner klassischen Studie von 1952 deutlich sah, sollte unser langfristiges Ziel nicht die erste Landung auf dem Mars, sondern seine Besiedlung sein. Neben der eigentlichen Landung ist daher das umfassende Verständnis der Anforderungen und Implikationen des Baus und dauerhaften Unterhalts einer ständigen Basis auf einer anderen Welt von ebenso großer Bedeutung.

Heute hat sich diese Ansicht durchgesetzt: Man erstrebt eine Strategie natürlicher Evolution und geistiger Vorbereitung, die Schritt für Schritt in geordneter Weise, ohne etwas zu überstürzen, doch zügig und unaufhaltsam zum Mars führt, und nicht etwa im Alleingang, sondern in internationaler Gemeinschaft, die sich über Mars als zukünftigen »Common Cause« heute einig ist.

Zu Beginn der 1990er-Jahre begann man zu dieser Einsicht zu kommen. Präsident Reagans Nachfolger (und Parteigenosse) George H. W. Bush, Amerikas 41. Präsident (1989–1993), der den NASA-Langfristplänen der Reagan-Ära seinen eigenen Stempel aufdrücken und gleichzeitig etwas für die »Leidtragenden« des Niedergangs der »Strategic Defense Initiative« SDI (»Star Wars«) von Ronald Reagan und der Rüstungsindustrie tun wollte, verkündete am 20. Juli 1989, genau 20 Jahre nach der ersten Mondlandung, seine kursweisende »Space Exploration Initiative« (SEI). Damit legte er, zumindest für die USA, die Grundzüge der bemannten Erforschung des Alls fest: »Zunächst, im kommenden Jahrzehnt der 1990er, die Raumstation Freedom: unser kritischer nächster Schritt in all unseren Raumfahrtunternehmungen. Darauf im folgenden Jahrhundert die Rückkehr zum Mond, zurück zur Zukunft – und diesmal auf Dauer. Und danach eine Reise ins Morgen – eine Reise zu einem anderen Planeten: eine bemannte Mission zum Mars. Jeder Schritt soll und wird das Fundament für den nächsten legen.«

Hinsichtlich ihrer Kosten, Zeitpläne, Komplexität und Risiken stützte sich die Weltraum-Explorationsinitiative auf neueste Entwurfsanalysen der NASA, die 1989 in einer 90-Tage-Studie fünf verschiedene »Referenzprogramme« zusammengestellt und damit einen konkreten Bezugsrahmen für den SEI-Auftrag geliefert hatte. Unter anderem Namen bildet die Substanz von SEI auch heute die Grundlage neuer strategischer »Roadmap«-Planungen, wenn auch mehr flexibel, d. h., weniger zeitgebunden und zielspezifisch.

Die Referenzprogramme umfassten eine weite Spanne verschiedenster Strategien mit unterschiedlichen Programmzielen, Zeit- und Ablaufplänen, Technologien und benötigten Ressourcen. Jede von ihnen hatte eine bestimmte Schwerpunktlage: (1) ein »ausgewogenes« und rasch voranschreitendes Programm, (2) eine frühestmögliche Marslandung, (3) ein Programm mit eingeschränktem Nachschub von der Erde, (4) ein der Entwicklung der Raumstation (damals noch »Freedom«) angepasstes Szenarium und (5) ein Programm kleineren Ausmaßes.

Wiederum zeigte sich, dass die derzeitige »gemischte« Raumträger-Flotte von Space Shuttle und Einweg-Raketen zur Durchführung eines Explorationsprogramms nicht genügt. Für eine Mondstation benötigt man ein Trägersystem für etwa 60 t Nutzlast, für die Marslandung für rund 140 t, die einen optimalen Kompromiss zwischen zwei Alternativen bilden: zahlreiche Starts kleinerer und billigerer Nutzlastträger mit hohen Montageanforderungen im All einerseits und wenige Starts größerer und teurerer Systeme mit verringerter Montagekomplexität andererseits. Der Einsatz solcher neuen Trägergeräte erfordert außerdem neue Bodenanlagen.

Die 90-Tage-Studie entwickelte eine durchgehende »end-to-end«-(Anfang-bis-Ende-)Strategie für die Errichtung permanenter Mond- und Marsaußenposten und lieferte damit einen Mechanismus für die logische Evolution der aufeinanderfolgenden Elemente und Ziele der Initiative, beginnend mit einer vorbereitenden Phase robotischer Exploration zur Erlangung frühzeitiger wissenschaftlicher und technischer Daten vor dem Einsatz bemannter Missionen. Danach folgt die Entwicklung permanenter, größtenteils selbstgenügsamer Stationen auf dem Mond und Mars in Form dreier progressiver Entwicklungsphasen: Platzierung, Konsolidierung und Operation.

Die Platzierungsphase befasst sich mit Bereitstellung einfachster Wohnmöglichkeiten, Anlieferung von Bodenausrüstungen und wissenschaftlichen Instrumenten und Vorbereitungen für zukünftige komplexere Sensornetze und Oberflächenoperationen durch Prototypen-Erprobung. Bemannte Ausflüge könnten im Umkreis weniger Dutzend Kilometer durchgeführt werden, während für größere Forschungszüge unbemannte Rover eingesetzt würden. Die darauffolgende Konsolidierungsphase dehnt die menschliche

Präsenz weiter aus und macht die Besatzung mit den Bedingungen des Lebens und Arbeitens in einer planetarischen Umwelt vertraut. Zur Verstärkung des Außenpostens wird ein örtlich montierbares Habitat errichtet, um zusätzliches Wohnvolumen zu gewinnen; die bemannten Ausflüge erstrecken sich nun über Hunderte von Kilometern von der Basis. Ziele der Operationsphase sind schließlich die routinemäßige Nutzung örtlich vorkommender Rohstoffe und die Realisierung eines marsianischen Lebens- und Arbeitsstils minimaler Abhängigkeit von der Erde. Auf diese Weise sollte sich nach SEI-Vorstellung bis zum Jahr 2025 neben einem Mond-Außenposten eine ständig bewohnte Station auf dem Mars ergeben sowie Wissensgrundlage und Erfahrungen für ein weiteres Vordringen menschlicher Forscher im Sonnensystem.

Der Report der Studie wurde im November 1989 veröffentlicht. Im Dezember 1989 gab Vizepräsident Quayle, dem jetzt das wirkliche Ausmaß und die Komplexität des SEI-Programms dämmerte, der NASA den Auftrag, die Öffentlichkeit an der Suche nach neuen »Raumexplorations-Alternativen« zu beteiligen und in ganz USA »ein weites Netz nach den einfallsreichsten neuen Ideen

»Mobile home«-Konzept bemannter Marsrover in der NASA-Studie von 2007

auszuwerfen«. Gesucht waren innovative Vorschläge für Missions- bzw. Systemkonzepte und fortgeschrittene Technologien, die Kosten, Zeitpläne und Leistungen der Bush-Initiative verbessern konnten. Die bis Mitte 1990 eingetroffenen Tausende von Vorschlägen wurden im NASA-Auftrag von der RAND Corporation ausgewertet. Am zahlreichsten vertreten waren Ideen für Raumantriebe, gefolgt von Missionskonzepten, Lebenserhaltungssystemen, Strukturen und Materialien, Weltraum- und Bodenenergiegeräten, Weltraumverarbeitung und -herstellung, Systementwurf und -analyse, Automation und Robotik, Kommunikation, Bodenanlagen und Simulation und Informationssystemen. Ein Sonderausschuss ausgewählter Experten unter dem vormaligen Gemini-, Apollo- und ASTP-Astronauten General Thomas Stafford, die »Synthese-Gruppe«, verdichtete daraus eine Reihe von Empfehlungen hinsichtlich Technologieentwicklungen, nahfristigen Meilensteinen und den vier wichtigsten alternativen Explorations-»Architekturen«: Mars-Exploration, Schwerpunkt Wissenschaft auf Mond und Mars, permanente bemannte Mondstation mit daran anschließender Mars-Exploration und Nutzung von Rohstoffen des Alls. Veröffentlicht wurden die Syntheseergebnisse im Mai 1991 in einem Bericht, betitelt *America at the Threshold*. Angesichts der Gründlichkeit, mit der die NASA das Feld der interplanetarischen Exploration bereits zuvor beackert hatte, sowie des Mangels an Vorbildung (von Science-Fiction abgesehen), mit dem die meisten Ideenspender an die Aufgabe gegangen waren, sollte es nicht verwundern, dass die Synthesearbeit keine aufsehenerregenden praktisch-realistischen Neu-Einfälle hervorbrachte, die das Marsprojekt weniger komplex oder billiger gemacht hätten.

So vorausblickend George H. W. Bushs Absichtserklärung der SEI-Marschroute auch war, verknüpfte sich mit ihr keineswegs die automatische Verpflichtung zur Finanzierung des gewaltigen Programms, dessen Kosten, verteilt über 30 Jahre, auf 400–500 Mrd. Dollar geschätzt wurden (politisch ein gravierender Fehler der relativ apolitischen NASA). Im Gegenteil: Gleich von Beginn an war das Programm im biparteilich gespaltenen US-Kongress umstritten, und auch die mit brennenderen Prioritäten eingedeckte NASA brachte ihm keine uneingeschränkte Begeisterung entgegen. Mit der Übernahme des Weißen Hauses durch die Demokraten mit Bill Clinton verlor SEI Ende 1992 völlig den politischen Boden unter den Füßen, und für 1993 strich ihm der Kongress gänzlich die Finanzierung. Zumindest als offizielle

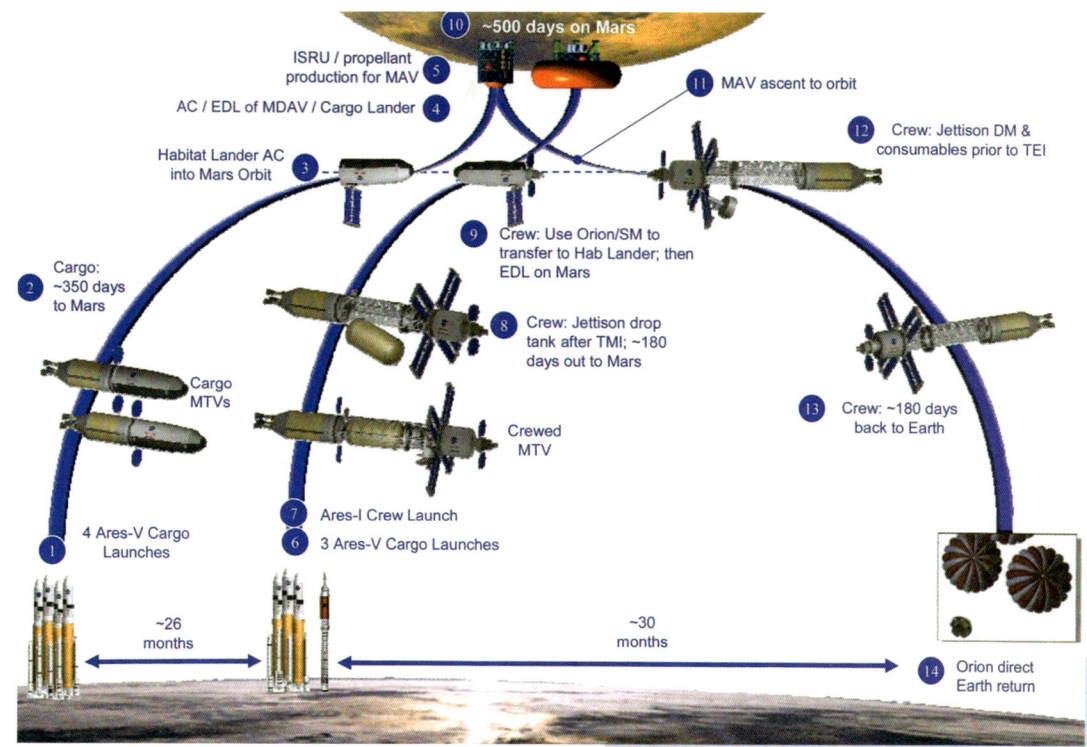

10 ~500 days on Mars

ISRU / propellant production for MAV 5

AC / EDL of MDAV / Cargo Lander 4

11 MAV ascent to orbit

Habitat Lander AC into Mars Orbit 3

12 Crew: Jettison DM & consumables prior to TEI

9 Crew: Use Orion/SM to transfer to Hab Lander; then EDL on Mars

Cargo: ~350 days to Mars 2

8 Crew: Jettison drop tank after TMI; ~180 days out to Mars

Cargo MTVs

Crewed MTV

13 Crew: ~180 days back to Earth

1 4 Ares-V Cargo Launches

7 Ares-I Crew Launch

6 3 Ares-V Cargo Launches

~26 months

~30 months

14 Orion direct Earth return

Mars-Mission-Referenzprogramm DRA 5.0 (Design Reference Architecture 5.0) von 2009, der derzeit führende Missionsentwurf

Regierungsdirektive war SEI damit gestorben. NASA-intern andererseits verschwand SEI nicht ganz: Es mutierte. Aus der Mondstations-Architektur von Staffords Synthese-Gruppe ging eine Studie namens FLO (First Lunar Outpost) hervor, die 1992 vom Office of Exploration am NASA Headquarters unter Michael Griffin durch eine nachfolgende Mars-Expedition erweitert wurde, in der Hoffnung, dass durch Hardware-Kommonalität Kosteneinsparungen für beide Programme realisiert werden konnten, wie es schon Wernher von Braun und George Mueller Ende der 1960er-Jahre mit dem Integrierten Programm-Plan IPP beabsichtigt hatten. Im Jahr 1993 ergaben diese erneuten Bemühungen die erste DRM (*Design Reference Mission*, Entwurfsreferenz-Mission) einer bemannten Mars-Expedition. Sie basierte auf einer Schwerträgerrakete mit 240 t Nutzlastkapazität zur erdnahen Umlaufbahn, 100 t zum Marsorbit und 60 t zur Marsoberfläche. Eine Montage in der Erdumlaufbahn, eine Raumstation und ein Außenposten auf dem Mond würden nicht benötigt. Die sechsköpfige Crew würde sich auf dem Mars schon frühzeitig auf ISRU

(In-Situ Resource Utilization) stützen, um die zum Planeten zu transportierende Masse zu minimieren. Aus Marsluft und flüssigem Wasser produzierte Treibstoffe (Methan und Sauerstoff) dienten zum Antrieb des Aufstiegsgeräts MAV (Mars Ascent Vehicle) zum Marsorbit, wo es mit dem dort verbliebenen ERV (Earth Return Vehicle) ein Rendezvous-und-Kopplungsmanöver durchführen würde. Cargo und Habitatzellen wären schon vor dem bemannten Flug durch drei unbemannte Schwerlastträger zum Mars gebracht worden, jeder mit einer nuklearen oberen Antriebsstufe und einem unbemannten Raumfahrzeug zur Anlieferung von ERV, Habitat und Frachtgut.

In der Zwischenzeit schliefen die sowjetischen Raumfahrtexperten im fernen Osten keineswegs, was Mars betraf, auch wenn ihr umfangreiches Sojus/Saljut/Mir-Unternehmen nach dem verlorenen Mondlande-Wettrennen den Turnierplatz dominierte.

Bereits in den Jahren 1956–1962 plante man die damals nur auf Sergej Korolows Papier stehende Großrakete N1 für eine mögliche bemannte Mars-Expedition, unter anderem für das von Chefkonstrukteur Michail Tikhonravov vorgeschlagene Konzept MPK (Mars Pilotierter Komplex). Aus erweiterten Studien an Korolows Konstruktionsbüro ging unter G. U. Maksimov das Konzept TMK hervor, das »Schwere Pilotierte Interplanetare Raumfahrzeug« der 1960er-Jahre, in der Version TMK-*Mavr* für einen bemannten Flug zu Mars und Venus ohne Landung. Der Start der als Antwort auf das Apollo-Programm der NASA gedachten Mission sollte 1971 erfolgen, einen Mars-Vorbeiflug durchführen und nach dem Absetzen von Forschungssonden zurückkehren. Dazu kam es jedoch nicht, da die N1-Rakete bei ihren insgesamt vier Flugversuchen nie erfolgreich war. Ein weiterer sowjetischer Vorschlag, der Mars-Expeditions-Komplex MEK von 1969, ebenfalls aus Korolows Gruppe, betraf eine Marsmission von 630 Tagen Dauer mit drei bis sechs Mann Besatzung.

Das Marsinteresse versiegte in Russland auch in den nachfolgenden Jahrzehnten nicht, immer wieder inspiriert von dem russischen Mars-Visionär Konstantin Ziolkowski und dem Balten Friedrich Zander. In den Jahren 1990 und 1991 trafen sich Experten um den Raumfahrt-Generalkonstrukteur Yuri Semjonow der sowjetischen Firma RKK-Energia mit amerikanischen Mars-Fans auf Raumfahrt-Konferenzen in Montreal und Houston zum Vergleich ihrer Pläne. Für einige Amerikaner schien der unter Korolow-Nachfolger Valentin Petrowitsch Gluschko entwickelte sowjetische Schwerträger Energia ein ideales Mittel zur Zementierung einer Zusammenarbeit zwischen den beiden Ländern an einem gemeinsamen Programm einer Marsexpedition. Semjonow und sein Raumstationsexperte Leonid Gorschkow veröffentlichten 1991 einen Marsexpeditions-Bericht, in dem sie ein Raumschiff mit solar-elektrischem Antrieb entwarfen, das durch fünf Energia-Trägerraketen zur Montage in der Erdumlaufbahn transportiert würde, um einen Zweimann-Lander auf der Marsoberfläche abzusetzen. Das Expeditionsschiff hätte eine Masse von 350–400 t gehabt, verglichen mit ~800 t bei Verwendung eines nuklear-thermischen (NTR)-Antriebs. Zur Erzeugung von 7,6 MW Leistung im Erdabstand von der Sonne und 3,5 MW auf dem weiter entfernten Mars wäre ein Paar von Solarpaneelen von 40 000 m² erforderlich. Die elektrischen Schubdüsen (Thrusters) sollten zunächst Lithium als Treibstoff benützen, dann Xenon (sogenannte Hall-Thruster). Heute stützen sich russische und US-Planer auf Xenon oder Wismut als bevorzugte Treibstoffe.

Aktuelle russische Entwurfskonzepte erachten Wismut als besonders attraktiv aufgrund seiner hohen Dichte, der niedrigen Kosten, der Kondensierbarkeit bei Raumtemperatur, des niedrigen Ionisationspotenzials und der hohen Atommasse. Die Marsexpedition hätte ein IMIEO von ~700 t für eine sechsköpfige Crew auf einer Mission von insgesamt etwa 700 Tagen Dauer, einschließlich einem Monat Verweilzeit auf dem Mars (und im Marsorbit), doch ohne ISRU. Das Antriebssystem bestünde aus 20 Hall-Thrusters von je 1,1 m Durchmesser, plus vier für Redundanz oder Ersatz, angeordnet in zwei Triebwerks-Pods zu je zwölf Thrusters. Mit einem Schub von etwa 7–8 N (Newton), bzw. 726–816 g pro Thruster, betrüge der Gesamtschub der interplanetaren Stufe 140–160 N (14,3–16 kg).

Die Marsstudien der NASA erhielten mittlerweile neue Anstöße, als im August 1996 Wissenschaftler der NASA, Stanford University und McGill University die im Kapitel 5 beschriebene Entdeckung von möglichen fossilen Mikroorganismen im Mars-Meteorit ALH 84001 bekannt gaben und damit vor allem US-Präsident Bill Clinton elektrifizierten. Unter anderem kam es dadurch zur Wiedereröffnung des früheren Exploration Office am JSC/Houston sowie zu einem Aufruf der NASA-Abteilungen HEDS (Human Exploration & Development of Space) und Space Science in Washington zur gemeinschaftlichen Planung einer einstigen Landung von Menschen auf dem Mars. In den folgenden Jahren erfuhr die DRM 1.0 von 1993 in Reaktion auf einschneidende externe Realitäten eine Anzahl von Durchgängen. Die erste bestand aus einem »Scrubbing« (Schrubben), um die Raumfahrzeug-Masse auf ein Minimum herunterzubringen und damit, wie man hoffte, die Kosten auf ein politisch akzeptableres Niveau zu senken. Veröffentlicht im Jahr 1997 als DRM 3.0, eine reduzierte Version der ehemaligen DRM 1.0, zeitigte sie reduzierte Baumassen, unter anderem durch Einsatz leichterer Verbundstoffe, Eliminierung des Backup-Habitatmoduls mit Lander und Verzicht auf die Schwerträgerrakete. Die nuklearen (NTR/Nuclear Thermal Rocket) Stufen sollten stattdessen einzeln auf einem Shuttle-Derivat, also einer aus Shuttlekomponenten zusammengebastelten Rakete von 75 t Tragfähigkeit zum Orbit gestartet werden, um in der Erdumlaufbahn mit dem Raumschiff zusammengefügt zu werden. Insgesamt sechs dieser Träger würden für die erste Startgelegenheit zu einer Mission der Konjunktionsklasse benötigt, gefolgt von sechs weiteren eine synodische Periode (26 Monate) später. ISRU wurde beibehalten.

In den Folgejahren entstanden Alternativkonzepte, im Jahr 1998 zunächst eine DRM 4.0. Dann, am 14. Januar 2004, kam George W. Bush, 43. US-Präsident und ältester Sohn von George H. W., zu uns ins NASA Hauptquartier und forderte uns auf, ein neues Explorationsprogramm zu entwickeln, die im *NASA Authorization Act* von 2005 festgeschriebene »Vision for Space Exploration« mit dem *Constellation Program* (kurz CxP), das Menschen zunächst zum Mond, dann zum Mars bringen sollte.

Das dafür ins Leben gerufene NASA-Direktorat Exploration Systems Mission (ESMD) führte zunächst eine Reihe von Studien durch das Lunar Architecture Team (LAT) durch. Im Jahr 2007 beauftragte ESMD die Mars Architecture Working Group (MAWG) mit der Entwicklung einer neuen Mars Design Reference Mission, die im Jahr 2009 als Design Reference Architecture (DRA 5.0, siehe Bild Seite 157) veröffentlicht wurde. Sie basierte auf einem Schwerträger (HLV/Heavy Lift Vehicle) namens *Ares V* für den Frachttransport und einer kleineren *Ares I* für die Crew-Beförderung in einer neuen Kapsel vom Apollo-Typ namens *Orion*. Entwickelt werden sollten ferner die Erdabflugstufe (EDS/Earth Departure Stage) und der Mondlander LSAM, der den Namen *Altair* erhielt.

Für die Marsmission wurden sowohl NTR als auch chemischer Antrieb plus Aerocapture am Mars abgedeckt. Für die letztere Version umfasste DRA 5.0 eine Konjunktionklasse-Mission mit sieben *Ares-V*-Starts zur orbitalen Mon-

14. Januar 2004: Besuch von US-Präsident George W. Bush im NASA Headquarters zur Verkündung des Constellation-Programms. Rechts: *Apollo-17*-Kommandant Eugene A. Cernan, der bisher letzte Mensch auf dem Mond, im Hintergrund (ganz links) Shuttle-Kommandant Robert D. Cabana, derzeit Direktor des NASA Kennedy Space Centers, daneben (Mitte) Shuttle-Kommandant William Readdy, damals NASA-Chef der bemannten Raumfahrt

tage zweier MTVs (Mars Transfer Vehicles) mit je fünf kryogenen RL10-B2-Triebwerken für den Cargotransport zum Mars. Montagezeit im Erdorbit: 170 Tage; Flugdauer: etwa 350 Tage. Nach der Ankunft und dem Nachweis erfolgreicher ISRU-Produktion sollten drei weitere *Ares V* und eine bemannte *Ares I* mit der *Orion*-Kapsel rund 26 Monate später folgen, nach viermonatiger Montage des bemannten Raumschiffs im Erdorbit. Hin- und Rückflug würden jeweils 180 Tage währen, plus 500 Tage Verweilzeit auf dem Roten Planeten.

DRA 5.0 beschreibt auch die Systeme und Operationen für die ersten drei Missionen zur Erforschung der Marsoberfläche durch Menschen in den nächsten 20–25 Jahren. Es gibt mehrere Gründe dafür, dass ein Minimum von drei Missionen gewählt wurde: Entwicklungszeit und Kosten für die Durchführung einer einzelnen bemannten Mars-Mission sind von einer Größenordnung, die eine Mission allein oder sogar ein Paar von Missionen schwer rechtfertigen würde. Drei aufeinanderfolgende Missionen würden rund zehn Jahre erfordern, einen Zeitraum, der ausreicht, um wesentliche Programmziele zu erfüllen und eine erhebliche Menge an Wissen und Erfahrung anzusammeln, die eine solide Grundlage für neue Zielsetzungen und verbesserte Architekturen zu deren Erreichung schaffen. Darüber hinaus kann davon ausgegangen werden, dass diesen ersten drei bemannten Marsmissionen mit Sicherheit eine ausreichende Anzahl von Erprobungs- und Demonstrationsmissionen auf der Erde, auf der ISS, im Erdorbit, auf dem Mond und dem Mars (durch robotische Vorläufersonden) vorausgegangen sein werden, die ein genügend hohes Niveau des Vertrauens in die Architektur geschaffen haben werden, um das Risiko für die menschlichen Besatzungen akzeptabel zu machen.

Die bemannte Erforschung des Mars wird ein komplexes Unterfangen sein. Es ist ein Unternehmen, das für den Menschen den Nachweis liefert, dass er das Potenzial hat, seinen Heimatplaneten zu verlassen und seinen Weg nach außen in den Kosmos zu nehmen. Obwohl nur ein kleiner Schritt im kosmischen Maßstab, wäre es eine gewaltiger für die Menschheit, da es von den Beteiligten die Entscheidung zu einer mehrjährigen Abwesenheit von der Erde verlangt, mit einem sehr schmalen Fenster für eine mögliche Rückkehr. Dies ist der grundlegende Unterschied zwischen der Mars-Exploration und unseren vorhergegangenen Mond-Erkundungen.

Eine erfolgreiche Realisierung der menschlichen Erforschung des Mars erfordert ein gründliches und umfassendes Technologie-Entwicklungsprogramm, gekoppelt mit einer rigorosen Risikominderungs-Strategie. Für die Referenzprogramme von DRA 5.0 hätte jede Mission eine Besatzung von sechs Astronauten, und jede würde zu einer anderen Landestelle auf dem Mars geschickt. Das Rationale für eine Besatzung von dieser Größe, wie sie schon Wernher von Braun Ende der 1960er-Jahre gewählt hatte, gilt auch heute noch als vernünftiger Kompromiss zwischen dem erforderlichen Skill-Mix und dem benötigten Aufwand für Missionen dieser Komplexität und Dauer, d. h., quasi-optimal ausgewogen gegenüber dem Ausmaß der zur Stützung dieser Mannschaft erforderlichen Systeme und Infrastruktur.

Die insgesamt für die bemannte Mission benötigte Startmasse im Orbit, IMIEO, benötigt zweifellos eine HLV-Schwerträgerrakete, wie sie bei *Constellation* die *Ares V* war, und zwar mit wenigstens sieben Starts – je zwei für die beiden unbemannten Cargo-Missionen und drei für das nachfolgende bemannte Raumschiff – möglicherweise auch mehr, je nach den gewählten Technologieoptionen der Architektur. Ihre Montage im Erdorbit aus den Einzellasten, unter Benützung eines automatisierten Rendezvous- und Dockingsystems (AR&D), würde mehrere Monate dauern, mit genügend Spielraum für technische Verzögerungen und andere unvorhergesehene Probleme, um das Startfenster, das sich nur alle 26 Monate auftut, nicht zu verpassen.

Die beiden vorausfliegenden Frachtmissionen transportieren in diesem Modell das Abstieg-/Aufstieggerät (DAV/ Descent/Ascent Vehicle) und das Bodenhabitat (SHAB/Surface Habitat) sowie beide je ein Cargo-MTV (Mars Transfer Vehicle). Nach ihrem Einschuss in Minimum-Energie-Bahnen mit NTR (Nuclear-Thermal Rocket)-Antrieb benötigen sie etwa 350 Tage zum Mars, wo sie sich in eine hohe Parkbahn manövrieren.

Das SHAB bleibt im Mars-Orbit in einem Energiesparmodus und wartet die Ankunft der Mannschaft zwei Jahre später ab. Das DAV führt währenddessen ein automatisches Eintritts- und Abstiegsmanöver aus, mit Landung an der gewünschten Stelle. Nach einer minutiösen Fern-Überprüfung der vollständigen Betriebsbereitschaft des Landers von der Erde kommt der mitgeführte Kernreaktor zum Einsatz, die ISRU-Produktion der Treibstoffe für den Aufstieg und anderer von der Besatzung benötigten Stoffe werden vorgenommen und abgeschlossen werden, bevor die bemannte Mission von der Erde startet. Auch das SHAB im Marsorbit, das DAV auf dem Mars und das bemannte MTV im Erdorbit werden vor deren Abflug gründlich geprüft werden.

Zur Schonung der Crew fliegt ihr Raumschiff auf einer Schnellen-Transit-Bahn, bei der die Flugdauer je nach Datum zwischen 175 und 225 Tagen liegt. Nach dem Rendezvous mit dem SHAB dient dieses mit seinem Lander für den Abstieg zur Landestelle. Die Verweilzeit auf dem Mars beträgt ungefähr 500 Tage. Danach startet die Crew mit dem MAV und lokal produzierten Treibstoffen zurück in den Marsorbit, dockt an das dort »geparkte« MTV an und kehrt zur Erde zurück. Der Wiedereintritt geschieht in einer modifizierten *Orion*-Kapsel direkt, d. h. ohne Parkorbit.

Die neue US-Regierung unter Präsident Barack Obama konnte sich mit dem *Constellation Program* des republikanischen George W. Bush allerdings nicht anfreunden. Es wurde gekippt. Zuvorderst verzichtete man auf die Crewtransportrakete *Ares I*, obwohl ein Prototyp der aus einem weiterentwickelten

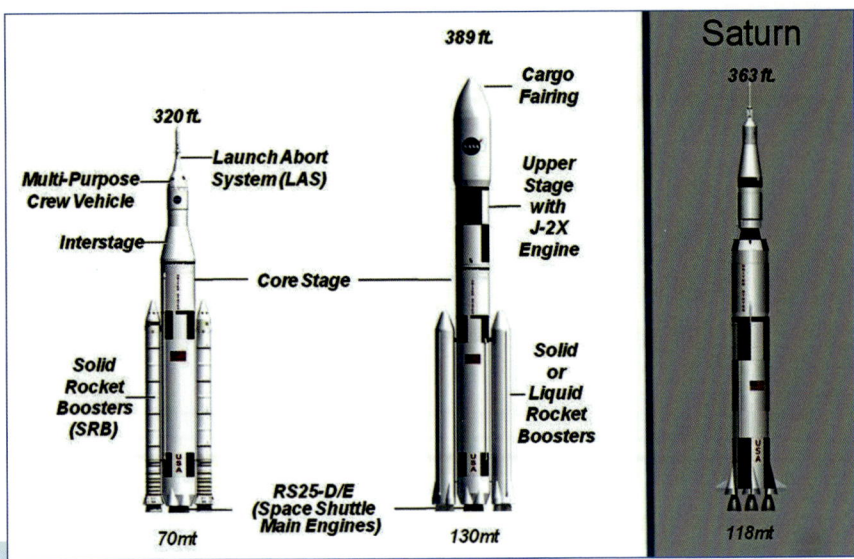

Das neue SLS (Space Launch System) der NASA, im Vergleich zur Mondrakete *Saturn V* von 1969. SLS verwendet größtenteils bestehende Technik und Systeme von Shuttle und Apollo und wird zunächst für 70t Nutzlast ausgelegt (2016), danach für 130t für den Flug zum Mond, dann weiter, bis zum Fernziel Mars.

Shuttle-Feststoffbooster bestehenden Rakete namens *Ares I-X* (ohne Oberstufe) am 28. Oktober 2009 ihren ersten Testflug erfolgreich bestand – auch wenn sich vor dem »splashdown« im Atlantik einer der drei Fallschirme nicht und ein zweiter nur teilweise öffneten. Die für die *Ares I* (ihrer Form wegen scherzhaft »der Stick« genannt) vorgesehene Oberstufe, eine Abwandlung des Shuttle-Außentanks, sollte ein J-2X-Triebwerk erhalten, eine weiterentwickelte Version des Flüssigwasserstoff/Flüssigsauerstoff (LOX/LH$_2$)-Triebwerks J-2 der Apollo/Saturn-V-Rakete, doch mit höherem Schub (rd. 133 t) und weniger Teilen als jenes. Für den Menschentransport wurde die an die Apollo-Kapsel angelehnte Kapsel namens »*Orion*« des *Constellation*-Programms übernommen, die nach Ende von *Constellation* auch unter dem Namen MPCV (Multi-Purpose Crew Vehicle) weitergeführt wird.

Da man den beim Space Shuttle begangenen Fehler, Menschen und Cargo in ein und demselben Gerät zu transportieren, nicht wiederholen wollte, wurde neben *Ares I* ein speziell für massiges Frachtgut gedachter Schwerlastträger in Angriff genommen, der als Hommage an *Saturn V* den Namen *Ares V* erhielt. Auch er machte sich weitgehend rezyklierte Shuttle-Technologie zunutze: Die erste Stufe mit Shuttle-Außentank-Abmessungen und -Technik, zwei Shuttle-Feststoffbooster (aber mit fünf statt vier Segmenten),

LOX/LH$_2$-Shuttle-Haupttriebwerke in der Erststufe, den J-2X-Raketenmotor in der Zweitstufe, und darüber die Nutzlast, die später einmal die Zellen des im Erdorbit zu montierenden Fernraumschiffs tragen würden.

Die ursprünglich durch die Obama-Regierung geplante Einstellung von *Constellation* und ihres Hauptziels, der Rückkehr zum Mond um 2020, rief sehr starken Gegendruck durch die Volksvertreter im US-Kongress hervor, insbesondere von Bezirken, in denen die NASA ein wichtiger Wirtschaftsfaktor ist. Verschwunden waren zweierlei: die *Ares I* (die freilich kein Wachstumspotenzial, sprich Weiterentwicklungsfähigkeit, hatte) und der Mond als Exklusivziel. Viele Experten äußerten sich besorgt, dass die Exploration ohne Angabe definitiver Ziele gelähmt würde.

Hinzu kam das Ende der Space Shuttles nach 30 Jahren Betrieb, 135 Einsätzen und abgeschlossener ISS-Montage, sodass der Menschentransport zur ISS mehrere Jahre lang auf russischen Sojus-Raketen im Stil von Taxiflügen durchgeführt werden muss, bis wieder ein US-Gerät für den Crewtransport zur Vefügung steht. Daran wird gearbeitet.

Die unumgängliche Entwicklung einer Schwerträgerrakete wurde von Obama 2010 nachträglich zwar befürwortet, doch sollten sie zunächst in Versionen studiert und erst 2015 eine endgültige Auswahl getroffen werden. Der politische Gegendruck führte jedoch schon kurze Zeit später zu wesentlichen Änderungen dieser ursprünglichen Pläne.

Constellation wurde danach nicht völlig gestrichen, auch wenn es den Namen offiziell nicht mehr gibt. Das von Lockheed Martin Co. entwickelte *Orion*-Raumschiff wird weiterentwickelt, zunächst als Rettungskapsel für ISS-Besatzungen, damit es frühzeitig zum Einsatz kommen kann. Auch wenn kein Rettungsfall eintritt, wird man *Orion* doch von Zeit zu Zeit zur Rückkehr benützen können. Dazu benötigt es unter anderem ein Lebenserhaltungssystem, vier Sitzplätze (später auf sechs erweiterbar), ein AR&D (Automated Rendezvous & Docking)-System, wie es die russischen *Progress*-Frachtdrohnen haben und das neue chinesische *Shenzhou-8*-Raumschiff im November 2011 beim Anlegen an die Raumstationszelle *TianGong-1* demonstriert hat. All das sind evolutive Schritte, die auch später benötigt werden – etwa für die Sechser-Crew einer Mars-Expedition, wie sie DRA 5.0 vorsieht. Hierzu wird außerdem ein Service Module benötigt werden, also ein Maschinen- und Versorgungsteil, für das in der Ingenieurwelt eine Weiterentwicklung des bereits mehrfach zur ISS geflogenen europäischen ATV (Automated Transport Vehicle) zur Diskussion steht.

Jedenfalls befindet sich *Orion* in der Form des MPCV (Multi-Purpose Crew Vehicle) noch am »Leben«; für seinen ersten Testflug EFT-1 auf einer Delta-IV-Rakete durch Lockheed Martin rechnet die NASA mit Anfang 2014, bei dem die Kapsel nach zwei lang gestreckten Flugellipsen mit rd. 42 000 km/h (11,7 km/s), parabolischer Fluchtgeschwindigkedit also, in die Erdatmosphäre eintreten soll, gefolgt von der Wasserung.

Ferner sind Bestrebungen im Gange, durch NASA-gestützte COTS (Commercial Orbital Transportation Services) kommerziell durchgeführte Frachttransportdienste zur ISS zu entwickeln sowie auch eine bemannte Trägervariante für kommerzielle Crewbeförderung (CCDev/Commercial Crew Development) zu schaffen. Die zwei führenden Kandidaten für Frachttransport sind die Firmen SpaceX mit der Kapsel *Dragon* (Drache) auf der *Falcon-9*-Rakete und Orbital mit *Cygnus* (Schwan) auf *Taurus 2*. Boeing entwickelt das siebensitzige Raumschiff CST-100 für den Einsatz auf der *Atlas V*.

Neben der *Orion*-Entwicklung ist die NASA heute auch mit dem Bau eines Schwerlastträgers beauftragt, ohne den ja raumferne Missionen nicht machbar sein werden. Dank des vom Kongress verabschiedeten *NASA Authorization Act 2011* braucht damit nicht bis 2015 gewartet zu werden. Im September 2011 erhielt die NASA den offiziellen Auftrag einer »Fast Track«-Entwicklung des HLV. Es tritt an die Stelle von *Ares V*, heißt schlicht SLS (Space Launch System) und unterscheidet sich von der *Ares V* hauptsächlich in seiner evolutiven Entwicklung, die einem »flat budget«, also einem mehrere Jahre lang konstanten Budget, folgt und ähnlich der von-Braunschen Raketenfamilie *Saturn I, Saturn IB* & *Saturn V* eine oder zwei Vorläuferversionen haben soll – zunächst für rd. 70 t Nutzlast zum Orbit für ISS-Versorgung, dann 90 t für cislunare Operationen (also Raum Erde-Mond) und schließlich 130–140 t für ferne Ziele wie erdnahe Asteroiden (NEA), die Marsmonde Phobos und Deimos und die Marslandung selbst. In dieser voll ausgereiften Form wird SLS die *Saturn V* in den Schatten stellen: 20% höheren Schub beim Liftoff, 2950 t Abhebemasse (wie 29 voll besetzte 747-Jets) und eine Länge von 122 m (*Saturn V*: 110 m). Schon ihre Initialversion hat 10% mehr Schub als *Saturn V*, bei einer Länge von 97 m.

Weitere für die Exploration benötigte Raumsysteme sind bei der NASA in »Preliminary Design« – frühem Entwurfsstadium – wie etwa das Deep Space Habitat (DSH), das für die ersten Langzeit-Flüge in größere Erdferne gebraucht werden wird und im Jahr 2019 an der ISS demonstriert werden soll.

So bleibt bei diesem sogenannten »flexiblen Pfad« vorläufig auch die spezifische Zielsetzung offen, bis man ein quasi-»Warenlager« neuer Technologien, Kenntnisse und Systeme aufgebaut hat, das dann als »Push« hinter zunehmend ambitonierten Explorationsunternehmen zu fernen »Pulls« steht.

Dass dieser Weg nicht von den USA oder Russland allein gegangen wird, gilt heute als so gut wie sicher. Denn derzeit ist etwas noch vor kurzer Zeit Unvorstellbares im Gang: Im Jahr 2006 trafen sich die 14 weltweit leistungsstärksten Raumfahrtagenturen erstmalig zu einer Reihe von Diskussionen über gemeinsame globale Interessen in der Erforschung des Weltraums:

- ASI (Italien)
- CNES (Frankreich)
- CNSA (China)
- CSA (Kanada)
- CSIRO (Australien)
- DLR (Deutschland)
- ESA (Europa)
- ISRO (Indien)
- JAXA (Japan)
- KIRI (Südkorea)
- NASA (USA)
- NKAU (Ukraine)
- Roskosmos (Russland)
- UKSA (Großbritannien)

Es war ein beispielloser Schritt, der da unternommen wurde: die Erarbeitung einer Vision für eine friedliche robotische und bemannte Exploration des Weltraums zu Zielen innerhalb des Sonnensystems, »wo Menschen eines Tages leben und wirken können«, und die Entwicklung einer Reihe gemeinsamer Schlüsselthemen dafür. Diese gemeinsame Vision wurde im Mai 2007 in dem Dokument *The Global Exploration Strategy: The Framework for Coordination* formuliert. Eine wichtige Erkenntnis dieses »Rahmenwerk«-Berichts war das Erfordernis eines freiwilligen, nicht-bindenden internationalen Koordinierungsmechanismus, der *International Space Exploration Coordination Group* (ISECG). Sie ermöglicht den einzelnen Raumfahrtagenturen, Informationen über Interessen, Ziele und Pläne in der Erforschung des Weltraums auszutauschen, mit dem Ziel, sowohl eigene Explorationsprogramme wie auch kollektive Bemühungen um gemeinsame Unternehmen zu stärken.

Der erste gemeinsame Durchlauf, die »*Global Exploration Roadmap*«, aufbauend auf vorhergegangener Mondarchitektur-Arbeit der ISECG, wurde im September 2011 veröffentlicht. Sie artikuliert die Perspektiven gemeinsamer Explorationsziele, Missionsszenarien und die Koordination vorbereitender Schritte. Das vorläufige Ergebnis sind zwei machbare Alternativpläne für die gemeinsame »flexible path«-Exploration, die beide mit der ISS als »erster wichtiger Schritt zum Mars und zur menschlichen Expansion ins Sonnensystem« beginnen: (1) »Asteroid Next« und (2) »Moon Next«.

Mit *Orion* auf die »Global Roadmap« der ISECG (International Space Exploration Coordination Group), mit Fernziel Mars

Sie unterscheiden sich hauptsächlich in der zugrunde liegenden Sequenz der Entsendung von Menschen ins Sonnensystem und der schrittweisen Entwicklung und Demonstrierung der letztendlich für die bemannte Erforschung des Mars, dem ultimativen Ziel aller Szenarien, erforderlichen Befähigungen und Technologien. Es besteht Konsens zwischen den Agenturen über sechs grundlegende und als Treiber hinter ihren Bemühungen stehende Prinzipien:

1. Fähigkeitsgetriebenes Rahmenwerk: Verfolgung einer phasierten schrittweisen Annäherung an multiple Ziele
2. Exploration Value: Erzeugung öffentlichen Nutzens und Erfüllung von Explorations-Zielen
3. Internationale Zusammenarbeit: Realisierung frühzeitiger und nachhaltiger Möglichkeiten für vielfältige Partnerschaften

4. Robustheit: Sicherung von Flexibiliät und Durchhaltefähigkeit bei technischen und programmatischen Herausforderungen
5. Erschwinglichkeit: Berücksichtigung von Budget-Beschränkungen
6. Mensch/Robot-Partnerschaft: Maximierung der Synergie zwischen bemannten und robotischen Missionen

Diese erste Roadmap ermöglicht es den 14 Nationen, ihre Gespräche im Bemühen um einen gemeinsamen Weg fortzusetzen und dabei ihre eigenen Planungen voranzutreiben, um zu prüfen, welche Rolle jedes Land gerne in den robotischen Vorläufermissionen und der nachfolgenden bemannten Exploration spielen möchte. Als Ausgangspunkt nutzt die Roadmap die ISS, eine unter US-Führung bestehende und bestens bewährte Partnerschaft von 15 Raumfahrtorganisationen. Die NASA wird dabei den Schwerträger SLS und die MPCV-Kapsel *Orion* einbringen.

Die ISECG hat bereits eine typische nichtbindende Rollenverteilung bei der technischen Vorbereitung der Gemeinschaftsmission aufgestellt. Demnach könnten die Mitgliedsagenturen (nach sehr vorläufiger Einschätzung) entsprechend ihren derzeitigen Interessen und Fähigkeiten nachstehende Entwicklungen übernehmen:

Start-Antriebsysteme (Triebwerkssysteme)	ESA, JAXA, KARI, NASA, NKAU, Roskosmos, UKSA
In-Space Antriebe (chemisch, nuklear, elektrisch)	ASI, CNES, ESA, JAXA, NASA, Roskosmos, UKSA
Energieversorgung und -speicherung	ASI, DLR, ESA, JAXA, NASA, Roskosmos, UKSA
Robotik, Telerobotik & Autonome Systeme	CNES, CSA, DLR, ESA, JAXA, KARI, NASA, Roskosmos, UKSA
Nachrichtensysteme & Navigation	ASI, CNES, CSA, DLR, ESA, JAXA, KARI, NASA, NKAU, Roskosmos
Crew-Gesundheit, Lebenserhaltung & Habitatsysteme	ASI, CNES, CSA, DLR, ESA, JAXA, KARI, NASA, Roskosmos, UKSA
Techniken für Explorationsziel-Einsatz (ISRU, Mobilität, EVA, EVR, Habitate etc.)	CSA, DLR, ESA, JAXA, NASA, Roskosmos, UKSA

Wissenschaftsinstrumente, Observatorien, Sensorsysteme	ASI, CNES, CSA, DLR, ESA, JAXA, KARI, NASA, NKAU, Roskosmos, UKSA
Eintritts-, Abstiegs- und Landesysteme	ASI, CNES, CSA, DLR, ESA, JAXA, NASA, Roskosmos, UKSA
Nanotechnologie	ESA, NASA
Modellierung, Simulation, Informationstechnik und -verarbeitung	CNES, DLR, ESA, JAXA, NASA, Roskosmos, UKSA
Werkstoffe, Zellen, Mechanische Systeme & Herstellung	ASI, CSA, ESA, JAXA, NASA, NKAU, Roskosmos
Bodenanlagen & Startvorbereitungssysteme	NASA, NKAU, Roskosmos
Wärmekontrolltechniken	ASI, CNES, ESA, JAXA, NASA, Roskosmos

Hinsichtlich der Modellierung und Simulation hat die russische Raumfahrtforschung bereits weltweit führende Vorarbeit geleistet: Am 4. November 2011 endete am hoch angesehenen Moskauer Institut für Bio-Medizinische Probleme (IBMP) der Russischen Akademie der Wissenschaften (RAN) die Mission Mars500 – eine simulierte Marsexpedition mit einer sechsköpfigen Crew, isoliert in einem geschlossenen Raumschiffmodell für die realistische Flugdauer von 520 Tagen. Nach ihrem »Start« im Juni 2010 hatte die Besatzung, bestehend aus drei Russen, zwei EU-Bürgern und einem chinesischen Staatsbürger, nur ihren persönlichen Kontakt untereinander sowie Sprach-Kontakt mit einer simulierten Leitstelle und Familie und Freunden. Eine 20-minütige Verzögerung war in der Kommunikation mit der Kontrollzentrale eingebaut, und die Besatzung lebte von einer Diät und unter Bedingungen, die mit denen an Bord der ISS fast identisch waren.

Während ihres Eingeschlossenseins wurden alle Elemente der Mars-Mission simuliert: Hinflug, Einschuss in die Mars-Parkbahn, Landung und Rückkehr zur Erde. Selbst drei Ausstiege in Raumanzügen aus einer Luke in eine nachgebildete Marslandschaft in einem Sondermodul wurden am 14., 18. und 22. Februar 2011 erfolgreich durchgeführt. Die Teilnehmer, Alexey

Foto der Crew von Mars500 vom Mai 2011, v.l.n.r.: Dr. Sukhrob Kamolov, Wang Yue, Romain Charles, Diego Urbina, Alexandr Smoleevskiy, Alexey Sitev

Sergevich Sitev (Kommandant), Dr. Sukhrob Rustamovich Kamolov (Bordarzt), Alexandr Egorovich Smoleevskiy (Forscher), Romain Charles (Flugingenieur, Frankreich), Diego Urbina (Forscher, Italien) und Wang Yue (Forscher, China), überstanden den Großversuch offenbar in körperlich und psychisch optimaler Verfassung.

Wie es die ISECG ausdrückte, sind sich ihre Agenturen darüber einig, dass die bemannte Exploration des Alls am erfolgreichsten sein wird, wenn sie ein internationales Unternehmen ist, wegen der vielen Herausforderungen bei der Vorbereitung dieser Missionen und der erheblichen sozialen, intellektuellen und wirtschaftlichen Vorteile, die sie für die Menschen auf der Erde mit sich bringen. Dass bemannte Missionen zum Mars in 25 Jahren möglich sein werden, steht für alle beteiligten Raumfahrtagenturen außer Zweifel.

Es ist klar: Man hat von der ISS gelernt – ein vertrauens- und friedenschaffender Common Cause (gemeinsame Sache) von 15 Partnerländern auf gemeinsamem Boden, der nach dem UN-Weltraumvertrag von 1967 neutral und unumstritten ist. Wahrscheinlich bietet heute nur noch der Raum außerhalb der Erde einen solchen Boden, der niemandem gehört und allen frei

Auf dem Mars: Nach dem ersten Fußfassen beginnt ein sich ständig erweiterndes Forschungsprogramm. Hauptziel der Suche ist es, Spuren von Leben zu finden.

offen steht. Und was wäre der in dieser Hinsicht einzige größere Common Cause, der der Menschheit für die Zukunft möglich sein wird? Menschen zum Mars – unsere Chance und unser Schicksal.

Die ISS soll dafür als Modell dienen (und vielleicht sogar nach 2020 eigene Baukomponenten zur Zweitverwendung beisteuern).

Im Rückblick auf 60 Jahre bemannter Mars-Mission-Studien lässt sich erkennen, dass eine notwendigerweise kurzfristig orientierte Politik schlecht geeignet ist, Entscheidungen über einen solchen weit vorausschauenden Fragenkomplex zu fällen. Doch sind visionäre politische Führer absolut notwendig, und es wird sie wieder geben, die unseren Blick anheben und auf weiter entfernte Aussichten lenken.

Der Niedergang von SEI und *Constellation* hat Mars keineswegs aus dem Sichtfeld der NASA entfernt, vor allem ihrer Langfrist-Planer: Sie sehen auf der einen Seite NASAs unbestrittene Führungsqualitäten und impulsstiftende Rolle in Space Science and Space Exploration als eine moralische Verpflichtung für künftige menschliche Generationen; auf der anderen Seite sind sie sich darüber bewusst, wie entscheidend es für die Wirtschaft der USA und ihr Leistungsvermögen in Luftfahrt und anderen Schlüsselindustrien ist, technologische Fortschritte zu forcieren, die wiederum neue Entwicklungsdynamik mit sich bringen. Multinationale Teilnahme ist zunehmend wünschenswert, ja unverzichtbar, nicht nur aus wirtschaftlichen Gründen, sondern vor allem für die Förderung gegenseitigen Verständnisses, die Stärkung von Toleranz und die Schaffung angstfreier synergistischer Abhängigkeiten. Die ISS ist eine strahlende Demonstration einer solchen »gemeinsamen Sache«.

Was in früheren Marsflug-Szenarien der v. Braun'schen und post-v. Braun'schen Ära noch keine besondere Rolle spielte, ist seit der NCOS-Studie, dem Ride-Report, der 90-Tage-Studie usw. eine *conditio sine qua non* der Marsexploration durch den Menschen geworden: die Aufklärungs-Phase durch robotische Vorhut-Missionen. Wie das zuletzt gestartete MSL *Curiosity* erforschen sie die Marsoberfläche und die Marsatmosphäre und erkunden geeignete Landeplätze und Basisbaustellen. Design-Daten und Kriterien, die derzeit noch fehlen, werden durch diese Scouts für die späteren bemannten Systeme geliefert, zusammen mit Umweltanalysen zur Entwicklung einer soliden Basis für die *in situ* Arbeit menschlicher Forscher, die Prospektierung örtlicher Rohstoffvorkommen für ISRU und die Erprobung neuer Technologien und Betriebsverfahren für weiterführende und zunehmend anspruchsvolle bemannte Missionen.

Zusammenfassend lässt sich sagen, dass die Gründe für die bemannte Exploration des Mars eindeutig und sinnvoll sind:

1. Die Suche nach Anzeichen von ehemaligem oder gegenwärtigem Leben auf einem anderen Planeten als der Erde
2. Die Erforschung des Roten Planeten und seiner natürlichen Prozesse im Verlauf seiner Entwicklung; durch sie können wir auch zusätzliches Wissen über unsere eigene Erde und ihre Ökologie (Vergleichende Planetologie) gewinnen
3. Das Fußfassen durch den Menschen als Vorstufe späteren menschlichen Lebens und Arbeitens auf einer anderen Welt
4. Die Bereitstellung einer neuen Quelle wirtschaftlicher Erträge und techno-wissenschaftlicher Erkenntnisse ähnlich dem Apollo-Programm; und last not least
5. Die Herausforderung dieser einzigartigen Nachbarwelt als Common Cause für Menschen auf der Erde zur gemeinsamen friedlichen Bewältigung.

Kapitel 7
Human-Maschinerie:
Die Technologiebasis des Marsprojekts

Um die Marsexpedition in allen Phasen konkret durchführen und den Roten Planeten danach mit Menschen erschließen zu können, braucht man ein technologisches Rüstzeug, über das wir heute größtenteils noch nicht verfügen. Die Entwicklung der nötigen Maschinerien ist langwierig: Sie erstreckt sich über ein/zwei Jahrzehnte, und wenn die derzeitigen Pläne um das SLS, MPCV *Orion* und die mit ISS und ISECG begonnene internationale Zusammenarbeit Nachhaltigkeit und Durchhaltevermögen zeigen, sollte die Zielsetzung einer Erreichung des Mars durch Menschen in 2030–2035 durchaus realisierbar sein.

Es versteht sich von selbst, dass der bemannte Teil des Programms, wo immer möglich, Technologien verwenden wird, die für die robotischen Vorläuferphasen und, falls gegeben, für eine davor stattgefundene Rückkehr zum Mond entwickelt und im Einsatz gründlich geprüft worden sind. Insbesondere erfordert der bemannte Marsflug wesentliche Fortschritte bei den Lebenserhaltungstechniken, neue Transportsysteme für alle Flugphasen von der Erde zum Mars und zurück, orbitale Operationen wie Schiffsmontage und Flugvorbereitung und Marsoberflächensysteme wie Habitate und Baugerät.

Revolutionäre Fortschritte in Raumfahrt-Technik und Know-how haben im Jahrzehnt von Ende der 1960er- bis Ende der 1970er-Jahre die Erkundung von Mond und Mars mit *Apollo* und *Viking* ermöglicht. Innovative Lösungen schwieriger Ingenieurprobleme werden auch in der kommenden Explorations-Ära neue Möglichkeiten eröffnen. Jeder Schritt unseres Vorrückens zum Mars – Entsendung robotischer Missionen, erste bemannte Expeditionen, Errichtung eines Camps und einer ständigen Station auf dem Mars – wird durch »Technologietransfer« umweltgerechtes technisches Können auf dem Erdboden zu größerer Leistungsfähigkeit und neuen Gütenormen treiben, und davon wird die ganze menschliche Gesellschaft profitieren.

Die von Menschen verschiedener Nationen in der Schwerelosigkeit der Erd-umlaufbahn betriebene internationale Raumstation ISS ist eine unverzicht-bare Vorstufe der bemannten Exploration über erdnahe Umlaufbahnen hinaus, denn sie erlaubt die frühzeitige Entwicklung und Erprobung zahl-reicher für die Exploration benötigter Technologien unter realistischen Bedingungen. Entwicklung und Operation der ISS, des größten internatio-nalen technischen Gemeinschaftsprojekts, das die Erde je gesehen hat, gel-ten als eine Art Frühmodell für das gemeinsame Marsprogramm der Zukunft. Mit der kürzlich erfolgten offiziellen Verlängerung ihrer Betriebs-zeit bis weit über das Jahr 2020 hinaus wird die erdnahe Plattform jedoch wesentlich mehr sein als ein Modell für die Weltraumexploration: Langfris-tig macht sie in zentraler Rolle als orbitales Forschungslabor den Anfang in der Zementierung des wissenschaftlichen und technischen Fundaments für spätere bemannte Planetenmissionen; in erweiterter Form wird sie für diese außerdem einst Transportknotenpunkt und Umschlaghafen sein. Denn ihre Platzierung macht sie ideal für Forschungs-, Entwicklungs- und Demons-trationsprogramme unter Weltraumzuständen, die in keinem terrestrischen Laboratorium hinlänglich genug simuliert werden können.

Intensive Forschung im Orbit ist dazu nötig, die Auswirkungen langzeitli-cher Schwerelosigkeit auf den menschlichen Körper besser zu verstehen und akzeptable Gegenmaßnahmen zu entwickeln. Sie liefert die Entwurfsdaten für den Bau adäquater Lebenserhaltungssysteme und spielt auch für die meisten anderen Marsprojektsysteme eine Schlüsselrolle als Prüffeld für innovative Hochtechnologien. Auch die zu ihrem eigenen Aufbau und Betrieb entwickelten neuen Systeme, Techniken und Prozesse kommen der späteren Explorationsphase zugute.

Von der ISECG wurden hiervon insbesondere identifiziert:

- Hochzuverlässige Habitat- und Lebenserhaltungssysteme (russische und ameri-kanische CO_2-Entsorger, Sabatiersysteme zur O_2-Erzeugung, Luft-Dekontaminie-rungssysteme)
- Humanfaktor-Techniken der Gesunderhaltung und Verhaltensforschung
- Demonstrierung von Explorationstechniken (aufblasbare Habitate, Andockme-chanismen, fortgeschrittene Raumanzüge)
- Fortgeschrittene Robotik (USA/Robonaut, Canada/Canadarm2 mit Dextre, ESA/European Robotic Arm)

- Fortgeschrittene Nachrichten- und Navigationstechniken
- Betriebskonzepte und -Techniken (ISS als Mars-Testbett, Mars Mission Simulation, internationale Standards für fortgeschrittene Logistik und Ersatzteilplanung, Entwurfsstandards)

Zuvorderst auf ihrer Aufgabenliste steht die Erforschung des Menschen und aller mit seiner Gesunderhaltung verbundenen »Humanfaktoren« – die schwierigste Hürde auf dem Weg zum Mars. Hierzu gehört die Aufstellung von Maßnahmen gegen die Auswirkungen langer Aufenthalte in verringerter oder fehlender Schwerkraft, die bei einem vorzeitigen Missionsabbruch (d.h. einem Marsvorbeiflug mit Erdrückkehr) bis zu drei Jahre lang währen. Benötigt wird ferner die Entwicklung eines Schutzes vor Weltraumstrahlung, der Mittel zur Voraussage und Wahrung von Stabilität und Produktivität kleiner Menschengruppen in lang währender Isolation sowie zuverlässiger Lebenserhaltung für Missionen von mehreren Jahren Dauer. Deshalb stehen an Bord der ISS an vorderster Stelle die Untersuchung von Mikrogravitationseffekten, die Entwicklung adäquater Lebenserhaltungssysteme und medizinischer Versorgung in Raumfahrzeugen und Habitaten. Alle vom Menschen möglicherweise benötigten Medikamente müssen in langen Versuchsreihen auf ihre Wirksamkeit und Beständigkeit im Weltraum untersucht werden. Zum Beispiel: Verändert sich Aspirin in der Schwerelosigkeit? Hinzu kommen Fragen der Außenbordverrichtungen (EVAs), Habitatgestaltung und des menschlichen Verhaltens und Arbeitsvermögens bei langen Raummissionen.

Betrachten wir zunächst das menschliche Element, den kritischsten Gesichtspunkt bei der Marsexploration. Der Erfolg des kühnen und riskanten Unternehmens hängt davon ab, ob wir unter lebensabträglichen und fundamental »unirdischen« Umweltzuständen allen menschlichen Bedürfnissen Rechnung tragen können – über niemals zuvor in der Menschheitsgeschichte erreichte Entfernungen und noch von keinem Weltraumprogramm erforderte Zeiträume hinweg. Die krassen Unterschiede zwischen Weltraum und Erde – fehlende Schwerkraft, unzureichende Atmosphären, extreme Hitze- und Kältegrade und tödliche Strahlengefahr – verlangen von uns höchste Anstrengungen in der Entwicklung von Techniken der Lebenserhaltung und des Schutzes der als Pioniere des Sonnensystems hinausgehenden Männer und Frauen.

Die Erhaltung einer sicheren Umwelt geht über das zur Lebenserhaltung erforderliche Minimum an Luftversorgung, Nahrungsbevorratung, Wasserspeicherung und Müllentsorgung weit hinaus. Neben einer wohnlichen Umgebung müssen wir für medizinische Versorgung und Überwachung, Strahlungskontrolle und adäquate Strahlenabschirmung sorgen. Wir müssen ständig die Umweltzustände überwachen, auf das Auftreten bakteriologischer und physikalisch-chemischer Gifte prüfen und die Kabinenatmosphäre in der dem Körper zuträglichen Temperatur, Feuchtigkeit und Zusammensetzung halten.

Die Zunahme an toxischen Substanzen in einem eng abgeschlossenen Raum (»Haus-ohne-Fenster«-Syndrom) ist ein wesentlicher Humanfaktor, und der Entwurf muss Kontrollmechanismen zur wirksamen Entsorgung und einfachen Routinewartung vorsehen. Zur Voraussage und Simulierung toxischer Zunahmeraten, zu erwartender Konzentrationen und Toxinquellen bei ausgedehnten Marsmissionen müssen analytische Methoden entwickelt werden, mit denen bereits an Bord der ISS experimentiert wird.

Blick ins Innere eines Marsrovers, mit Life-Sciences-Forschungsstation

Über den Verlauf eines Jahres verbraucht ein Mensch rund das Dreifache seines Körpergewichts an Nahrung, das Vierfache an Sauerstoff und das Achtfache an Trinkwasser. Über eine menschliche Lebensspanne belaufen sich diese Mengen auf mehr als das 1000-Fache des Körpergewichts. Heutige Bordsysteme können im Weltraum bewohnbare Umweltzustände schaffen, sind jedoch teuer. Nahrung ist gespeichert, die Luft wird rezykliert, Sauerstoff sowie der Hauptteil des Wassers, massemäßig der wichtigste Versorgungsstoff, werden durch Bordsysteme regeneriert – Wasser zum Trinken und zur Hygiene aus kondensierter Luftfeuchtigkeit, aus Urin und irdischem Nachschub, Sauerstoff durch Elektrolyse aus Wasser (H_2O) und mit dem Sabatierprozess aus CO_2 und Wasserstoff, mit Methan CH_4 als (vorläufigem) Abfallprodukt. Das Marsraumschiff erfordert die Entwicklung eines geschlossenen Systems höherer Ordnung, für welches die Raumstationsanlagen eine Vorstufe bilden. Für die Wohnanlagen auf dem Mars selbst kann der größte Teil der Entwicklungsarbeit auf der Erde in Gravitation stattfinden; Erprobung und Verifizierung ihrer Funktion sind von kritischer Bedeutung und wahrscheinlich der ausschlaggebende Faktor für die Wachstumsrate der Marsstation.

Man muss sich einmal klarmachen, wie extrem schwierig es für den Ingenieur ist, für einen Lebensraum ohne eigene Nahrungs-, Luft-, Wasser- und Nährstoffquellen eine »absolut« zuverlässige und dazu noch kosteneffektive Lebenserhaltungsanlage zu entwickeln. Ohne dieses System kann es aber keine menschliche Exploration, keine Forschungsreisen, keine Entdeckung geben. Es muss alle lebensnotwendigen Stoffe in allen Abschnit-

ten der Explorationsreisen liefern: während des
Hin- und Rückflugs, in den Bodenhabitaten und bei der Außenarbeit auf
der fremden Welt. Es muss befähigt sein, die Atemluft zu erneuern, das
Wasser zu reinigen, ausreichende Nahrung zu liefern und zu speichern,
Abfälle zu verarbeiten, Umweltzustände zu überwachen und Verunreini-
gungen zu beseitigen, Wärme und Feuchtigkeit zu kontrollieren sowie
Brände zu melden und zu bekämpfen. Zu den weiteren Elementen eines
Umweltkontroll- und Lebenserhaltungssystems gehören Haushaltsgeräte,
Computer (Laptops), Bioinstrumente, Raumanzüge und tragbare Versor-
gungsaggregate.

Schon Anfang dieses Jahrhunderts hat der russische Raumfahrtpionier Konstantin Ziolkowsky die Verwendung von gasförmigem Sauerstoff aus dem
Flüssigsauerstofftank zur Versorgung in einer Raketenkabine vorgeschlagen;
auch mit der Idee der Luftschleuse und des Raumanzugs hat er sich befasst.
Eine solche »offene« Lebenserhaltung, die sich auf mitgeführte Vorräte an
Nahrung, Wasser und Gasen stützt, unterliegt natürlich Volumen- und Mas-
sebeschränkungen. Doch bei den bisherigen, für zeitlich begrenzte Einsätze
entwickelten Raumfahrzeugen Mercury, Gemini, Apollo, Wostok, Woschod,
Sojus, Spacelab und Space Shuttle stellten solche »open loop«-Versorgungs-
anlagen die praktischste Lösung dar.

Bei längeren Flugzeiten ist ein damit ausgerüstetes Raumfahrzeug, etwa eine
Raumstation wie Skylab, Saljut oder Mir, auf Nachschub von der Erde ange-
wiesen. Da bei der Raumfahrt die Transportkosten mit über 70% den
Löwenanteil der Kostenbilanz ausmachen, kann ein Daueraufenthalt im All

mit »offener« Lebenserhaltung jedoch außerordentlich teuer werden. Als das Wasser für die ISS-Besatzung noch mit dem Shuttle angeliefert werden musste (hauptsächlich aus den Energiezellen der Shuttle-Bordstromanlage), kostete der Transport des täglichen Gesamt-Wasserbedarfs eines Menschen von ~5 kg in die Erdumlaufbahn beispielsweise über 40 000 Dollar. Zwingender ist die Tatsache, dass längere Raummissionen über größere Distanzen außerhalb des Nachschubbereichs rücken und mit offenen Systemen nicht mehr durchführbar sind. Um beispielsweise bei einer bemannten Marsexpedition eine Zehn-Mann-Crew drei Jahre lang mit allem Lebensnotwendigen zu versorgen, müsste ein Raumschiff mit offenem System Versorgungsgüter von 100 000 kg Masse mitführen, die einschließlich Abfallspeicherung ein Volumen von rund 170 m^3 beanspruchen würden.

Aus diesen Gründen bleibt uns nichts übrig als die Entwicklung von »closed loop«- oder regenerativen Versorgungssystemen, bei denen die nötigen Lebensstoffe an Bord rezykliert werden. Obwohl diese Anlagen größer, schwerer und in der Entwicklung wesentlich teurer sind, außerdem mehr Energie benötigen als offene Systeme, zahlt sich ihr Einsatz bereits bei Missionen von nur 40–50 Manntagen Dauer aus. Man kann ausrechnen, dass beispielsweise die Rezyklierung von Versorgungsstoffen, besonders Luft und Wasser, die IMIEO-Startmasse einer Marsexpedition je Mannschaftsmitglied und Missionstag um 20 kg verringert.

Regenerative Systeme können teilweise oder auch vollständig geschlossen sein und auf zwei verschiedenen Methoden beruhen: physikalisch-chemischen und bioregenerativen. Allerdings sind wir von einem Lebensversorgungssystem mit vollständig geschlossenen Kreisläufen von Atmosphäre, Wasser, Nahrung, Hygiene usw. noch weit entfernt. Man geht hierbei in schrittweisen Etappen vor und schließt dabei die Einzelkreisläufe für Wasser, CO_2-Entsorgung, O_2-Erzeugung, N_2-(Stickstoff)-Versorgung, CO_2-Reduktion und letztlich auch der Nahrung sukzessive. Die mit diesen Schritten bis zum völligen Recycling erreichbaren Masseeinsparungen gegenüber einem offenen Nachschubsystem vom Apollo-Typ sind wie folgt:

Abfallwasser-Rückgewinnung	55%
Regenerative CO_2-Entsorgung	13%
O_2-Rückgewinnung aus CO_2	14,5%
Abfallverarbeitung zu Nahrung	10%
Eliminierung aller Leckverluste	4%
Regenerative Geruchstilgung	2,5%
Eliminierung von Ersatzteilbedarf	1%
	100%

Besonders erschwerend wirkt neben dem unvollständigen Wissen über Kreislaufprozesse in Mikro-g die Tatsache, dass mit zunehmender Schließung der Energiebedarf rapide ansteigt, sodass fortgeschrittene chemische Systeme nicht ohne riesige Sonnenzellenanlagen bzw. nukleare Kraftquellen auskommen. Die Antwort darauf könnten bioregenerative Systeme sein, bei denen, wie die Bezeichnung schon sagt, die Regeneration in »natürlicher« Weise von Organismen durchgeführt wird.

Bei den physiko-chemischen Systemen ist der Mensch die einzige biologische Komponente im Kreislauf – durch den Gasaustausch. Die Erdatmosphäre besteht hauptsächlich aus Sauerstoff (21%) und dem Verdünnungsgas Stickstoff (78%); die restlichen Gase sind Argon (0,93%), Kohlendioxid (0,03%) und Spuren von Neon, Helium, Krypton, Xenon, Wasserstoff und Methan. Hinzu kommt Wasserdampf in wechselnden Mengen bis hin zur Sättigung. Bei der Erhaltung einer entsprechenden Bordatmosphäre müssen humanbiologische Problemgebiete berücksichtigt werden wie Herz-Lungen-Kreis-

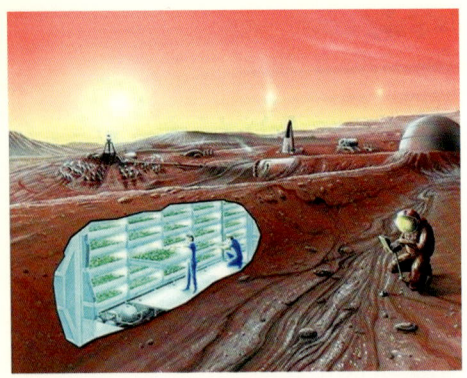

Treibhauskonzepte für den Pflanzenwuchs auf dem Mars. Oben: unterirdisch zum Strahlenschutz; unten: auf der Oberfläche unter Plastikkuppeln (1991)

lauf- und Zerebralfunktion des Menschen, Dekompressionswirkung bei Stickstoffpräsenz (»Taucherkrankheit«), Risiko der Atelektase (Lungenkollaps) bei O_2-Atmung, O_2-Toxizität, Strahlungswirkung in Abhängigkeit vom O_2-Gehalt sowie das Design des EVA-Raumanzugs.

Der durch die Atmung in Kohlendioxid umgewandelte Sauerstoff wird durch chemische CO_2-Reduktion zurückgewonnen, und zwar entweder durch Verbrennung bei 480–650°C mit Wasserstoff in Gegenwart eines Katalysators, wobei Wasser und je nach Verfahren Methan oder solider Kohlenstoff entsteht. Das Wasser wird elektrolytisch in O_2 und H_2 gespalten.

Die auf absehbare Zeit in erster Linie für die Rückgewinnung von O_2 und H_2O infrage kommenden physikalisch-chemischen Verfahren gestatten prinzipiell auch Nahrungssynthese, Abfallrezyklierung und andere Kreisläufe, die das Erfordernis eines Nachschubs von der Erde erheblich einschränken können. Ihre Weiterentwicklung zu diesen fortgeschrittenen Stadien ist eine außerordentlich schwierige Aufgabe, wenn nicht überhaupt die schwierigste von allen. Es leuchtet daher ein, dass natürlichen bioregenerativen Prozessen für die fernere Zukunft wachsende Bedeutung zukommt. Sie fallen in zwei Kategorien:

Die eine beruht auf Fotosynthese, bei der Algen (etwa eine der zahlreichen Chlorella-Spezies) aus CO_2 Sauerstoff herstellen, die andere auf Chemosynthese, die mit Wasserstoffbakterien (z. B. *Hydrogenomonas eutropha*) und Elektrolyse arbeitet. Bei letzterer entstehen zunächst Sauerstoff und Wasserstoff aus H_2O. Die Bakterien produzieren mit dem stabilen Enzym Hydrogenase menschliche Nahrung von 70–85% Proteingehalt aus Urin plus Magnesium- und Eisensalzen, dem H_2 und etwas O_2 und CO_2.

Zur vollständigen Schließung des Bord-Ökosystems muss Kohlenstoff, der bei der CO_2-Reduktion entsteht und im metabolischen Abfall enthalten ist, in CO_2 zurückkonvertiert werden, damit er durch Fotosynthese wieder in die Vegetation eingebaut werden kann. Während er bei den physiko-chemischen Verfahren nicht wieder zur Nahrungsquelle zurückkehrt, ließe sich dies bei einem künstlich geschaffenen bioregenerativen Lebenserhaltungssystem theoretisch durch Kopierung unserer natürlichen Umweltprozesse erreichen: Ein Teil des essbaren Pflanzenprodukts wird durch den menschlichen (und tierischen) Stoffwechsel direkt zu CO_2 und H_2O zurückverwandelt, der Rest zum Teil oxidiert und in den Abfallprodukten Urin, Fäkalien, Schweiß und Atem ausgeschieden. Werden diese Produkte anschließend gemeinsam mit den nicht essbaren Anteilen ebenfalls zu CO_2 und H_2O oxidiert (verbrannt), dann sind menschlicher Metabolismus plus Mülloxidation eine genaue Umkehrung des Aufnahmeprozesses und ergeben ein vollständig geschlossenes Umweltsystem. Die NASA untersucht schon seit Jahren kontrollierte ökologische Lebenserhaltungssysteme auf ihre Machbarkeit und beabsichtigt zunächst eine Art »Zwitterlösung«: die Integration bioregenerativer Untersysteme mit einem physikalisch-chemischen System. Bioregenerative Systeme haben den Vorzug, dass bei ihnen Gasaustausch, Nahrungsaufnahme und die übrigen Komponenten im Prinzip völlig ins Gleichgewicht gebracht werden können. In der Praxis ist es allerdings extrem schwierig, auch nur einen angenäherten Gleichgewichtszustand herzustellen. Solche »künstlichen Biosphären«, heute noch an Science-Fiction grenzende theoretische Modelle, ermöglichen eines fernen Tages die weitgehend autonome (von der Erde unabhängige) Besiedlung des Weltraums. Im Prinzip sind es Treibhaus-Systeme, bei denen menschliche, pflanzliche und Abfall-Kreisläufe perfekt im Gleichgewicht sind. Da sich Leckverluste ins Vakuum wohl niemals ganz verhindern lassen, wird gelegentliche »Nachfüllung« mit frischem O_2 und N_2 allerdings unvermeidlich sein.

Für ständig bewohnte Marshabitate ist eine auf dem Treibhausprinzip basierende geschlossene Lebensversorgung auf lange Sicht ein unbedingtes »Muss«. Allerdings haben wir es bei ihm leichter als bei Raumkolonien im freien, luftleeren All: Mars' Atmosphäre aus Kohlendioxid, Stickstoff und Argon kann lebensnotwendige Rohstoffe liefern, und seine Oberfläche enthält alle zur Errichtung einer selbstständigen Basis erforderlichen Stoffe. Dazu weiter unten mehr.

Von allen Umweltfaktoren beim Marsprojekt ist der schwerefreie Zustand des Hin- und Rückflugs der dramatischste. Von Anbeginn unserer irdischen Existenz an die allgegenwärtige irdische Schwerkraft gewöhnt, begegnen wir im Null-g-Zustand einem radikal neuen Erlebnis, das neben seiner Novität auch einschneidende physische, physiologische und psychologische Auswirkungen hat. Selbst der erfahrenste Erdenbürger steht beim Eintritt in die Schwerelosigkeit wieder am Beginn einer Lernperiode, die auf der Erde seine frühen Kinderjahre in Anspruch genommen hat: Bewegungsvorgänge und Koordination der Gliedmaßen, Ortsveränderung und Körperstabilisierung, Interpretation von Sinneseindrücken, Stoffwechselvorgänge, Lastentransport usw., Tätigkeiten also, die auf der Erde unbewusst ausgeführt werden, im Weltraum jedoch (zunächst) bewusste Überlegung erfordern.

In Mikro-g erfahren die auf den Menschen einwirkenden Kräfte eine Reduktion um einen Faktor von einer Million. Bisherige Raumflugerfahrung zeigt, dass bei derartig verringerten Schwerkraftbelastungen wesentliche physiologische Veränderungen auftreten – in erster Linie Mineralienabbau in den Knochen, Muskelschwund, Konditionsverlust des Herz-Kreislauf-Systems –, die alle zunächst kumulativ sind, d. h. mit der Zeit im All bis zu einem Grenzwert zunehmen. Vorübergehende Behinderung des Raumfahrers entsteht außerdem durch Sinneskonflikte im Gleichgewichtssystem, die Symptome und Illusionen des »Space Adaptation Syndrom« (SAS, »Raumkrankheit«), das bei etwa 50% der Astronauten während der ersten zwei bis drei Tage auftritt. Untersucht wird auch die bei Astronauten der ISS beobachtete Zunahme des Schädel-Innendrucks aufgrund der bei Wegfall der Schwere stärkeren Blutzufuhr im Kopf, die Sehschwächung verursachen kann. Da man aufgrund heutigen Wissens davon ausgehen kann, dass sich diese Auswirkungen durch gewisse Vorsorge- und Gegenmaßnahmen beherrschen und kontern lassen, hat das Problem der Entwicklung wirksamer Mittel gegen die Schwerelosigkeit an Bord der ISS erhebliche Bedeutung gewonnen.

Zu ihrer Bekämpfung haben die USA und Russland bisher hauptsächlich auf anstrengende und zeitraubende Bord-Fitnessprogramme zurückgegriffen. Forschungen an Bord der Raumstation Mir zeigten, dass sich die menschliche Gesundheit für die Dauer von bis zu einem Jahr auf diese Weise ausreichend erhalten lässt. Es ist nicht bekannt, ob dies auch für längere Zeiträume zutrifft, und man muss die Ergebnisse weiterer Langzeitversuche an Bord der internationalen Raumstation und der ersten Explorationsflüge in zunehmende Erdferne abwarten, um darüber mehr sagen zu können. Kosmonaut Dr. Walerij Poljakow, der Langzeitrekordhalter, hat freilich im Verlauf von zwei Mir-Missionen in den Jahren zwischen 1988 und 1995 eine Gesamtzeit von 678 Tagen 16 Stunden im Orbit verbracht, ohne gesundheitlichen Schaden zu nehmen, und damit eine Marsrundreise simuliert. Allerdings sind die traditionellen Ertüchtigungsprogramme nicht ohne eigene Probleme: Vor allem müssten die Astronauten bei einem Marsflug tägliche Exercise-Perioden von 2–2,5 Std. Dauer einlegen. Solche Anforderungen sind nicht nur zeitraubend und ermüdend, sondern wären auch von einem verunglückten oder ernstlich erkrankten Besatzungsmitlied schwerlich zu erfüllen. Das könnte zu einschneidender Dekonditionierung führen.

Die langen Flugzeiten zum Mars sind vor allem aber deshalb bedenklich, weil die Besatzungen sofort bei der Ankunft und während der Landung besonders gefordert werden. Nach einem Aufenthalt in Mikro-g von rund 300 Tagen folgt unmittelbar ein Aerocapture-Bremsmanöver, bei dem Schwere erzeugt wird; danach muss der Pilot fit genug sein, den Landevorgang zu steuern. Und im Fall eines Flugabbruchs (»Abort«), also Flyby und »free return«, müsste die Crew insgesamt drei Jahre lang in Mikrogravitation verbringen. Das überstiege die bisher gemachten Erfahrungen bei Weitem, doch ist zu erwarten, dass die heutige Forschung an Körperübungstechniken, Ernährungsweisen und pharmazeutischen Mitteln effektive Gegenmaßnahmen zur Bekämpfung abträglicher Mikro-g-Auswirkungen entwickeln wird.

Sollte sich der längere Aufenthalt im All entgegen aller Voraussicht als schädlich für die menschliche Gesundheit und Leistungsfähigkeit erweisen, so bieten sich für den Marsflug letztlich drei verschiedene Möglichkeiten: 1. Verkürzung der Hin- und Rückreisezeiten auf Wochen statt Monate durch Verwendung fortgeschrittener Antriebssysteme (schnelle Typ-I-Flugbahnen), 2. Erzeugung künstlicher Schwerkraft an Bord des Raumfahrzeugs durch Einbau einer Zentrifuge oder Drehung des gesamten Raumschiffs, etwa mittels eines an einem Raumseil (»Tether«) befestigten Gegengewichts, oder 3. Akzeptanz der Risiken des Mikro-g und Durchführung der Mission unter Beachtung der besten verfügbaren Gegenmaßnahmen. Neben dem physiologischen Nachteil bietet der Aufenthalt in Schwerelosigkeit auch Vorteile: größeres nutzbares Wohnvolumen (zum Beispiel Einbeziehung der Decke und Wände als »Fußböden«) und ungestörte Durchführung wissenschaftlicher Aufgaben wie astronomische Beobachtungen. Künstliche Schwerkraft würde diese stören, bietet aber ihrerseits den Vorteil eines mehr erdähnlichen Zustands.

Am Fuß des gewaltigen Olympus Mons sieht ein Expeditionsteam einen Sandsturm auf der Tiefebene näherkommen, der die um 40% mattere Sonne verschleiert.

Eine Atmosphäre fehlt im Vakuum des Weltraums. Dafür wird es durch ein anderes Phänomen dominiert: Strahlung vieler Art – mit einem breiten Energiespektrum (Zusammensetzung und Intensität). Von besonderer Bedeutung für uns ist der Anteil, der beim Durchdringen einer lebenden Zelle Atome und Moleküle ionisiert und dadurch Mutation oder schlimmstenfalls ihren Tod herbeiführt.

Wie sich die Weltraumstrahlung im Einzelnen auf den menschlichen Körper auswirkt, hängt von einer Reihe von Variablen ab, in erster Linie natürlich vom Typ und der Kombination der Strahlung. Eine Rolle spielen ferner das Verhältnis von Wirkzeit und Wirkintensität, das Ausmaß der Exponierung und welche Organe betroffen sind, aber auch Alter und Gesundheitszustand des Betroffenen, Stressfaktoren wie Schwerelosigkeit, Beschleunigungsandruck und Körpertemperatur usw. Die vorliegenden Erfahrungswerte, alle unter irdischen Umweltbedingungen oder in der Erdumlaufbahn im Schutz des Erdmagnetfeldes gewonnen, lassen sich nicht ohne Weiteres in die erdferne Raumfahrt übertragen und sind deshalb mit Vorsicht zu gebrauchen.

In der Erdumlaufbahn unterscheidet man kosmische Primärstrahlung, geomagnetisch eingefangene Teilchen der Van-Allen-Strahlungsgürtel und Teilchen-, Gamma- und Röntgenstrahlung aus Sonneneruptionen. Beim Marsflug tritt die Strahlung außerhalb der schützenden irdischen Magnetosphäre in gänzlich anderer Zusammensetzung auf. Ihre hauptsächlichen Komponenten sind kosmische (galaktische) Strahlung aus extrem heißen Quellen fern des Sonnensystems und energetische Teilchenstrahlung von der Sonne. Eingefangene Protonen und Elektronen, wie in den irdischen Strahlungsgürteln, gibt es im interplanetarischen Raum nicht. Am gefährlichsten ist die Strahlung aus Sonnenfackeln, d. h. gewaltigen Eruptionen, die bei »Stürmen« des Sonnenmagnetfeldes entstehen und in sehr kurzen Zeitspannen (wenige Stunden oder Tage) enorm hohe Dosen erzeugen.

Anders ausgedrückt: Bei bemannten Tiefraumflügen bildet die Strahlungsumwelt des Alls ein sehr hohes Risiko. Bei einem Außenposten auf dem Mond kann man es erheblich verringern, wenn man in Säcke abgefüllte Monderde als Abschirmung verwendet. Für die mehrmonatige Reise des Marstransferschiffs, das einer um zwei Größenordnungen (Faktor 100) höheren Strahlungsmenge ausgesetzt ist als Mondmissionen, sind verlässliche Vorhersagen der zu erwartenden Strahlendosis und Bereitstellung adäquaten Schutzes vor Sonnenfackeln und galaktischen kosmischen Strahlen wesentliche Erfordernisse: In Erdferne kann die Dosis die vorgegebenen Exponiergrenzen für Astronauten überschreiten und bei Fehlen angemessener Abschirmung katastrophale Folgen haben – Strahlenkrankheit und Tod. Auch die galaktische kosmische Strahlung allein kann bei chronischer Langzeitexponierung Erbschäden, Katarakte und Krebs verursachen.

Das Gebiet der Strahlenforschung für den bemannten interplanetarischen Flug verfolgt drei Hauptziele. An erster Stelle steht die Bestimmung der Grenzwerte für Strahlungsdosen, die für Astronauten über die Berufsdauer zulässig sind (»Karriere-Limits«), sowie die Entwicklung von Gegenmaßnahmen zur Verringerung abträglicher Bestrahlungsfolgen. Zur Bestimmung der Grenzen für kurzzeitige und Berufsdauer-Exponierung stützt sich die NASA auf die Richtlinien des »National Council on Radiation Protection and Measurements« (Nationaler Beirat für Strahlungsschutz und -messungen). Diese Limits beziehen sich jedoch auf die Charakteristiken der Strahlung im erdnahen Orbit, wo das Erdmagnetfeld und die Atmosphäre Schutz vor Sonnenfackeln und galaktischer kosmischer Strahlung bieten. Für bemannte Missionen außerhalb des Magnetfelds müssen neue Exponierstandards entwickelt werden, die die spezifischen Arten von Raumstrahlung aus Sonneneruptionen und der Milchstraße sowie ihre biologischen Auswirkungen in Rechnung stellen.

Dabei muss man sich über das Ausmaß des unvermeidbaren Restrisikos von Raummissionen im Klaren sein. Die NASA wird in dieser Hinsicht zusätzlich zur Aufstellung entsprechender Marsflug-Richtlinien für ein Strahlenschutzsystem sorgen, das sich nach dem sogenannten ALARA-Prinzip (As Low As Reasonably Achievable/»So niedrig wie vernünftigerweise erreichbar«) richtet. Dies bedeutet, dass auch bei einem festgesetzten akzeptablen oberen Exponierungslimit das Restrisiko noch weiter minimiert werden sollte, wo und soweit es vernünftigerweise möglich ist.

An zweiter Stelle steht die eigentliche Bereitstellung genügenden Schutzes im Marsschiff und in planetaren Wohnanlagen. Neben den Menschen sollen auch sensitive Ausrüstungen vor der normalen kosmischen Strahlung aus der Milchstraße geschützt und damit die Zeitspanne verlängert werden, die die Crew in dieser Umgebung gefahrlos zubringen kann. Die hohen Energien der kosmischen Strahlung verlangen extrem dicke Panzerungen, was im Allgemeinen praktisch nicht zu machen ist. Wie schon Krafft Ehricke und vor ihm vereinzelte Science-Fiction-Autoren vorgeschlagen haben, könnten hierfür jedoch Treibstoff- und Wassertanks als Strahlungsbarrieren infrage kommen. Bei Schutzwänden geringerer Dicke tritt als Störeffekt die Entstehung einer Sekundärstrahlung aus getroffenen (»erregten«) Atomkernen hinzu, die langsamer, deshalb in puncto Zellionisierung wirksamer ist. Durch kosmische Strahlung im Schildmaterial erzeugt, ist diese »Bremsstrahlung« für lebendes Gewebe unter Umständen schädlicher als die Primärdosis; sie muss zusätzlich abgeschirmt werden.

Auf der Marsoberfläche hält der Planet selbst die Hälfte der im Weltraum empfangenen kosmischen Strahlung und ihre Sekundärstrahlung ab (180° bzw. 2π Steradian). Die Atmosphäre bietet vor allem in den niederen Höhen erheblichen zusätzlichen Schutz. Auch können die Wohnanlagen mit örtlich geschürftem Erdreich ausreichend abgeschirmt werden. Trotzdem müssen die Expeditionsteilnehmer individuell auf ihre aufgenommene Dosis überwacht werden, und wahrscheinlich wird sich die galaktische kosmische Strahlung als der ultimate Grenzfaktor der menschlichen Exploration erweisen: Bei der Errichtung der Habitate und auf wissenschaftlichen Streifzügen in der neuen Welt werden sich die Menschen über längere Zeiträume außerhalb der geschützten Wohnanlagen aufhalten, und wir müssen damit rechnen, dass solche Verweilzeiten im Freien durch die Hintergrundstrahlung begrenzt sein werden, solange wir auf relativ ungepanzerte Raumanzüge angewiesen sind.

Der dritte Schwerpunktbereich betrifft die Bereitstellung von Warnanlagen und »Sturmbunkern« zum Schutz der Mannschaften vor den zwar vorübergehenden, doch extrem hohen Strahlendosen aus vereinzelten Sonneneruptionen, den härtesten Quellen ionisierender Teilchenschauer, gegen die der reguläre Dauerschutz nicht ausreicht. Die dabei entstehende Strahlenmenge kann so groß werden, dass die aufgenommene Dosis alle Zulässigkeitsgrenzen weit überschreitet und rasch zum Tod führt. Um die Forscher für begrenzte Zeiträume zu schützen, müssen sichere »Sturmbunker« in den bestabgeschirmten Bereichen der Raumfahrzeuge und Habitate vorgesehen sein, in denen die Menschen, versorgt mit genügend Proviant, die maximal geschätzte Dauer eines solaren Teilchensturms zubringen können (wenige Stunden bis mehrere Tage). Auch in Zeiten »ruhiger« Sonne können der Sturmbunker und andere stärker gepanzerte Bereiche des Schiffs während der Transferphase Besatzungsmitgliedern abwechselnd Unterschlupf bieten, um sie vor der galaktischen kosmischen Dauerbestrahlung zu schützen.

Zur Planung von EVAs und Ausflügen, die bei drohenden Sonnenausbrüchen nicht ratsam wären, benötigt die Crew ein Frühwarnsystem. Es muss das bevorstehende Auftreten von Sonnenfackeln rechtzeitig genug anzeigen, um die Rückkehr zum Habitat oder Sturmbunker zu ermöglichen, bevor die gefährliche Strahlung eintrifft. Da wir Sonneneruptionen gegenwärtig noch nicht zeitig genug vorhersagen können, kann die Vorwarnzeit bei einem Mars-Ausflug oder im Raumschiff so kurz wie 30 Minuten sein.

Bessere Prognosetechniken können diesen Spielraum verlängern; sie benötigen Langzeitbeobachtungen des Sonnenmagnetfelds und seines Zusammenhangs mit Eruptionen wie auch zuverlässige und präzise Frühwarnsysteme. Wenn es derzeit für uns auch keine bestimmten Anzeichen dafür gibt, dass eine aktive Region auf der Sonne eine Fackel produzieren wird, lassen sich viele Eigenschaften von Sonnenflecken und aktiven Regionen miteinander korrelieren. Zum Beispiel werden die meisten Fackeln von vielen magnetisch komplexen (und optisch erkennbaren) Regionen auf der Sonne produziert, genannt Delta-Spots. Und es besteht heute berechtigte Hoffnung, dass längere Vorwarnzeiten möglich werden: Neuere Forschungen durch das *Space Weather Prediction Center* der NOAA (National Oceanographic & Atmospheric Administration) arbeiten an einer Technik zur Vorhersage von Sonneneruptionen zwei bis drei Tage im Voraus mit bisher unerreichter Genauigkeit. Der lang gesuchte Schlüssel zur Vorhersage liegt demnach in spezifischen Veränderungen in den zopfartigen Verdrehungen der Magnetfelder unterhalb der Sonnenoberfläche, die einen bevorstehenden Ausbruch einer Fackel zwei bis drei Tage vorher anzeigen.

Der Start der beiden NASA-Sonden STEREO-A und STEREO-B am 25. Oktober 2006 auf einer Delta-II brachte den Beginn eines zukünftigen Frühwarndienstes, wie er für die bemannte Tiefraumerforschung benötigt wird. Die Zwillingssonden benutzten den Mond als Gravitationsschleuder, um in entgegengesetzte Richtungen auf der Erdbahn umzuschwenken: STEREO-A liegt vor der Erde und STEREO-B folgt hinter ihr. Dadurch gelangten sie auch auf gegenüberliegende Seiten der Sonne und lösten damit ein Problem, das die Sonnenphysiker seit Jahrhunderten geärgert hat: Zu jedem Zeitpunkt können sie unseren Zentralstern nur zur Hälfte sehen. Die Sonne dreht sich innerhalb von 25 Tagen einmal um ihre Achse, d. h., sie wendet der Erde erst nach etwa einem Monat wieder das gleiche »Antlitz« zu. In diesem Zeitraum kann außerhalb unseres Sichtbereichs viel geschehen: Sonnenflecken können erscheinen, explodieren und sich gruppieren, Korona-Löcher können sich öffnen und schließen; magnetische Filamente strecken und knäulen sich, um bei zu groß werdender Dehnung zu reißen und dabei gewaltige Wolken von heißem Gas in das Sonnensystem auszustoßen, usw. Das STEREO-Paar liefert dagegen eine globalere Sicht: Sie schauen »über den Horizont« und senden Ansichten zurück, die mehr als 270 Grad solarer Länge überspannen; das sind drei Viertel des Sterns. Damit verlängert sich die Vorhersage von eruptiven Sonnenflecken und möglichen Fackeln von Minuten auf Tage. Wenn eines Tages so ein vorgeschobener Beobachter auch auf der Rückseite der Sonne steht und seine Beobachtungen über Relais zur Erde sendet, kann die Vorwarnzeit noch weiter verlängert werden.

Die Dauer einer Marsexpedition wirft ferner die Frage auf, wie sich die Gesundheit der Besatzungen am besten erhalten lässt. Die medizinische Versorgung, die nicht nur mit einer Vielzahl möglicher Erkrankungen, sondern auch mit Unfällen wie Traumata, Verbrennungen, Erfrierungen, Ätzungen, Infektionen, Hypoxie (Sauerstoffmangel) usw. rechnen muss, wird durch den Mikro-g-Einfluss erschwert, der solche Probleme wahrscheinlich komplizierter macht.

Für die Vorhersage der Gesundheitsrisiken für Astronauten und die Planung der medizinischen Betreuung bei langfristigen Weltraummissionen sind medizinische Statistiken für analoge Menschengruppen in isolierten oder eingeschlossenen Umgebungen herangezogen worden, etwa die medizinischen Daten von Patrouillenfahrten von U-Booten der USA über einen mehrjährigen Zeitraum. Eine vorliegende Studie untersuchte 240 U-Boot-Patrouillen zwischen 1. Januar 1997 und 30. September 2000 an insgesamt 1389 Offizieren und 11 952 Mannschaften, für 215 086 beziehungsweise 1 955 521 Manntage auf See. Im Verlauf dieser Patrouillen suchten Offiziere 214-mal medizinische Hilfe im Erstbesuch und 79-mal in Zweitkonsultation im gleichen Zeitraum, während für Matrosen 3345 Erstbesuche und 1549 Zweitbesuche verzeichnet sind. Unter Offizieren waren Erkrankungen der Atemwege (hauptsächlich Infektionen der oberen Atemwege) die häufigste Krankheitsursache, gefolgt von Verletzungen, Erkrankungen des Bewegungsapparats (Muskeln, Knochen, Gelenke), Infektionskrankheiten sowie unklare Symptome und undefinierte Bedingungen. Bei den Mannschaften waren es, in absteigender Häufigkeit, Verletzungen, respiratorische Erkrankungen (Infektionen der oberen Atemwege), Hautprobleme, unklare Symptome und undefinierte Zustände, Verdauungsstörungen, Infektionen, Sinnesorgan-Probleme (Ohr-Infektionen und Augenprobleme) und Erkrankungen des Muskuloskelettsystems. Potenzielle Auswirkungen medizinischer Probleme auf missionskritische Elemente der Patrouillen waren selten. Aus den Daten berechnet sich ein Erwartungswert von einem Offizier von sieben, dessen Leistungsfähigkeit während einer sechsmonatigen Mission zu 75% oder völlig eingeschränkt wäre, während von sieben Mannschaften bei einer sechsmonatigen Mission zwei zu 75% oder ganz ausfallen.

Natürlich ist es sehr fraglich, ob solche aus Friedenszeiten stammenden U-Boot-Statistiken auf die Risiken des Marsfluges direkt anwendbar sind. An Bord des Raumschiffs haben wir es durch Außenbordtätigkeit, Montagearbeiten im All und anderen neuen Faktoren, etwa Mikrogravitation und Weltraumstrahlung, mit einem größeren Gefahrenbereich und höheren Risiken zu tun.

Hinzu kommt eine spezielle Besonderheit der medizinischen Versorgung auf dem Mars: Das Erdreich des Marsbodens könnte selbst eine mögliche Gesundheitsgefährdung für die Crew darstellen. Vor Beginn der bemannten Exploration muss der Boden daher auf toxische und reizaktive Substanzen sowie mögliche biologische Gefahren untersucht werden, entweder an Ort und Stelle durch Landeroboter vom *Viking*-Typ oder durch eine unbemannte Probenrückholmission.

Eine weitere Schlüsseltechnologie sind die Transportsysteme, die für ein Marsprogramm infrage kommen. Hier haben sich drei Schwerpunktbereiche herausgeschält: Erde-Orbit-Träger, Raumantriebe und aerodynamische Bremssysteme (Aerobremsen).

Was einer bemannten Marsexploration heute in erster Linie im Weg steht, ist der gegenwärtige Engpass bei den Erde-Orbit-Trägerraketen. Die Space Shuttles sind mit dem letzten Flug der *Atlantis* im Juli 2011 stillgelegt worden: Nach 30 Betriebsjahren und 135 Einsätzen haben sie mit der Vollendung der Internationalen Raumstation ISS ihren Hauptzweck erfüllt. Dabei haben sie insgesamt 873 Millionen Kilometer zurückgelegt:

Shuttle-Orbiter	Geflogene Strecke (km)	Anzahl der Einsätze
Columbia	195 852 326	28
Challenger	38 079 155	10
Discovery	238 539 663	39
Atlantis	202 673 974	33
Endeavour	197 761 262	25
Summe	**872 906 380**	**135**

Anstelle des Space Shuttle bedient sich die NASA vorerst der kostspieligen »Taxidienste« russischer Sojus-Raketen, die für mehrere Jahre neben den russischen Kosmonauten auch amerikanische und andere Astronauten zur ISS befördern und zurückbringen. In diesen Übergangsjahren finanziert die NASA neben ihren altbewährten Auftragnehmern auch neue Upstartfirmen, die durch die Entwicklung eigener Transportgeräte den bereits seit Jahren bestehenden Transport unbemannter Nutzlasten auch auf menschliche Beförderung ausweiten wollen. Außerdem ist die NASA mit der Entwicklung des evolutiven SLS-Schwerträgers und der bemannten Kapsel *Orion* ebenfalls mit Hochdruck dabei, die durch die Shuttle-Stillegung gerissene Lücke möglichst bald zu füllen.

Werden die privaten Unternehmen wie SpaceX, Orbital Sciences und Bigelow Aerospace bald eine sichere Raumfahrtinfrastruktur anbieten, auch für Besatzungen? Wohl keineswegs »bald«. Der Knackpunkt hier liegt nicht bei der Einsatzbereitschaft, sondern bei der Sicherheit und Zuverlässigkeit, mindestens wie es die russischen Sojusraketen und -kapseln demonstrieren. Gute Chancen haben die bereits fliegenden Großträgerraketen *Delta IV* und *Atlas V*, die beide hochenergetische kryogenische Zweitstufen haben. Sie haben bereits akzeptable Zuverlässigkeitswerte erreicht, müssten jedoch für den bemannten Betrieb modifiziert, aufgefrischt werden – was man »man-rating« nennt –, um sicheren Crewbetrieb zu garantieren. Wenn *Orion* zunächst unbemannt zur ISS fliegt, um dort als Rückkehrkapsel anzudocken, genügt eine solche Rakete, noch bevor sie »man-rated«, für bemannte Einsätze zugelassen worden ist.

Wird Transport ins All künftig billiger werden? Unbemannte Transporte werden ja bereits seit Langem von der Privatindustrie zu Marktwettbewerbspreisen durchgeführt. Menschlicher Transport ins All wird dagegen

niemals billiger werden. Das ist, wie ich es nenne, das »1. Grundgesetz der Raumfahrt«, das schon Wernher von Braun erkannt hat. »*If it's too hot for you, stay out of the kitchen*«, hat er gerne gesagt. Da darf man sich nichts vormachen lassen. Mit zunehmendem Sicherheitsbewusstsein für die Besatzungen steigen auch die Kosten. Außerdem wird Energie ganz generell und weltweit immer teurer und nicht billiger.

Die Pläne von Virgin Galactic von Sir Richard Branson mit *SpaceShipTwo* für acht Personen (davon sechs zahlende, zu je 200 000 Dollar) und anderen Reiseunternehmen, wie XCOR Aerospace mit dem *Lynx Spaceplane*, Masten Space Systems und Bigelow mit aufblasbaren Orbitalmodulen, betreffen lediglich den Tourismus, und den meint der neue Plan nicht, denn dafür gibt es definitionsgemäß keine Gelder aus der öffentlichen Hand. Bei ihnen kommt der Profit von der Wiederverwendbarkeit – wenn sie genügend hoch ist. Raumtouristen werden für lange Zeit vereinzelt in den Orbit fliegen, vorläufig aber nur auf suborbitalen Parabeln, und diesen Tourismus wird sich nur die superreiche Elite leisten können.

Die als Vorhut gedachten robotischen Missionen können von den existierenden Einwegträgern der beteiligten Nationen – Amerikas *Delta II* und *Atlas V*, ESAs *Ariane 5*, Russlands *Proton* und *Zenit-2*, Japans *H-II* – gestartet werden; Sojus dient, wie gesagt, außerdem für den Mannschaftstransport zu und von der ISS. Die leistungsstärkste Oberstufe der USA ist die auf *Atlas*- und *Titan*-Trägern einsetzbare und auf Krafft Ehricke zurückgehende kryogenische *Centaur*.

Für den Transport von Marsschiff-Komponenten von der Erde zur Umlaufbahn wird das bereits beschriebene große »Heavy Lift«-System SLS gebaut, das Nutzlasten von 130–140 t »stemmen« kann, mehr als die *Saturn V* (120 t). Insgesamt etwa 122 m hoch, wiegt es beim Liftoff 2950 t. Je nach Missionstyp und Jahr würde die Marsmission fünf bis sieben Starts dieses Shuttle-Derivatsystems erfordern. Ersetzt man später die Feststoffbooster durch neuartige Flüssigkeits-Hilfsraketen, wie es die NASA vorhat, so ließe sich auf die Nachteile der Feststoffbooster verzichten.

Natürlich benötigte ein solches Schwerträgersystem neue Bodenanlagen, die jedoch aus den bereits existierenden, von *Apollo* und dem *Space Shuttle* übernommenen weiterentwickelt werden – also auch hier größtmögliche Wiederverwendung bewährter Technik.

Ein weiteres Schwerpunktgebiet, auf dem zahlreiche Systemalternativen erforscht worden sind, betrifft die Antriebstechniken für Raumschiffe außerhalb des Erdorbitbereichs. Das vollständige Spektrum, angefangen von konventionellen all-chemischen Antrieben über eine Vielzahl nuklearer Systeme bis zu Sonnensegeln und Massebeschleunigern, die ihre Rückstoßmassen mit linearen Elektromagneten herausschießen, ist mit großer Gründlichkeit untersucht und auf ihre sämtlichen relativen Vor- und Nachteile analysiert worden. Zum Beispiel: Während manche Techniken zwar kostenwirksamen Antrieb großer Nutzlastmassen ermöglichen wie etwa nuklear-elektrische, solar-elektrische und Sonnensegel-Antriebe, wird dieser Vorteil andererseits durch lange Reisezeiten oder erhebliche Betriebskomplexität abgewertet bzw. aufgehoben.

Wie schon unzählige frühere Studien ergeben haben, steht es heute so gut wie fest, dass der nukleare Antrieb für die bemannte Marsmission weitaus am besten abschneidet, weil er gegenüber anderen Alternativen wesentlich

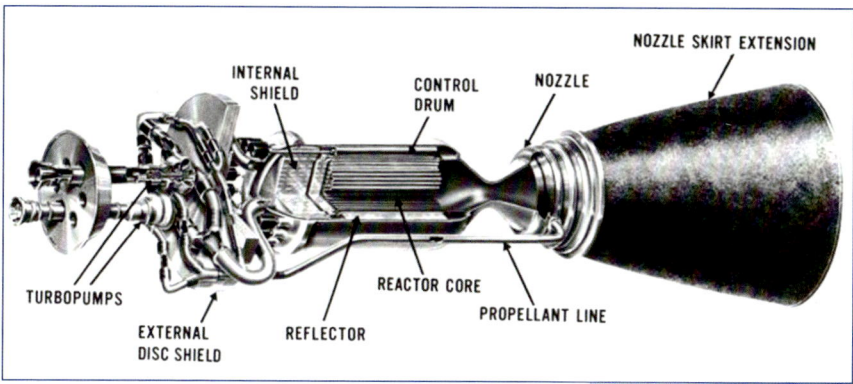

Schema des Nuklear-Thermischen (NTR) Trieb-
werks NERVA (Nuclear Engine for Rocket Vehicle
Application), das mit der Version NRX/XE 1968
vom SNPO (Space Nuclear Propulsion Office) der
NASA und US Atomic Energy Commission (AEC)
seine Tauglichkeit und Zuverlässigkeit für die
bemannte Marsmission demonstriert hatte.
Programm und SNPO endeten 1972.

höhere Missionsleistungen erzielt. Bereits »kon-
ventionelle« nuklear-thermische Raketen (NTR),
wie sie 1955–1973 entwickelt und getestet wurden, erlauben IMIEO-Masseeinsparungen um
40% über all-chemischen Triebwerken ohne
Aerobremsung (Aerocapture am Mars), d. h. che-
mische Antriebe mit Aerobremsung und NTR-Raketen sind gleichermaßen
vorteilhafter als chemische Antriebe ohne Aerobremsung.

Was versteht man unter nuklear-thermischen Raketen? Es sind Triebwerke,
bei denen mit Atomenergie Wärme erzeugt und damit ein Treibmedium
(Wasserstoff) erhitzt und rückstoßerzeugend ausgetrieben wird. Zu ihnen
gehören sowohl Festkernreaktor-Aggregate von relativ geringerer Leistung
und geringerem Entwicklungsrisiko als auch Triebwerke mit Gaskernreak-
toren von weitaus höherer Leistung und höherem Entwicklungsrisiko.

Gaskernantriebe ermöglichen IMIEO-Masseeinsparungen von fast 50%
(d. h. über 350 t) bei typischen bemannten Marsflügen mit Flugdauern zum
Mars um 565 Tage. Was jedoch noch wichtiger ist: Behält man eine unver-
änderte IMIEO von ~800 t bei, so können NTR- Gaskernraketen die Reisezeit um ungefähr 65% verkürzen: von 1,5 Jahren auf etwa 200 Tage. Damit
würden sich die meisten Bedenken bezüglich langfristiger Mikro-g-Einwir-
kung auf die Besatzungen erübrigen, da die Marsexpeditionen im Rahmen
gegenwärtiger Erfahrungswerte geflogen werden könnten.

Der einzige andere Antrieb, mit dem neben den Gaskernreaktor-Konzepten
eine Mars-Rundreise in weniger als neun Monaten durchgeführt werden
könnte (wenn es praktisch machbar wäre), ist das in den 1960er-Jahren von

Ted Taylor an den Los Alamos Scientific Laboratories (LASL) vorgeschlagene und untersuchte Nuklearpulstriebwerk *Orion*, dem auch heute lediglich hypothetische Bedeutung zukommt. Bei diesem Antrieb wirken Reihenexplosionen von Miniatur-Kernfusionsbomben (»H-Bomben«) im freien All auf eine gewaltige Pufferplatte, die über ein starkes Stoßdämpfersystem dann das eigentliche Raumschiff antreibt. Errechneter spezifischer Impuls (Isp): 5000–7000 s. Kosten: astronomisch.

Eine zweite Hauptkategorie neben NTR-Raketen sind elektrische Antriebe, bei denen der Rückstoß durch in magnetischen oder elektrischen Feldern beschleunigte geladene Teilchen (Ionen, Elektronen) erzeugt wird. Ihre potenzielle Eignung für interplanetarische Flüge wurde erstmals Anfang der 1950er-Jahre von Ernst Stuhlinger, einem Mitglied der Peenemünder Gruppe Wernher von Brauns, vorgeschlagen und untersucht. Sie bestehen generell aus zwei Hauptkomponenten: der solaren oder nuklearen Energiequelle und dem Schuberzeugungs-Aggregat, gemeinhin »Thruster« genannt.

Es gibt verschiedene Methoden der Schuberzeugung, also auch zahlreiche Thruster-Typen: elektrostatische Ionenthruster in mehreren Versionen, etwa mit Quecksilber als Treibstoff, ferner Arcjet-Triebwerke, bei denen das Treibmittel, Wasserstoff- oder Ammoniakgas, durch einen elektrischen Lichtbogen erhitzt wird, magnetohydrodynamische (MHD) Thruster, die Argon oder Stickstoff zu geladenen Atomkernen und Elektronen ionisieren und dann durch ein äußeres Magnetfeld beschleunigen, und neuerdings auch magnetoplasmadynamische (MPD) Aggregate, bei denen der Treibstoff, etwa Argon, mittels eines überkreuzten elektrischen und azimutal-symmetrischen Magnetfeldes als superheißes Plasma beschleunigt wird, eine Weiterentwicklung des Arcjet. Während Ionentriebwerke Schubkräfte um 1 Newton (100 Gramm) je Thruster entwickeln, bringt es ein ausgereifter MPD-Thruster auf geschätzte 900 gr.

Am gebräuchlichsten sind heute die nach dem von Edwin Hall 1879 entdeckten Hall-Effekt operierenden Thruster, die Lithium, Xenon oder Wismut als Treibstoff verwenden und die rückstoßerzeugenden Ionen durch das elektrische Potenzial (Spannungsdifferenz) zwischen einer zylindrischen Anode und einem negativ geladenen Plasma, das die Kathode bildet, beschleunigen. Der Treibstoff wird nach dem Einspritzen nahe der Anode ionisiert, die Ionen strömen zur Kathode, beschleunigen sich auf dem Weg zu ihr und

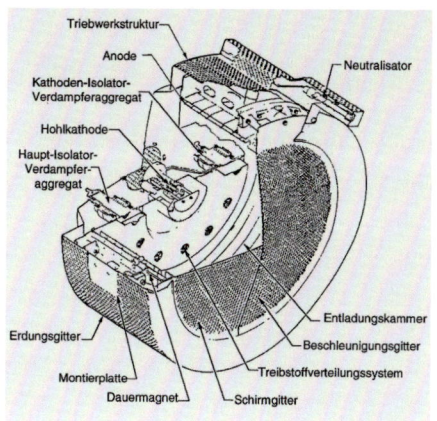

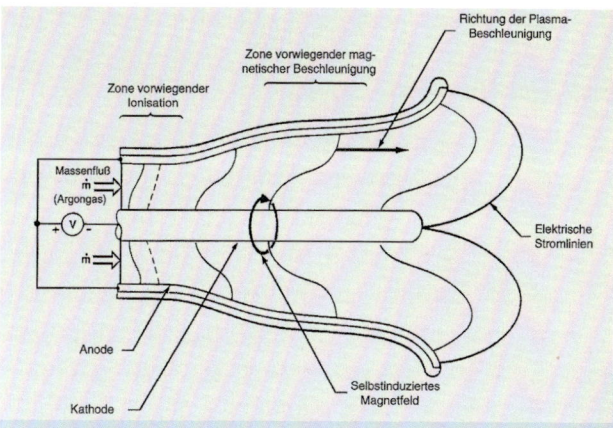

Ionentriebwerk für Niederschubeinsätze. Links: Schema eines elektrostatischen Hall-Thrusters. Rechts: Prinzipschema eines Ionentriebwerks

durch sie hindurch und nehmen dabei Elektronen auf, die den mit hoher Geschwindigkeit ausströmenden »Auspuff« elektrisch neutral machen. Im Gegensatz zu chemischen Antrieben, die zur Erzielung hohen Schubs zur Beförderung massiger Nutzlasten große Mengen Treibstoff verbrauchen, erzielen elektrische Triebwerke extrem hohe Ausströmgeschwindigkeiten (theoretisch bis zur Grenze der Lichtgeschwindigkeit). Durch die hohen spezifischen Impulse (2000–10 000 s) verringern sich die erforderlichen Treibstoffmassen erheblich. Im Vergleich zum schubstarken chemisch-kryogenischen Antrieb bieten schubschwache elektrische Triebwerke ihrer Natur nach größere Missionsflexibilität (d. h. Ungebundenheit an Startfenster). Bei einer Leistung von 5 Megawatt (MW) können nuklear-elektrische Triebwerke die IMIEO bei einer Mars-Frachtmission um 50–60% reduzieren, im Vergleich zu chemisch/Aerobrems-Systemen. Gegenüber diesen wird die Reisezeit einer solchen Frachtmission zum Mars jedoch relativ lang, und um für bemannte Missionen die Flugdauer in Grenzen zu halten, müsste die elektrische Leistung solcher Antriebe, vorzugsweise Ionenthruster und MPD, erheblich gesteigert werden: auf 40–200 MW. Zum Vergleich: ein heutiger Hall-Thruster mit Wismut benötigt 140 kW$_e$ elektrische Leistung, um eine Ausströmgeschwindigkeit von 8000 s und einen Schub von 2500 mN zu erzeugen.

Entwürfe existieren für elektrische Triebwerke mit Leistungen bis zu 10 MW. Stärkere Aggregate (Hunderte bis Tausende Megawatt) hat die NASA für zukünftige Entwicklungen vorgemerkt, doch kann mit ihnen für absehbare

Zeit nicht gerechnet werden. Antriebe dieser Größe benötigen als Energie-quelle Kernkraftreaktoren mit Megawatt-Leistung und niederer spezifischer Masse. Hierzu weiter unten mehr.

Von besonderem Interesse hat sich bei den Untersuchungen von Antriebs-systemen die Idee der aerodynamischen Abbremsung in Planetenatmo-sphären zum Aero-Einfangmanöver (Aerocapture) erwiesen: Es zeigte sich, dass diese Methode, gepaart mit einem chemischen Antrieb, die IMIEO um über 50% verringern könnte (bei gleichzeitig geringeren Betriebskos-ten), vorausgesetzt, die nötigen »Aerobremsen« lassen sich leichtgewichtig genug herstellen. Diese Verfahren, bei denen zur Kontrolle der Flugbahn eines Raumfahrzeugs, d. h. zu seiner Abbremsung und Richtungsänderung, anstelle kostspieliger Treibstoffe und Triebwerke aerodynamische Kräfte in der Atmosphäre eines Planeten benützt werden, werden deshalb eben-falls als Schlüsseltechnologie betrachtet. Wiederverwendbare Aerobrems-vorrichtungen kommen für robotische und bemannte Marsmissionen infrage, da sie möglicherweise erhebliche Einsparungen in den Gesamt-kosten erlauben.

Je nach der Geschwindigkeit beim atmosphärischen Eintritt und der dabei erzeugten Erwärmung durch Abbremsung unterscheidet man zwischen nie-der- und hochenergetischen Aerobremsen. Beide Typen erfordern erhebli-che Entwicklungsarbeit, wenn auch die *Apollo*-Missionen und die Einsätze des *Space Shuttle* bereits wesentliche Erkenntnisse zur niederenergetischen Technik geliefert haben. Dank des Shuttleprogramms verfügen wir heute über ein solides Fundament keramischer Thermalschutztechnologie, Com-putermodellierung und computergestützter strömungsdynamischer Rechen-techniken zur Bestimmung aerodynamischer und aerothermodynamischer Charakteristiken. Der vorliegende Erfahrungsschatz betrifft jedoch nur ein-fache stumpfe Körper in einem engen Betriebsbereich; für zukünftige Raum-missionen sind diese Daten daher sehr beschränkt.

Für hochenergetische Aerobremsung stellen die auf Abschmelzung beru-henden Wärmeschutz-Werkstoffe des Apollo-Programms, die nun auch beim MPCV *Orion* zur Verwendung kommen, noch immer die einzig ver-fügbare Technologie dar. Ihrem Wesen nach sind sie jedoch schwer und für die Entwurfsziele zukünftiger Programme nicht optimal. Wenn auch nicht unbedingt erforderlich, ist hochenergetisches Aerobremsen insbesondere für die Rückkehr zur Erde eine wichtige Alternative, die die Masse der Mars-

Eine feurige Plasmaschleppe hinter sich herziehend, tritt hoch über dem Basiscamp ein mit Aerobraking bremsendes Expeditionsschiff ein.

Flugsysteme wesentlich verringern könnte. Bei einer Probenrückholmission lässt sich die IMIEO durch die Verwendung eines Aero-Einfangma-növers anstelle eines nur mit Triebwerken durchgeführten Orbiteinschusses am Mars um ungefähr 45% verringern. Die Aerobremse kann außerdem für die Eintrittsphase zur Marslandung verwendet werden und dadurch zusätzliche Einsparungen ermöglichen.

Planungen für ein Forschungsprogramm zur Aerobremsung liegen bei der NASA bereits vor. Schlüsselgebiete umfassen hochfeste Verbundwerkstoffe niederen Gewichts für Stützstrukturen von Wärmeschilden, Wärmeschutzmaterialien für den Hitzeschild robotischer Missionen, adaptive bordseitige Flugführung, Navigation und Steuerung für robotische Einsätze und analytische Computerprogramme zur Modellierung der Marsatmosphäre.

Auch wenn es sich beim Antrieb nicht um ein elektrisches bzw. Ionen-System handelt, ist die Energieversorgung der Schlüssel zur Weltraumerschließung in allen ihren Phasen. An Bord bemannter Raumschiffe ist die verfügbare Energie vor allem anderen der wichtigste »Rohstoff«: Ohne Energie lässt sich menschliches Leben im All nicht erhalten; ohne sie kann kein Bordsystem funktionieren und die ihm zugeteilten Aufgaben durchführen. Ganz gleich wo – zum Antrieb der Lebenserhaltungssysteme, zur Aufheizung des Ofens einer Kristallwachstumsanlage, zum Betrieb eines computerisierten Datenverteilungssystems, zum Antrieb einer Zentrifuge auf dem Weg zum Mars oder zur Ermöglichung der Telekommunikation über planetarische Distanzen: Der Bordstrom ist der Schlüssel zur Funktion des Raumfahrzeugs und zum Gelingen der Mission. Je mehr davon verfügbar ist, desto mehr Arbeit kann verrichtet werden, desto flexibler ist die Gesamtmenge der menschlichen Tätigkeiten während der Mission und desto mehr Vorsorge kann für die Sicherheit der Besatzung getroffen werden.

Reichlich Energie in Verbindung mit Telescience-Mitteln ist erforderlich, damit eine Besatzung beim Marsflug mit Unterstützung erdgebundener Forscher Beobachtungen machen und darauf entsprechend vorgehen kann. In einer energieknappen Umgebung sind Flexibilität und Spontaneität eingeschränkt, und damit ist auch die Nützlichkeit einer Crew und der menschlichen Erforschung des erreichbaren Sonnensystems durch Menschen stark beschnitten. Die Verfügbarkeit von langlebigen (7–10 Jahre), zuverlässigen (99+%) und strahlungsbeständigen Energiequellen sowohl an Bord des Raumfahrzeugs als auch auf dem Marsboden zur Versorgung der Habitate ist ein Eckpfeiler des Jahrtausendprojekts Mars. Eine vielversprechende Weiterentwicklung des bewährten RTG (Radioisotope Thermal Generator/Radionuklidbatterie) ist der ASRG (Advanced Sterling Radioisotope Generator), ein mit dem adiabatischen Sterling-Prozess angetriebener Stromgenerator mit einem RTG als Wärmeerzeuger.

Die Sonne ist die einzige ständig verfügbare natürliche Energiequelle in unserem Planetensystem; ihre für uns wichtigsten Energieformen sind Licht und Wärme. Da ein Raumschiff jedoch Elektrizität benötigt, hat die NASA von Anbeginn an Pionierarbeit geleistet in der Entwicklung von Techniken zur effizienten Umwandlung von Sonnenlicht und Sonnenwärme in elektrische Kraft. Zur direkten Umwandlung des Ersteren in Strom dienen fotovoltaische Systeme mit Halbleitermaterialien wie Silicium und Gallium-Arsenid in

Form von »Sonnenzellen«. Von Weiterentwicklungen dieser Technologie erwartet man sich Energieausbeuten um 200 Watt je Quadratmeter Fläche, bei einer spezifischen Energie von 130–300 W je kg Strukturmasse.

Soll stattdessen die solare Wärmestrahlung umgewandelt werden, so verwendet man dazu ein solardynamisches System: Es konzentriert die Energie mit einem Sammelspiegel auf einen Boiler im Brennpunkt, um ein Arbeitsmedium zu erhitzen, das eine rotierende Turbine und einen angekoppelten Stromgenerator antreibt. Es gibt verschiedene Typen dieses Systems, alle mit geschlossenem Kreislauf, der das Treibmedium rezykliert. Untersucht worden sind insbesondere dynamische Kreisprozesse vom Typ Brayton, Rankine und Stirling, mit geschätzten Wirkungsgraden um 25–35%.

Beim Aufbau einer ständig bemannten Marsbasis muss beachtet werden, dass die Entwicklung der Energieversorgung mit den einzelnen Aufbaustufen optimal Schritt hält. Auch bei einem stetigen, quasi linearen Wachstum der Niederlassung kann das »Energieprofil« nur sprunghaft wachsen, entsprechend den jeweils installierten Aggregaten. Deshalb muss Vorsorge für eine ausreichende Überschuss- bzw. Reservekapazität getroffen werden, die das Wachstum der Basis über zwei bis drei synodische Perioden, also vier bis sechs Jahre, tragen kann, bevor die nächste Energie-Installationsstufe erforderlich wird. Nach der ersten Landung und während der anfänglichen Außenpostenerrichtung (drei bis sechs Personen) wird man sich bis zu einem Maximalwert von ~60 kWe voraussichtlich auf fotovoltaische Zellen (Gallium-Arsenid/Germanium) stützen, mit chemischen Batterien und regenerativen Energiezellen für die Nachtperioden. Besser sind jedoch plutoniumbeschickte RTG-Radionuklidbatterien, die auf dem thermoelektrischen oder Seebeck-Effekt beruhen und in Frühversionen von ~250 We bereits auf mehreren Tiefraumsonden wie *Voyager*, *Viking* und *Galileo* zu sehr erfolgreichem Einsatz gekommen sind und nun auch auf dem neuen Marsrover MSL *Curiosity* Bordstrom liefern.

In späteren Phasen wird eine ständig bemannte Basis mit einem Energiebedarf von vielen 100 kWe bis 1,5 MWe nur noch von Nuklearreaktorsystemen versorgt werden können. Bei der Entwicklung solcher Systeme ist man bisher über wenige Hundert Kilowatt noch nicht hinausgekommen: Bewährt hat sich im All bereits in den 1960er-Jahren der SNAP-10A-Niederleistungsreaktor von 500 W. Bisher am weitesten fortgeschritten ist das (seit einiger Zeit zurückgestellte) Entwicklungsprogramm SP-100 bei der NASA für einen mit Uraniumnitrid (UN) im »schnellen Spektrum« arbeitenden Weltraumreaktor. Die von ihm erzeugte Wärme erhitzt flüssiges Lithiummetall, das zur Umwandlung der Wärme in Elektrizität durch einen thermoelektrischen Konverter zirkuliert, gefördert von einer thermoelektrisch betriebenen magnetischen Pumpe. Mit 300 kWe Leistung und 7500 kg Masse repräsentiert der SP-100 dem gegenwärtigen »State of the Art«. In späteren Versionen wird er in Verbindung mit dynamischen Energieumwandlungssystemen wahrscheinlich bis zur 5-MW-Klasse weiterentwickelt werden können. Ähnliche Entwicklungen gibt es in Russland. Wenn Marsbasen mit der Zeit zu größeren Niederlassungen mit ständigen Bewohnern und lokaler Rohstoffnutzung anwachsen, steigen die Energieansprüche auf mehrere Megawatt. Es kann kein Zweifel daran bestehen, dass für solche Leistungen neue Energiequellen auf der Basis heutiger irdischer Multimegawatt-Kernkraftwerke entwickelt werden müssen – Systeme, die aus Gründen der Wirtschaftlichkeit und Sicherheit hochgradig zuverlässig und relativ leichtgewichtig sind, ferner fortgeschrittene Techniken der Energieumwandlung, Wärmeabführung, Stromverteilung und des Strommanagements mit niederem spezifischen Massengewicht umfassen.

Wie denkt man sich den Radioverkehr, die Durchführung der interplanetarischen Navigationsaufgaben und die Beherrschung der gewaltigen Informationsmenge, die bei einer Marsexpedition an-

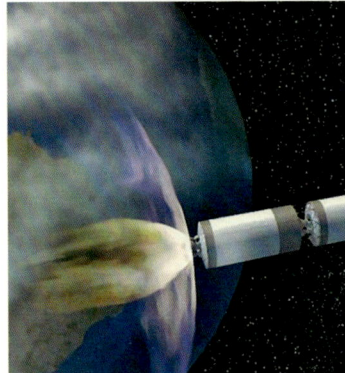

Trans-Mars-Flüge zum Aufbau einer Marsbasis (von oben nach unten). Ganz unten: Rückkehr des bemannten Expeditionsmoduls (etwa *Orion*-Typ) zur Erde. (NASA 1997)

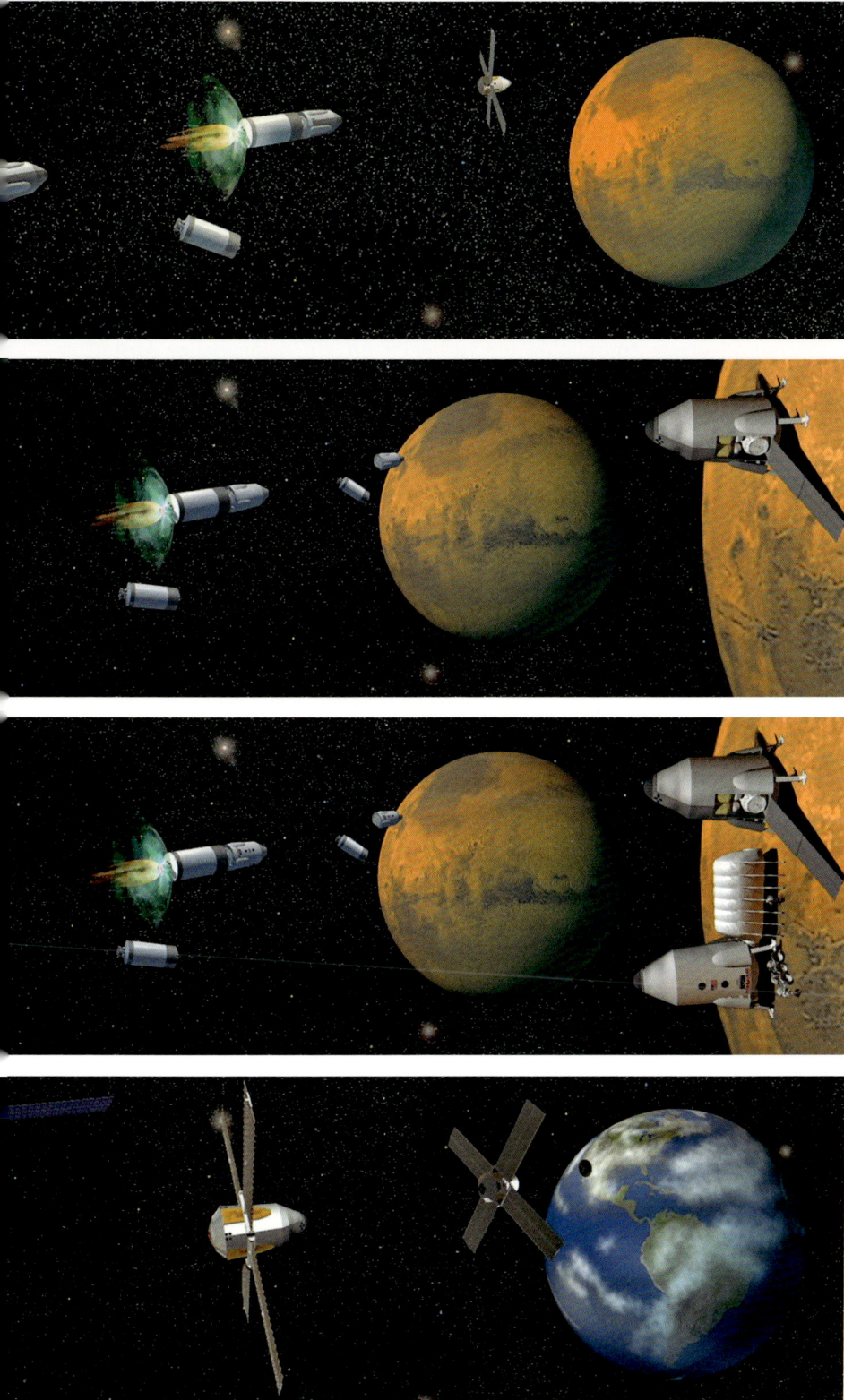

fällt? Die hierzu nötigen Technologien bauen auf gegenwärtigen Systemen auf, wie sie bei Tiefraumsonden, aber auch bei der ISS verwendet werden, sind jedoch zum Teil erhebliche Weiterentwicklungen davon. Das fundamentale Problem: Zwischen dem Raumschiff und den »Verkehrsknotenpunkten« auf Erde und Mars müssen nahezu ununterbrochene Radioverbindungen aufrechterhalten werden, die Stützung örtlicher Betriebsabläufe und Informationsübertragung größtenteils unbeaufsichtigt erfolgen, Videodaten vom Mars zur Erde in Echtzeit (»live«) übermittelt werden, genügend Ersatz- und Notschaltmöglichkeiten vorliegen, um einen gänzlichen Ausfall unmöglich zu machen, und neben alldem ein weiteres Technologiewachstum möglich sein.

Die heutigen NASA-Anlagen für Nachrichtenverkehr, Datenempfang, Datenverarbeitung und Fluglenkung, bestehend aus Bodennetzen, einem Weltraumnetz, Kommunikationsanlagen usw., können ungefähr 20 unbemannte Missionen in Erdorbits und in größeren Entfernungen stützen. Bemannte Missionen erfordern hochgradig personalintensive Nachrichtendienste, d. h. Überwachung und Kontrolle der Systemtechnik setzen ständige Anwesenheit eines Menschen voraus. Bei der zu erwartenden Komplexität zukünftiger Marsoperationen wird sich dieser Usus nicht einhalten lassen.

Aufgrund der langen Übertragungszeiten zu irdischen Kontrollzentren müssen zahlreiche Entscheidungen für den Echtzeitbetrieb an Ort und Stelle auf dem Mars gemacht werden, d. h. die Besatzungen müssen autarker, also weniger abhängig werden von den Kontrollzentren in Houston, Moskau, Tsukuba, Oberpfaffenhofen u. a., doch wird die Besatzung hierzu nicht immer anwesend sein. Für die örtliche Entscheidungsfindung sind daher Expertensysteme mit »künstlicher Intelligenz« erforderlich, und die Verbindungen zwischen lokalen Terminals müssen weitgehend unbemannt operieren können. Entwicklung, Ausführung und Erprobung der hierzu erforderlichen Technik wird viele Jahre in Anspruch nehmen.

Der Funkverkehr zwischen der Erde und Stationen auf dem Mars unterscheidet sich von dem des *Apollo*-Programms und der Raumstation ISS mit ihren TDRS-Relaissatelliten in der geostationären Bahn in drei wichtigen Punkten. Erstens beträgt die Roundtrip-Übertragungszeit zwischen Erde und Mars bis zu 40 Minuten. Zweitens können Stationen auf dem Mars aufgrund der Rotation des Roten Planeten innerhalb eines 24,6-Stunden-Tages die Erde für die Dauer von täglich 12–14 Stunden nicht »sehen«. Man benötigt deshalb einen oder zwei Relaissatelliten, die neben der Aufrechterhaltung des Radioverkehrs mit der Erde auch für Verbindungen vom Boden zu orbitalen Geräten, zwischen diesen und zu Expeditionsteams auf der Oberfläche sorgen. Drittens ist die Leistung des Radioverkehrs aufgrund des langen Funkweges von dem Verhältnis zwischen Signalstärke und Störpegel abhängig, d. h. zum optimalen Abgleich zwischen Betriebsfrequenz, Antennengröße, Sendestärke des Raumfahrzeugs, Größe der Bodenantenne und Systemtemperatur sind sorgfältige technische Vorstudien erforderlich. Hierbei greift man auf die mit robotischen Sonden gemachten Erfahrungen zurück. Und noch ein weiterer wichtiger Technologieschwerpunkt: die bereits kurz erwähnte lokale Rohstoffnutzung. Wie die Aufklärer *Mariner* und *Viking* ermittelt haben, gibt es auf dem Mars viele der zur Erhaltung unseres Lebens notwendigen chemischen Stoffe. Die wichtigsten, Sauerstoff, Stickstoff, Wasser und Kohlenstoff, sind in der Atmosphäre enthalten. Es versteht sich von selbst, dass die praktische Nutzung dieser Rohstoffe in späteren Entwicklungsphasen der Marsbasis eine zunehmende Rolle spielen wird, wenn sich dadurch die Menge des von der Erde nachzuschiebenden Materials dramatisch reduzieren lässt, und dass dabei ein maximaler Grad an Selbstgenügsamkeit (Autonomie) angestrebt wird. Der Prozess läuft, wie oben bereits erwähnt, unter der Bezeichnung ISRU (In-Site Resource Utilization).

Die Menge des atmosphärischen Wassers ist äußerst gering: nur 1–10 Tonnen je Kubikkilometer; an den Polen kann es jedoch bis zu 10^{16} (10 000 Millionen Millionen) Tonnen Wassereis geben. Von der möglichen Existenz von Grundeis tief im Boden haben wir in Kapitel 5 gesprochen; außerdem enthalten hygroskopische Bodenmineralien etwa 1–3 Gewichtsprozente an Wasser. Der lebenswichtige Stoff kann mittels eines adiabatischen Turbinenkompressors aus der Luft extrahiert oder durch Erhitzen aus dem Erdreich gewonnen werden, wenn nicht durch direkten Zugriff auf das Polareis. Auch Atemluft lässt sich aus der Marsatmosphäre herstellen: der Sauerstoff aus dem reichlich vorkommenden Kohlendioxid, etwa durch das katalytische Sabatierverfahren mit Wasserstoff. Bei späteren Treibhäusern wird man die Luftherstellung, wie oben beschrieben, speziellen Bakterien und blaugrünen Algen sowie der Fotosynthese durch Pflanzen überlassen. Hierzu muss lediglich die dünne Marsatmosphäre auf wenige 100 Millibar Druck komprimiert, ihres Kohlenmonoxids (CO) entledigt und mit der ange-

Marsforscher bei der Außenarbeit: Betrieb eines Tiefenbohrers zur Gesteinsprobengewinnung

brachten Menge an verdünnendem Stickstoff/ Argon und etwas Anfangssauerstoff versetzt werden. Die so entstandene Treibhausatmosphäre durchläuft dann einen Gasextrahierapparat.

Aus den gewonnenen Grundbausteinen Wasserstoff, Sauerstoff, Stickstoff, Kohlenmonoxid und Kohlendioxid lassen sich eine ganze Reihe von Verbindungen herstellen, die für die Habitate und Forschungslabors nützlich sind: Ammoniak (NH_3) aus Stickstoff und Wasserstoff mit dem Haber-Bosch-Verfahren, der Treibstoff Hydrazin (N_2H_4) aus Ammoniak mit dem Raschig-Prozess, die Stickoxide NO und NO_2, und aus Letzterem durch Polymerisierung der Raketentreibstoff Distickstofftetroxid (N_2O_4, »NTO«).

Kohlenmonoxid kann man zum Betrieb spezieller Dieselmotoren benützen. Zur Speicherung von Energie lässt sich CO_2 in Wasser zu Ameisensäure (HCOOH) reduzieren, wobei Sauerstoff frei wird, und daraus über einen Palladiumkatalysator Wasserstoff und wieder CO_2 erzeugen. Mit Energie aus Sonnenwärme, Radionuklidbatterien oder Kernreaktoren lassen sich ferner

Methan (CH_4), Methanol (CH_3OH) und andere organo-chemischen Stoffe herstellen, die unter anderem als Brenn- und Treibstoffe in Motoren, Heizöfen und regenerativen Energiezellen Verwendung finden.

Hauptprobleme der Rohstoffherstellung (und heute noch unbekannte Größen) sind Systemmasse, Energiebedarf, Haltbarkeit sowie die Mengen-, Reinheits- und Lagerungsanforderungen der Nutzstoffe. Die ISRU-Nutzung lokaler Rohstoffe setzt deshalb erhebliche Technologieentwicklungen in Stoffprozessierung, Mineralschürfung und Veredelung voraus. Hierbei wird auch die weiträumige Anwendung von Robotik in Form von Bergwerk- und Beförderungsgerät und von Automation zur Materialverarbeitung von kritischer Bedeutung sein, weil die menschliche Arbeitskraft auf dem Mars für lange Zeit äußerst beschränkt bleiben wird. Untersuchungen, wie sich solche Prozesse voll automatisieren lassen, vor allem zur Herstellung von Raketentreibstoffen wie Methan und Sauerstoff, sind deshalb bei der NASA schon seit einiger Zeit im Gang.

Eine heute konzipierte frühe ISRU-Anlage für die Gewinnung von Sauerstoff (O_2) aus der Mars-Atmosphäre für Treibstoff und zur Lebenserhaltung erzeugt daneben auch Wasser (H_2O) und Puffergase für den Einsatz in Oberflächenhabitaten und Fahrzeugen. Sie benützt Festoxid-CO_2-Elektrolyse (SOCE/Solid Oxide CO_2 Electrolysis), die aus Kohlendioxid CO_2 O_2 und Kohlenmonoxid CO gewinnt (welches entlüftet wird). Das CO_2 erhält man über eine Mikrokanal-Adsorptionspumpe. Der für den Aufstieg zum Marsorbit erforderliche Treibstoff Methan (CH_4) wird anfänglich von der Erde mitgebracht, dann lokal erzeugt. Ebenfalls von der Erde kommen 400 kg Wasserstoff (H_2), der sich mit dem erzeugten Sauerstoff unter Energieabgabe zu Wasser verbindet (Energiezelle), um das durch Crew- und EVA-Operationen verbrauchte Wasser zu ersetzen. Neben CO_2 werden Stickstoff (N_2) und Argon (Ar) auch getrennt aus der Mars-Atmosphäre gesammelt, zur Verwendung als Puffergase für die Atmung der Crew.

Eine frühe fernkontrollierte ISRU-Anlage für Atmosphärennutzung würde aus drei Untersystemen bestehen: ein Subsystem für die atmosphärische Akquisition, eines für die eigentliche Produktion und eines für die Gasverflüssigung. Zur Einbringung der Marsluft dienen Filter, Mikrokanal-Adsorptionspumpe für CO_2, Ventile, Regler, Puffergaspumpe und Puffergastank. Die Herstellung besorgen ein SOCE-Elektrolysegerät mit Wärmetauscher, Filter und Ventilen. Zur Verflüssigung von O_2 und CH_4 dienen Kryokühler plus Filter und Ventile. Zur Redundanz würde man zwei getrennte ISRU-Anlagen entsenden, von denen jede so bemessen ist, dass sie die benötigten Verbrauchsgüter allein erzeugen kann. Schätzwerte für die Gesamtmasse jeder Anlage liegen bei 566 kg, einem Volumen von 0,86 m^3 und einem Energiebedarf von 24 kW.

Die von Menschen unternommene Pionierphase der ersten, in Abständen von rd. 26 Monaten eintreffenden Landungen hat also im Wesentlichen die Aufgabe, nach den Beobachtungen, Aufzeichnungen und Übertragungen der robotischen Pfadfinder- und Aufklärungsphase durch ferngesteuerte Sonden und Rover dem menschlichen Wissenschaftler die *in situ*-Erforschung der neuen Umwelt zu erschließen, um das für die späteren Phasen nötige ökologische Verständnis zu gewinnen. Jede Phase wird durch ihren eigenen Menschentyp verkörpert. Nachdem Pioniere, raumfahrende Ingenieure zumeist, ihr eigenes Verweilen auf dem neuen Brückenkopf abgesichert haben, geht es für sie in erster Linie darum, den nachfolgenden Wissenschaftlern den Weg zu bereiten, damit sie diese faszinierende neue Welt begreifen, untersuchen, verstehen und sich vertraut machen können. Denn nur so entsteht die Wissensbasis, die dem späteren Siedler die Fußfassung, Anpassung an und Einstellung auf eine zum Teil harsche, fordernde Umwelt und die schrittweise Errichtung einer Heimstatt ermöglicht. So wie der Mensch auf der Erde die Erschließung von schroffem Grenzland zu Kulturland geschafft hat, etwa des nordamerikanischen »Wilden Westens«, so folgt auch auf dem Mars auf die Pionierphase die Zeit der Siedler, nur eben mit einem Unterschied: Die Fremdartigkeit dieser neuen Welt und ihrer zum Teil noch immer mysteriösen Zusammenhänge bedarf zunächst der Erforschung durch den Wissenschaftler, bevor Besiedlung und einstmalige Bewohnung folgen können und Mars zu einem Ableger unserer Zivilisation wird – ein langwährender, evolutiver Prozess, der sich über Jahrhunderte erstreckt – das Jahrtausendprojekt Mars.

Wie wird das geschehen? Was wird Menschen dazu bringen, ihre angestammte, gewohnte Welt zu verlassen? In der Zeit der bemannten Marserforschung und -besiedlung gehen nicht mehr wir, sondern andere Menschen, Meta-Menschen, mit der Technik, dem Wachstumsimperativ und der Explorationsethik um, ohne viele der uns auferlegten Beschränkungen: Der Mensch von morgen, nicht von heute oder gar von gestern. Seine Evolution erfordert eine kosmische Zielstrebigkeit (Selbsttranszendenz) – und zu dieser ist der Mensch im Ureigenen befähigt –, den Trieb der Neugier. Es ist ein grober Denkfehler, den Menschen als statisch anzusehen. Welche Beweggründe für diesen Menschen der Zukunft, der schon jetzt im Entstehen ist (nicht zuletzt auch kraft der Raumfahrt selbst mit ihrer horizonterweiternden Wirkung), lassen sich bereits heute erkennen?

Warum das alles?

Kapitel 8
Mars als Chance der Menschheit – warum eigentlich?

Der Ausbau des Außenpostens Mars zur vollfunktionellen, routinemäßig betriebenen, ständig bewohnten Basis und die weitere Erschließung des Mars wird evolutiv verlaufen, Schritt für Schritt. Werden zu den aufeinanderfolgenden Forschergruppen auch deutsche Astronauten gehören? Wie in jeder freien Demokratie hängt die Antwort ausschlaggebend vom Volkswillen und entsprechenden Entscheidungen der deutschen Regierung ab – Entscheidungen, über die man sich bereits heute klar werden muss. Denn der »Zug« der bemannten Raumfahrt nimmt Fahrt auf, und wenn Deutsche einst beim Betreten einer anderen Welt dabei sein sollen, darf ein stärkeres Engagement im Verband der damit beschäftigten Nationen nicht auf die lange Bank geschoben werden. Es gibt dafür zwingende Gründe, und das Nachstehende soll sie verdeutlichen; sie betreffen Wissenschaft und Forschung, Politik und internationale Kooperation, Wirtschafts- und Arbeitsmärkte sowie die spezifisch menschliche Domäne unseres Daseins, die ich als »transutilitär« bezeichne.

Da ist zunächst einmal die Grundsatzfrage nach Sinn und Zweck der Marserschließung. Sie fällt in den größeren Bereich der Frage nach Sinn und Zweck der bemannten Raumfahrt; diese hat von Anbeginn an die Gemüter bewegt, niemals jedoch in dem Ausmaß wie heute, da alte politische Ostgegen-West-Motive längst Geschichte sind, dringliche Aufgaben des Umweltschutzes und der Volkswohlfahrt in vielen Teilen der Welt erhebliche Zuwendungen öffentlicher Gelder beanspruchen, und die Länder der EU in einem Kampf um ihre gemeinsame wirtschaftliche Stabilität liegen.

Trotz des nach über 50 Jahren Raumfahrt vorliegenden und ständig wachsenden Beweismaterials – etwa vom *Apollo*-Programm mit seinen tiefgreifenden Auswirkungen auf Gebiete wie Industrie, Technik, Wirtschaft, Bil-

dungswesen und Wissenschaft, die zur Kultur, zum Ethos eines Volkes gehören, oder von der ISS, die seit einem Jahrdutzend 15 Nationen in friedlicher
Kooperation vereint – wird immer wieder die Frage gestellt: Ist bemannte
Raumfahrt gegenüber den heute in Medien und Publikumsperspektiven als
vorrangig angesehenen Zeitproblemen überhaupt nötig? Gefragt wird so
besonders und ausgerechnet im Heimatland vieler Raumfahrtpioniere, in
Deutschland, das sein früheres Engagement in der bemannten Raumfahrt
(z. B. Spacelab, Shuttle-Missionen D1 & D2) so gut wie eingestellt hat und
sich stattdessen finanziell an der europäischen (ESA) Rolle beim ISS-Pro-
gramm beteiligt. Mancher hierzulande sieht Raumfahrt noch immer als
bloße Hochtechnologie im Wettstreit mit anderen Hochtechnologien, andere
erachten sie als reines Prestigeunternehmen und sogar als fixe Idee von Fan-
tasten und daher als frivole Verschwendung.

Dagegen steht die hier vertretene Ansicht, dass der bemannte Raumflug in
Wirklichkeit ein kultureller Wachstumsprozess ist, der im Kürzerfristigen
als techno-utilitärer Vorreiter von großem Wissens- und Wirtschaftspoten-
zial wirkt. Auf längere Sicht liefert er darüber hinaus der ihn unternehmen-
den Volksgemeinschaft durch seine Abenteuer- und Explorationsethik neue
Wachstumsanstöße zu einem Begriffs- und Bewusstseinswandel, dessen
humanistische Potenziale allein schon den menschlichen Schritt ins All sinnvoll machen: dadurch, dass er der Frage nach dem Warum allen Seins und
unserer Existenz neue Dimensionen und tiefere Bedeutung verleihen kann.
Die Erfahrung der letzten fünf Jahrzehnte zeigt freilich, dass die Hinterfra-
gung der Weltraumfahrt, vor allem der »bemannten«, kein für jedermann
befriedigendes Resultat zu liefern vermag. Unsicherheit, Skepsis, selbst
Zynismus bleiben. Um zu begreifen, dass weiterführende bemannte Raumfahrt für die Zukunft notwendig ist, muss man diese evolutive Erschließung
unserer weiteren Umwelt als potenziell weltverändernden kulturellen Prozess erkennen, wie es Columbus' Seereisen Ende des 15. Jh. und die nachfolgende Eröffnung der Neuen Welt waren. Schon die alten Römer (Pom-
peius) haben dieses politische Lebensgesetz auf die Seefahrt angewendet und
lakonisch formuliert: *Navigare necesse est* (Seefahrt tut not).
Wie dort muss man auch bei der bemannten Raumfahrt einsehen, dass
man es hier langfristig mit einer zutiefst zivilisatorischen, humanistischen
und lebenswichtigen Entwicklung zu tun hat, bei der es sich im Grunde
nicht, wie das mit ihm verbundene blendende Feuerwerk hochtechnologi-

scher Raketenstarts und publikumswirksamer Weltraumspaziergänge vortäuschen mag, lediglich um eine Abart der Technik, einen technischen Kraftakt handelt, wie es viele Menschen sehen. Im Ureigenen ist Raumfahrt nicht eine ingenieurwissenschaftliche Disziplin im Sinn der an Technischen Hochschulen und Universitäten gelehrten »Raumfahrttechnik«, sondern ein gesamtgesellschaftliches Phänomen und Agens kulturellen Wandels und Wachstums, ein dem Gemeinwesen künftige Potenziale erschließender Ausdruck menschlicher Kultur. Raumfahrt tut als Kulturaufgabe not, und kein Unternehmen im All wird dies deutlicher und nachhaltiger demonstrieren als die Erschließung des Mars durch den Menschen in diesem Jahrtausend.

Warum durch den Menschen und nicht durch Roboter? Warum ließe sich der Rote Planet nicht durch unbemannte Geräte, durch Automaten erschließen?

Weil es außerordentlich schwierig, wenn nicht gar unmöglich wäre, die Erforschung eines solchen Planeten aus der Ferne, also durch Fernsteuerung, durchzuführen. Die mit Lichtgeschwindigkeit (300 000 km/s) laufenden Radiosignale brauchen bis zu 40 Minuten für die Strecke zum Mars (55–395 Mio. km) und zurück. Ein Teleoperateur auf der Erde müsste eine halbe Stunde oder länger warten, um festzustellen, ob ein an ein Forschungsfahrzeug auf dem Mars gefunktes Radiokommando die gewünschte Wirkung gehabt hat. Der Rote Planet hält unzählige Überraschungen für uns bereit, und wenn es 40 Minuten dauert, auf dieses Unvorhergesehene zu reagieren, erhöhen sich Kosten und Schwierigkeitsgrad der Exploration ungemein. Die einzige praktische Möglichkeit, wie man die leidige Zeitverzögerung aus der Welt schafft, ist die Verlegung des Standorts des menschlichen Forschers auf den Mars, um dort »Hand in Klaue« mit den Robotern zu arbeiten.

Es gibt tiefere Gründe, warum der Mensch selbst auf Mond und Mars leben und arbeiten wird. Geht man davon aus, dass unser ultimatives Ziel die ständige Bewohnung und Nutzung des Sonnensystems sein wird, so bildet die menschliche Anwesenheit auf anderen Planeten definitionsgemäß einen integralen Teil davon. Wie die Mondlandungen gezeigt haben, können Menschen vor Ort viel gezielter nach Erkenntnissen forschen als Automaten, und seien diese noch so aufwendig konzipiert. Bemannte Missionen sind deshalb ein wesentliches zukünftiges Element der Planetenforschung, wo immer der Mensch Zugang hat, wie auf dem Mars. Ein Forschungspro-

gramm ohne menschliche Präsenz bliebe fehlerhaft und unvollständig: intellektuell, technisch und emotional weniger herausfordernd und damit weniger befriedigend und gewinnbringend. Wir müssten auf Erfahrungen verzichten, die uns bestimmt sind, wie ich meine, und ohne die dem Menschengeschlecht letzten Endes Stagnation und Untergang in einer Sackgasse drohen könnten. Kurz und vorausschickend gesagt: Wir werden Menschen dorthin entsenden, weil wir leben und Menschen sind; mit der Aussendung von Robotern wird man sich niemals zufriedengeben, schlichtweg deshalb, weil wir keine sind.

Welches werden unsere prinzipiellen Ziele sein? Zunächst einmal natürlich die wissenschaftliche Erforschung der neuen Welt, die nach allem, was wir inzwischen darüber wissen, von prickelndem Anreiz ist. Die Wissenschaft, für die sie schon lange ein heiß erstrebtes Anliegen ist, befähigt uns einerseits zur Durchführung des Großunternehmens; andererseits ist sie auch der treibende Motor dahinter, da sie aus ihm unermesslichen Nutzen bezieht: ein geschlossener Kreislauf.

Das nun über 40 Jahre in der Vergangenheit liegende Apollo-Programm wurde zwar als vorwiegend politischer »Stunt« viel zu früh beendet, um die Monderforschung voll zum Zug kommen zu lassen, doch wirkte es auf die Wissenschaften nichtsdestoweniger umwälzend und belebend. Als einziges uns vorliegendes praktisches Beispiel einer bemannten Exploration eines anderen Himmelskörpers stellte es deren Stellenwert handfest unter Beweis. Viele Fragen wurden beantwortet und eine Menge neuer fundamentaler Fragen aufgeworfen. Unsere Vorstellungen über die Entstehung des Mondes, der Erde und des Sonnensystems mussten revidiert werden, und zwar so sehr, dass man Frau Luna als »Rosette-Stein des Sonnensystems« bezeichnet hat. Die Durchführung des Programms gebar neue Methoden und Erkenntnisse, neues Spezialwissen für Tausende von Physikern, Mathematikern, Astrodynamikern, Werkstoffkundlern, Aerodynamikern, Thermodynamikern, Computerhardware- und -softwareexperten, Biotechnikern, Medizinern, Triebwerkbauern und andere. Was sie lernten, kam und kommt zukünftigen Aufgaben zugute. Apollo demonstrierte die Integrationsfunktion der Raumfahrt für die Wissenschaft und gab damit einen Vorgeschmack auf die weitaus mächtigere Integrationswirkung der Marserschließung: Sie wird die verschiedensten Wissenschaften zusammenführen, die interdisziplinäre Zusammenarbeit fördern und durch den Synergieeffekt neue Perspektiven eröffnen, die ungeahnte Früchte tragen können. Auf dem Mars haben Vorbeiflüge, Orbiter und Landestationen, wie in Kapitel 4 gezeigt, eine Welt voller Wunder und Rätsel enthüllt, keineswegs unserem Mond ähnlich, wie man zunächst geglaubt hatte. Eine Welt mit den mächtigsten Vulkanen und dem größten Canyon-System im Sonnensystem, dem Valles Marineris, mit gewaltigen planetweiten Sandstürmen, unzähligen trockenen Flussbetten und riesigen dichtverästelten Stromtalnetzen, wo einstmals niagarahafte Wassermengen strömten, aber auch mit Polarkappen aus Eis und lockenden unterirdischen Permafrostlagern und mit einiger Wahrscheinlichkeit sogar Reservoiren flüssigen Wassers. Ausgeschlossen ist es nicht, dass es dort Lebensformen gibt. Aber wie konnten Mars und Erde derart unterschiedliche Entwicklungswege genommen haben, obwohl sie doch gleiche Anfänge hatten?

In der Gluthölle der Venus hat eine NASA-Sonde auf dem Boden bei fast 500 °C Temperatur 68 Minuten lang überlebt und ihre Messungen zur Analyse zurückgefunkt (*Pioneer Venus*, 1978). Die Radarsonde *Magellan* machte den ewig wolkenverhüllten Planeten sichtbar wie der helle Tag, und wir stu-

Planet Mars im *Hubble*-Raumteleskop, mit Ascraeus Mons, Mars' zweithöchstem Vulkan, und den beiden anderen Vulkanen der Tharsis Montes, Pavonis Mons und Arsia Mons (linker Bildrand), sowie dem komplexen Grabenbruch-System des gewaltigen Canyons Valles Marineris (Bildmitte), von 4000 km Länge, 600 km Breite an der weitesten Stelle und bis zu 7 km Tiefe

dieren seine geologischen Prozesse und klimatologischen Phänomene, etwa den Treibhauseffekt, die neue Ansätze und Bezugspunkte zum Verständnis und zur Beurteilung unserer eigenen Umwelt auf Mutter Erde liefern. Die Erforschung fremder Planeten verhilft uns also zu Erkenntnissen über unsere Heimatwelt, die früher allenfalls Theorie waren, und festigt sie durch das Gegenbeispiel anderer Himmelskörper.

Wenn wir auch noch nicht genug über Mars wissen, um genau voraussagen zu können, welche wissenschaftlichen Erträge und Errungenschaften die Forschung dort im Einzelnen erbringen wird, so lassen die bisherigen Resultate, wie wir gesehen haben, doch deutlich erkennen, dass die fortschreitende Explo-

Canyonsystem um West Candor Chasm, aufgenommen von *Viking Orbiter 2*. Candor Chasm liegt im zentralen Valles Marineris, mit Ophir Chasm und Hebens Chasm. Die komplexen Ablagerungen können in Seen entstanden sein und sind deshalb von Interesse für die Suche nach Fossilien.

ration des Roten Planeten immer wieder auf neue Überraschungen stoßen wird. Geforscht wird durch den Mensch zunächst aus der Höhe der Umlaufbahn, dann von einer wachsenden Anzahl von Basiscamps auf der Oberfläche aus. Zuvorderst steht dabei der Wunsch, die Planetenwissenschaft voranzutreiben und geologische Erkenntnisse über Phänomene wie Vulkantätigkeit, Beben, Wasserläufe, Ablagerungen und Verwitterung zu gewinnen, die durch Vergleichsanalysen mit Daten von der Venus, den äußeren Planeten und ihren Monden wichtige Aufschlüsse über unsere eigene Welt, die Erde, zulassen. Ungelöste Rätsel, wie der Verbleib des Wassers, das neben gewaltigen Klimaänderungen die Marsoberfläche einschneidend mitgeformt und zu dem gemacht hat, was sie heute ist, oder die Zustände und Prozesse heutiger und früherer Klimatologie, Wettervorgänge und Atmosphärenchemie verlangen nach unumstößlichen Antworten. Untersucht werden Chronologie und Charakteristiken der Veränderungen sowie die Rolle, die die einzelnen geologischen Prozesse bei ihnen gespielt haben. Solche Studien liefern entscheidende Hilfen für ein besseres Verständnis der auf der Erde stattfindenden Veränderungen.

Nicht weniger wichtig ist die weiterführende Suche nach heutigem oder einstmaligem Leben auf dem Mars: also nach Bio-Oasen und Fossilien. Für die Zukunft des Menschengeschlechts von vielleicht arterhaltender Bedeutung ist danach die Frage, ob und wie der Mensch selbst auf dem Mars »vom Lande« leben und eine neue Heimat finden kann. Obwohl von allen Planeten Mars mit seinen Umweltbedingungen der Erde am nächsten kommt, ist auf ihm ein Leben »unter freiem Himmel«, wie wir gesehen haben, für uns nicht möglich. Sein Luftdruck am Boden beträgt nur rund 1% des irdischen: Der menschliche Körper könnte das nicht überleben. Es fehlt außerdem der von uns benötigte atmosphärische Sauerstoff wie auch Ozon (O_3) in ausreichender Menge, um die schädliche UV-Strahlung der Sonne abzuschirmen. Die Temperaturen stellen irdische Kälterekorde der Antarktis in den Schatten: −30° bis −80 °C hat *Viking 1* gemessen.

Um sich auf dieser Welt eine dauerhafte Existenz aufzubauen, können Menschen und andere höhere terrestrische Lebensformen nicht auf aufwendige

Druckzellen und Raumanzüge mit Lebensversorgungssystemen verzichten, die zunächst ein eher U-Boot- bzw. Raumstation-ähnliches Dasein gestatten. Sicherlich wird man nach der ersten Fußfassung auch den Schutz des örtlichen Erdreichs suchen und sich schon zum Strahlenschutz unterirdische Habitate bauen, die eine zunehmend unbeschwertere, wenn auch noch nicht »freiluftige« Existenz gestatten.

Um im Lauf der Zeit die Nabelschnur kostspieliger Nachschubtransporte von der Erde auf ein Minimum zu reduzieren bzw. vielleicht einmal völlig zu durchtrennen, werden die ISRU-Verwendung lokal gewinnbarer Rohstoffe und ein Treibhaus für die Eigenerzeugung agrarischer Produkte allmählich zum Grundstein ständiger Besiedlung, wenn die hierzu erforderlichen erheblichen Technologieentwicklungen in Mineralschürfung, Rohstoffprozessierung, Veredlung usw. geschaffen sind.

Wie im vorigen Kapitel gesagt, lassen sich auf dem Mars im Gegensatz zum Mond die Elemente Kohlenstoff, Stickstoff, Wasserstoff und Sauerstoff direkt gewinnen: aus der Atmosphäre, dem Wassereis der Polarkappen

Eines der ersten Fotos von *Viking 2* (Gerald A. Soffen Memorial Station) nach seiner Landung am 3. September 1976, mit Blick über Utopia Planitia (Utopia-Ebene)

und dem unter der Oberfläche vorhandenen Grundeis. Der Mond hat dagegen nur minimale Spuren von Kohlenstoff, Stickstoff und Wasserstoff, und Sauerstoff ist fest eingebunden in Oxiden wie Siliziumdioxid, Eisenoxid, Magnesiumoxid und Aluminiumoxid, aus denen er unter sehr hohem Energieaufwand herausreduziert werden müsste.

Auch an den meisten industriell interessanten Elementen wie Kupfer, Schwefel, Phosphor, usw. besitzt Mars große Bestände. Mit hoher Wahrscheinlichkeit liegen sie in konsolidierten Mineralerzlagern, weil der Planet in seiner Entstehungsgeschichte wie die Erde hydrologische und vulkanische Prozesse durchlaufen hat, die eine Absonderung und Differenzierung der verschiedenen Elemente entsprechend ihrer Dichte und anderer Charakteristiken ermöglicht haben. Der Mond hatte dagegen weder Wasserströme noch Vulkanismus; deshalb besteht er zumeist aus regulärem »Schmutz«-Gestein mit wenigen differenzierten Erzablagerungen von geringem Interesse.

Die zur Marsbesiedlung nötige elektrische Energie kann zunächst fotovoltaisch aus Sonnenstrahlung gewonnen werden. Das wäre auf dem luftleeren und sonnennäheren Mond zwar vorteilhafter, doch dauern seine lichtlosen Nächte jeweils 14 Tage und erfordern zur Überbrückung gewaltige Energiespeicheranlagen. Der Mars empfängt aufgrund seines größeren Sonnenabstands 40% weniger Sonnenenergie und hat eine Lufthülle mit Aerosolen und Wolkenlagen; andererseits besitzt er riesige Bestände an Kohlenstoff und Wasserstoff, die zur späteren Gewinnung von reinem Silizium für die örtliche Herstellung fotovoltaischer Zellen und anderer Elektronikkomponenten gebraucht werden. Auch seine Winde, die es auf dem Mond natürlich nicht gibt, könnten zur anfänglichen Energiegewinnung benutzt werden. Für eine größere Besiedlung reichen diese lokal höchstens ein paar Hundert Kilowatt liefernden Quellen allerdings nicht aus. Das spätere Anzapfen seiner tief im Boden liegenden geothermischen Kraftreserven dürften bei ihm leichter sein als auf der Erde, und die noch spätere Einführung der heute in fortgeschrittenen Forschungsstadien stehenden Kernfusion-Nuklearenergietechnik kann auf dem Mars zum Aufblühen einer energiegesättigten Wirtschaft führen: seine Vorkommen am dafür erforderlichen Grundstoff Schwerwasserstoff (Deuterium) sind, wie die massenspektrometrischen Bodenanalysen durch die *Viking*-Lander gezeigt haben, viele Zehntausendmale größer als beim Mond.

Das Allerwichtigste, das »Frau Luna« völlig abgeht (wie auch allen anderen luftlosen natürlichen und künstlichen Himmelskörpern), ist das zum Pflanzenwachstum nötige Sonnenlicht ohne die harte Strahlung aus Sonneneruptionen. Auch ohne den Nachteil des monatlangen Tag/Nacht-Zyklus müssten lunare Treibhäuser dicke kostspielige Strahlenschutzwände haben, die ihrerseits hohe Innentemperaturen verursachen würden. Licht lässt sich zwar künstlich mit Elektrizität erzeugen oder mit Weltraumreflektoren einspiegeln, doch niemals in ausreichender Menge, um wirtschaftlich akzeptabel zu sein. Je Quadratkilometer Pflanzenbestand sind 1000 Megawatt eingestrahlte Sonnenkraft nötig; sämtliche Länder der Erde zusammengenommen erzeugen derzeit nicht die Elektrizität, um ein Anbaugebiet von der Größe des US-Staates Rhode Island wachstumsgerecht zu bestrahlen.

Die Marsatmosphäre hat zwar keine UV-abschirmende Ozonschicht, ist jedoch dicht genug, um Erntebestände auf dem Boden vor Sonnenfackeln zu schützen. Daher genügen dünnwandige aufblasbare Treibhäuser mit Schutzkuppeln aus hartem UV-beständigem Kunststoff. Die durch den Treibhauseffekt erzeugte Innenwärme, auf dem Mond unerwünscht, wäre auf dem Mars hoch willkommen. Kleinere Kuppeln bis vielleicht 50 m Durchmesser dürften leicht genug sein, um von der Erde herangebracht zu werden, größere könnten später aus einheimischen Rohstoffen hergestellt werden, sodass der zunächst auf Schutzhabitate auf oder unter der Oberfläche angewiesene Mensch dereinst im »Freien« unter ihnen leben kann.

Wie die Geschichte zeigt, haben sich Menschen hauptsächlich dadurch verbreitet, dass sie es verstanden, lokale Rohstoffe auszuwerten und anzuwenden. Für lange Zeit werden die ersten marsianischen Pioniergenerationen nach der Sicherung des unmittelbaren Überlebens ihre wichtigste Aufgabe darin sehen, die Nabelschnur von der Erde in Form kostspieliger Nachschubtransporte auf ein Minimum zu reduzieren. Örtliche Mineralschürfung, Rohstoffprozessierung, Veredlung, Produktion usw. erfordern neue Technologieentwicklungen, die bereits heute ins Auge gefasst, jedoch noch nicht näher untersucht sind. Zumindest die Gewinnung von Sauerstoff und anderen lebenswichtigen Gasen ist auf dem Mars wesentlich einfacher als auf dem Mond, da sie aus der Marsatmosphäre und den nachgewiesenen Wassereisvorkommen gewonnen werden können, auf dem luftleeren Erdtrabanten jedoch, wie gesagt, aus Mineralverbindungen »ausgetrieben« werden müssten.

Eine für die ganz ferne Zukunft denkbare radikale ökosynthetische Umwandlung der Marsumwelt zu mehr irdischen Verhältnissen, von Science-Fiction-Autoren längst vorweggenommen und »Terraformen« genannt, wird heute auch von manchem ernsthaften Wissenschaftler spekulativ untersucht. Auf der Erde ist »Planetenumwandlung« in vieler Hinsicht bereits Wirklichkeit geworden, wenn auch nicht immer beabsichtigt, wie wir nur zu gut wissen. Könnten Menschen das Marsklima dereinst für das Wachstum terrestrischer Organismen zuträglich machen? Nach der Entdeckung von Wasser auf dem Roten Planeten, als Eis in den Polkappen eingeschlossen und als Permafrost tief im Boden gelagert, kann man diese Frage vorsichtig und vorbehaltlich mit »Ja« beantworten. Vorbehaltlich aus zwei Gründen: wegen des benötigten Zeitfaktors und des davon berührten ethischen Dilemmas.

Schon eine frühe NASA-Studie von 1976 über die Bewohnbarkeit des Mars fand »keine fundamentale, unüberwindliche Barriere« hinsichtlich der Möglichkeit, dass Mars einst von terrestrischem Leben bewohnt werden kann. Mit einer Kombination von gentechnisch manipulierten, »maßgeschneiderten« anaerobischen blau-grünen Algen zur Fotosynthese von Sauerstoff (Flechten erwiesen sich als von zu langsamem Wachstum) und Klimaänderung durch verstärkte Verdampfung der polaren Wassereiskappen, erzielt mit Albedo-reduzierenden Schwärzungsmitteln (und dadurch erhöhter Sonnenwirkung), könnte die Menschheit im Verlauf mehrerer Jahrtausende auf dem Mars eine atembare Atmosphäre und ein angenehmes Klima erschaffen, komplett mit Ozonschild gegen UV-Strahlen. Doch dürfen derartige Änderungen extraterrestrischer Umwelten durch Ökosynthese niemals ins Auge gefasst werden, solange auch nur die geringste Möglichkeit besteht, dass der Planet einheimische Organismen beherbergt, die eine Terraformung durch Genozid vernichten würde. Erst wenn es unumstößlich erwiesen ist, dass keine anderen Lebensformen, auch keine Mikroorganismen, durch die Änderung in Mitleidenschaft gezogen würden, könnten die Planeteningenieure auf den Plan treten.

So oder so kann der Mars Heimstätte für einen echten Ableger der irdischen Zivilisation werden, nicht lediglich ein Außenposten für wissenschaftliche Forschung oder Bergbau wie der Mond. Nimmt man die Geschichte des nordamerikanischen Kontinents, seiner Entdeckung, Erschließung und Entwicklung zur heutigen USA als Beispiel und schließt daraus – mit erheblicher Hoch-

Herstellung einer terrestrischen Atmosphäre auf dem Mars (Prinzipschema)

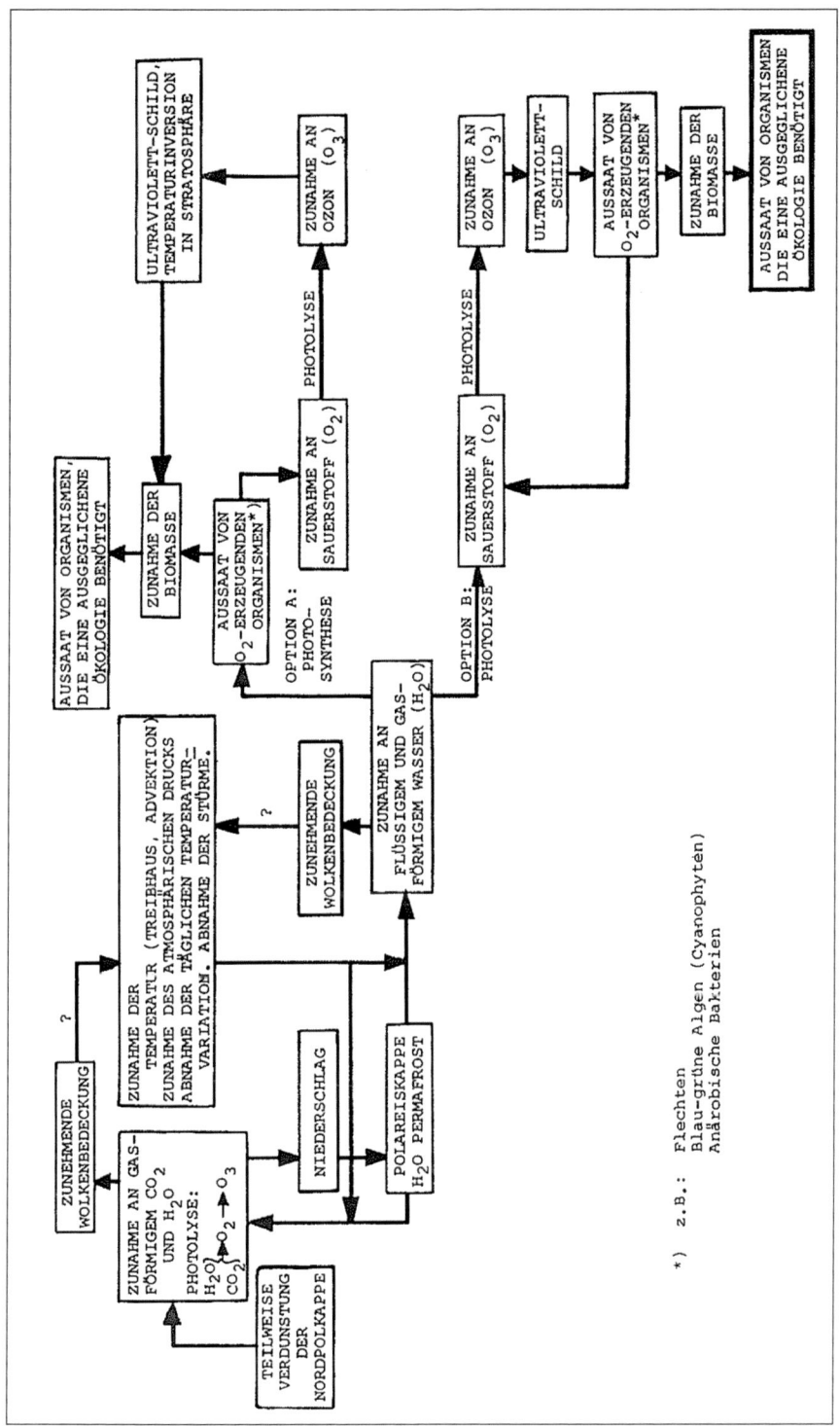

*) z.B.: Flechten
Blau-grüne Algen (Cyanophyten)
Anärobische Bakterien

223

rechnung – auf die ungleich mächtigere Marsentwicklung, so erscheint es plausibel, dass es auch mit zunehmender Abnabelung von der Erde viele Generationen dauern wird, bis die neue Zivilisation groß und produktiv genug geworden ist, um von der Erde einigermaßen unabhängig zu werden. Das aber bedeutet Jahrzehnte, eher Jahrhunderte regen Außenhandels zwischen Mars und Erde: Mars müsste spezialisierte High-Tech-Produkte, Luxuswaren und nicht örtlich vorkommende Rohstoffe importieren, und sein Export bestünde aus eigenen Gütern oder auch aus den in jeder Pioniergesellschaft frischer sprießenden Erfindungen und Neuerungen, wie es das Amerika des 19. Jh. gegenüber der »Alten Welt« demonstriert hat.

Gefragt werde ich heute auch oft: Was kommt nach Mars – welche weiteren »Plateaus« sind denkbar? Schon parallel zu seiner Erschließung werden vielleicht neue Expeditionen in größere Sonnenabstände hinausgehen und als Nächstes den Asteroidengürtel zwischen Mars und Jupiter erforschen. Dieser Bereich, etwa 2,7-mal weiter von der Sonne entfernt als die Erde, enthält nach jüngsten Schätzungen zwischen 1,1 and 1,9 Millionen Asteroiden von mehr als 1 km Durchmesser und Millionen kleinere. Diese Kleinplaneten, wie sie heute genannt werden, könnten die Überbleibsel der protoplanetaren Scheibe aus den Anfängen des Sonnensystems sein (deren Akkretion zu Planeten in der formativen Periode durch starke Gravitationsstörungen durch Jupiter verhindert worden sein kann). Viele von ihnen könnten demnach reichhaltige Minerallager an Platin, Palladium, Iridium, Rubidium und anderen Stoffen haben, die auf dem Mars und der Erde dringend benötigt werden und wertvoller als Silber sind. Ihre Prospektierung, Gewinnung und ihr Transport bedeuten eine neue Konsolidierungsphase, die ihrerseits der Erforschung der noch weiter entfernten faszinierenden Jupitertrabanten vorausgeht, von denen etwa der Mond Europa Ende 1996 durch seine von der Raumsonde *Galileo* entdeckten Eiskruste und der darunter vermuteten Wasservorkommen mit möglicher Biota weltweit Schlagzeilen gemacht hat.

Die Wissenschaft befähigt uns also zur Erschließung des Mars und wird uns zu weiteren Expeditionen befähigen. Doch sie kann sie nicht realisieren ohne die partnerschaftliche Hilfe eines anderen Kulturelements: der Politik. Weltraumfahrt und Politik sind untrennbar geworden. Und ebenso wie der Wissenschaft, die beim Marsprogramm sowohl treibt als auch getrieben wird, geht es auch der Politik: Sie ist es, die den Willen der Völker und das Knowhow der Wissenschaftler in die Tat umsetzt, und zum anderen bezieht sie

daraus oftmals unermesslichen Nutzen; auch hier also ein geschlossener Kreis. Außerdem ist die Weltraumforschung finanziell auf die öffentliche Hand, also auf Steuergelder, angewiesen, und so

Blick in unser Sonnensystem auf Mars (oben links), mit Venus (linker Bildrand), Merkur (rechts hinten), Jupiter (rechter Bildrand), darüber Saturn und einer der anderen äußeren Planeten (Neptun, Uranus). (Montage von NASA-Sondenaufnahmen)

wurzelt sie letzten Endes im Regierungsbereich und damit zutiefst im politischen System eines Landes, allen Motivationen und Limitationen des *Homo politicus* ausgesetzt, vor allem (leider) auch dessen Visionsarmut, die auf seinem höchstens »mittelfristig« eingestellten politischen Horizont beruht.

Bemannte Missionen überfliegen nicht nur das Hoheitsgebiet ihres Herkunftslands; in Notlagen müssen ihre Besatzungen auch in anderen Nationen landen können. Orbitale Bahnen haben sich ferner von Beginn an zur Stationierung von Waffen angeboten, und auch in Friedenszeiten können herabstürzende Trümmer verunglückter Raumsysteme die Bevölkerung nicht beteiligter Länder gefährden; damit ergibt sich die Frage der Haftung. Politik ist in der Raumfahrt auch dann am Werk, wenn aufgrund von Interessengegensätzen, also Wettbewerb, der Export von Technologien, Waren und Dienstleistungen geregelt werden muss. Solche Gegensätze ergeben sich etwa aus wirtschaftspolitischen Konflikten wie die Behinderung potenzieller Wirtschaftskonkurrenten oder die Öffnung von Märkten für bevorzugte Raumtechnologie oder aus sicherheitspolitischen Konflikten, bei denen nationale Sicherheitsinteressen im Vordergrund stehen.

Dass es dem *Homo politicus* überhaupt gelungen ist, auf diesem Gebiet Klarheit und weltweite Vereinbarungen über Zuständigkeiten, Verpflichtungen und Haftungen zu schließen, erscheint angesichts der schier unübersehbaren Menge möglicher Verwicklungen fast unglaublich. Schon 1957, als mit dem Piepsen von *Sputnik 1* die Raumfahrt begann, ging die UNO an die Kodifizierung eines Weltraumrechts, die als erstes Resultat zehn Jahre später den sogenannten Weltraumvertrag hervorbrachte. Er regelt die Tätigkeit von Staaten »bei der Erforschung und Nutzung des Weltraums einschließlich des Mondes und anderer Himmelskörper«, wie sein vollständiger Titel besagt. Dabei legt er wesentliche Grundsätze fest, wie etwa die Freiheit der Erforschung und Nutzung des Alls und des Zugangs zu allen Gebieten auf anderen Himmelskörpern sowie die Gemeinnützigkeit der Raumfahrt, die sogenannte Gemeinwohlklausel. Neben dem Weltraumvertrag von 1967 gibt es derzeit noch vier weitere internationale Verträge, die von den Vereinten Nationen auf dem Gebiet des Weltraumrechts als »Allstaatenverträge« ausgehandelt worden sind.

In neuester Zeit ist es besonders das hinter der Internationalen Raumstation ISS stehende gesetzliche Rahmenwerk, das für zukünftige Gemeinschaftsunternehmen beispielhaft ist. Es baut sich auf drei Ebenen internationaler kooperativer Übereinkommen (Agreements) auf: Das ISS Intergovernmental Agreement (IGA), unterzeichnet von den 15 ISS-Partnerländern, vier Memoranda of Understanding (MoUs) zwischen der NASA und den beteiligten Raumfahrtagenturen ESA, CSA, Roscosmos und JAXA und verschiedene bilaterale Durchführungsvereinbarungen (Implementing Arrangements) zwischen den Agenturen mit konkreten Richtlinien und Rollenverteilung.

Die neue Weltordnung nach dem Ende des Kalten Krieges erfordert neue Grundsatzdefinitionen auch für die politische Motivation hinter der Raumfahrt. Es kann kaum ein Zweifel daran bestehen, dass im 21. Jh. für die Großmächte anstelle des militärischen Wettbewerbs der Vergangenheit ein gewaltiges Ringen um globale Vormachtstellungen in Wirtschaft, Wissenschaft und Kultur, pauschal um »Lebensqualität«, treten wird. Charakterisiert wird es durch eine fast paradox scheinende Verknüpfung von internationaler Kooperation und Konkurrenz: Private Großindustrien, die stärksten Träger nationaler Wirtschaftskapazität, strecken heute dutzendweise ihre Tentakel aus, um weltumspannende internationale »Multis« zu bilden; gleichzeitig bemühen sich die mächtigsten politischen Institutionen der Welt noch um Protektion nationaler Führungsrollen in Technik und Wirtschaft nach gestrigen Richtlinien. Die sich in diesem Spannungsfeld zwangsläufig einstellenden Reformationen zeichnen sich bereits heute in der Erweiterung nationaler Strukturen zu internationalen Handelsblöcken ab, etwa in der Integration der Europäischen Union, zwischen Westeuropa und den Ostländern sowie zwischen USA, dem pazifischen Becken (mit Taiwan, Singapur, den Philippinen, Japan, Korea usw.) und der chinesischen Volksrepublik, einem jährlich um 14 Millionen wachsenden 1,2-Milliarden-Volk.

Die Raumfahrtorganisationen der Großmächte gerieten mit dem Schwinden alter Feindbilder in ihrer Zielsetzung für weitere Unternehmen im All zunächst in Verwirrung. Dabei hatte sich der neue Aspekt der multinationalen Kooperation des 21. Jh. gerade in der Raumfahrt schon frühzeitig abgezeichnet, sodass diese von Beginn an auch auf dem Gebiet internationaler Verständigung als bahnbrechend angesehen wurde. Heute ist Russland zum starken (und geschätzten) Partner der USA im All geworden, wie wir es schon 1975 mit dem *Apollo/Sojus*-Gemeinschaftsprojekt ASTP (Apollo Soyuz Test Project) probiert haben, als die Zeit dafür noch nicht reif war. »*Man könnte sagen, dass Sojus-Apollo ein Prototyp zukünftiger orbitaler Stationen ist*« (KP-Sekretär Leonid Breschnew, 1975). Danach mussten 20 Jahre vergehen, bis der erste russische Kosmonaut als Besatzungsmitglied in einem U.S. Space Shuttle mitflog (Sergej Krikalow auf STS-60/Discovery am 3. Februar 1994).

Obgleich es heute keinen Kalten Krieg mehr gibt, war es wiederum nicht die wissenschaftliche, sondern die politische Signifikanz der bemannten Raumfahrt, die den Ausschlag gab bei der neuen Partnerschaft zwischen den USA und Russland in diesem größten internationalen technischen Gemeinschaftsprojekt, der ISS, das der Mensch bisher auf dem Erdenkreis unternommen hat. Seine Bedeutung auf wissenschaftlicher, technologischer und weltpolitischer Ebene dreht sich unmittelbar um Dinge, die uns allen hautnah sind: Es geht um Leben und Lebensqualität auf der Erde, um die Befreiung von althergebrachten »business as usual«-Methoden in Forschung und Entwicklung und um technologische Wettbewerbsfähigkeit; es geht um politische Bindungen, Weltfrieden und Welteinheit, um katalytische Aktion im Schulunterricht und Universitätskursus, um Wirtschaftsstimulans und Arbeitsplätze. Die Zeit des Konkurrenzdenkens im All, also das Wettlauf-Denken, ist längst vorüber, heute regiert die völkerverbindende, friedenschaffende Kooperation im kosmischen Raum. Damit gibt die Raumstation einen Vorgeschmack auf das Jahrtausendprojekt Mars, ja, wie bereits erwähnt, ist sie dafür ein »Pilotmodell«.

Die Länder werden im Verlauf der jetzt bis über 2020 hinaus verlängerten Raumstationsphase wachsende Erfahrung und Sicherheit im Umgang miteinander und Vertrauen zueinander gewinnen und durch ihre mit technowirtschaftlichem Wettbewerb koexistierende multinationale Kooperation größere Aufgaben im All möglich machen, die wie der Marsflug die wissenschaftlichen, technischen, medizinischen und wirtschaftlichen Kapazitäten einer Einzelnation überfordern. Im Bündnis wird es für die Länder kein übermächtiges Problem darstellen, die dafür nötigen materiellen, finanziellen und geistigen Ressourcen aufzubringen. Das weitaus größere Problem wird darin bestehen, diese Ressourcen weltweit effizient zu organisieren. Gerade dafür aber liefert die Internationale Raumstation bereits ein praktisches Versuchsmodell, wie es die neu gegründete ISECG erkannt hat.

Die Gründe, warum eine Marsexpedition ein Mehrstaaten-Unternehmen sein sollte, liegen also auf der Hand. Internationale Kooperation ist schon prinzipiell wünschenswert, weil sie die Weltpolitik »unter Druck« setzt und zur Aktion fordert. Bereits in der Pionierzeit der Raumfahrt, noch bevor die ersten Träger ins All starteten, gingen ihre Verfechter davon aus, dass die Durchführung solcher Großprojekte im Weltraum durch internationale Kooperation beschleunigt und finanziell erschwinglicher werden würde.

ISECG/SAM Meeting in Kyoto 2011

ISECG-Treffen in Kyoto: (von links): ESA/ Thomas Reiter, KARI/Eunsup Sim, UKSA/ David Parker, Roscosmos/Alexey Korostelev, DLR/Rolf Densing, JAXA/Yoshiyuki Hase- gawa, NASA/William Gerstenmaier, JAXA/ Kiyoshi Higuchi, ASI/Andrea Lorenzoni, CSA/Jean-Claude Piedboeuf, CNES/Richard Bonneville, JAXA/Yuichi Yamaura

Durch die Beteiligung aller interessierten Nationen am Planungsprozess ließen sich die besten Gehirne in der Welt zusammenbringen, um die effizientesten und innovativsten Lösungen zu finden. Unnötige Duplikationen könnten vermieden und soziopolitische Spannungen in der Welt reduziert werden, wenn mehr und mehr Länder ihre Raketen auf die Sterne richteten, statt gegeneinander.

International durchgeführte Unternehmen wie die Marslandung haben »global-synergistische«, sich gegenseitig aufschaukelnde Effekte auf mehreren Ebenen, wie Technologie, Wirtschaft, Wissenschaft, Bildungswesen, Bewusstseinsbildung, Zukunftssicht und Selbstverständnis. Auf dem technologischen Gebiet kann zum Beispiel das Zusammentreten spezifischer Hochtechnologien, auf die sich einzelne Länder spezialisiert haben, in einem die Landesgrenzen überschreitenden komplementären Technik-»Pool« synergistisch in mehr als der Summe ihrer Teile resultieren und damit die besten Ressourcen der Welt verfügbar machen. Von einer solchen, wahrscheinlich von keinem anderen gezielten Kooperationsunternehmen in derartigem Umfang realisierbaren Entwicklung, die sich an einem »Common

Cause« auf neutralem, unumstrittenen Boden orientiert, würden alle Nationen Nutzen haben wie nie zuvor in der Geschichte. Da die Raumstation eine wichtige Voraussetzung der Marsexpedition ist, kann diese einen Begriff von der langfristigen Bedeutung einer raumstationsgestützten Entwicklung zentraler Hochtechnologien geben und damit einen Anreiz dafür, ihre Kräfte auf solche Projekte zu richten. Dadurch könnte sich aber auch die Entwicklung der irdischen Gesellschaft schlechthin beschleunigen, da sie durch Technologietransfer greifbaren Nutzen daraus zieht.

Wie gesagt wäre die Finanzierung der Marserschließung beim heutigen und voraussehbaren zukünftigen globalen Wirtschaftszustand kaum mehr tragbar für eine einzelne Nation, weder für die USA noch für Russland oder China. Das Problem liegt freilich nicht so sehr bei dem für Initiierung und Anfangsfinanzierung des Programms erforderlichen Kapital und der Wirtschaftsstärke des Landes, sondern eher in der nachhaltigen Aufrechterhaltung der sich danach über Jahrzehnte erstreckenden ständigen Finanzierung des gigantischen Unterfangens durch ein demokratisches System, das mit Sicherheit im Lauf der Zeit öfters seine nationalen und internationalen Prioritäten wechselt. Die erforderliche langfristige Stabilisierung bei solchen »Umpolungen« lässt sich nur durch weltweite Beteiligung erzielen. Es kann deshalb sein, dass die bemannte Marserschließung das erste Raumfahrtvorhaben ist, das nur aufgrund internationaler Kostenbeteiligung nachhaltig realisierbar wird.

Internationale Kooperation beim Marsprojekt bringt aber auch Komplikationen, die einer Einzelnation nicht ins Haus stehen: eine Managementstruktur mit vielfältigen fordernden Kontaktflächen (»Interfaces«), Konfigurationskontrolle und Integration zahlreicher technischer Beiträge aus unterschiedlichen Erzeuger- und Lieferländern, Entscheidungsfindung, Finanzierung, sachgerechte und faire Verteilung der Zuständigkeiten, Pflichten und Programmleitung, Technologieübertragung, politische Langzeitstabilität der einzelnen Partner und die Rolle der übrigen Länder ohne eigene Raumfahrtentwicklungen. Aber aus der Bewältigung dieser erheblichen Herausforderungen erwachsen dem zukünftigen Leben auf der Erde neue Managementlösungen: Auch hier also ein Kreislauf, der in Richtung weltweit dringend benötigter Ausgleiche der klaffenden Gegensätze zwischen Nord und Süd, West und Ost wirkt.

Die fortschreitende Industrialisierung hat auf dem Erdenkreis im ständigen Streben nach Verbesserung des menschlichen Lebensstandards, einschließlich unserer Umweltbedingungen, stark unterschiedliche Stadien erreicht – vom einen Extrem völlig mangelnder Industrieentwicklung bis zum anderen Extrem einer die Toleranz von Mensch und Umwelt strapazierenden Überindustrialisierung. Bis zu 80 Prozent der Menschheit leben in den Entwicklungsländern, meistenteils noch unterhalb dessen, was wir als »Armutsgrenze« bezeichnen würden. Es ist undenkbar, dass der restliche Teil der wohlhabenderen Erdmenschen von knapp 20 Prozent unter Ausschluss dieser Länder ein Großprojekt im Weltraum von den Ausmaßen der Marserschließung unter sich »abmachen« würde. Zu seiner die Anstrengungen eines ganzen Völkerverbands erfordernden Realisierung kann es in aller Wahrscheinlichkeit erst dann kommen, wenn wir uns zuvor und gleichzeitig der brennendsten Probleme auf Erden – Hunger, Armut, Ignoranz und Krankheit – in stärkerem Maß angenommen haben, als wir es heute tun. Es kommt nicht von ungefähr, dass gerade die Raumfahrt hierzu wesentlich beitragen kann. Zur Überwindung der anstehenden Kardinalprobleme unserer Welt, die wir nicht zuletzt der Scheuklappensicht heutiger Bewusstseinsstrukturen verdanken, muss der Mensch selbst, in ausgewogener Partnerschaft mit Natur und Technik, als Ansatz für die Problemlösung dienen, die ihn in seiner Natürlichkeit wieder in die Mitte rückt – ohne Scheuklappen. Öffentliche Technikprogramme dieser Mächtigkeit bringen gewaltige Schübe an Industrieaufträgen und damit Innovationen, Kapitalbildung, neuen Managementmethoden, neuem Wissen und neuen Produkten hervor; dadurch liefern sie umgekehrt Lösungen für »Drittwelt«-Problemkomplexe wie die genannten und wirken so in die angestrebte Richtung erhöhter Lebensqualität für alle. Hier wird wie bei Wissenschaft, Politik, Bildungswesen u. a. ebenfalls eine die Summe der Teile übersteigende Synergie wirksam, bei der die Raumfahrt direkt auf irdische Probleme Einfluss nehmen und dadurch längerfristig wiederum zu größeren Unternehmen weiterführen kann – die geschlossene Rückkopplung einer Superökologie, wie ich es an anderer Stelle genannt habe. Es ist ein Regelkreis, der auch bei seiner »Streckung« bis zum Mars geschlossen bleiben kann.

Ich möchte noch einen Moment verweilen bei dem Nutzen einer Marserschließung für Technologie, Wirtschaft und Management großer Komplexe. Dass die Programmdurchführung technisch eine gewaltige Herausforderung sein wird, steht außer Frage (s. Kapitel 7): Benötigt werden zahlreiche neue Techniken, Methoden und Großsysteme auf Gebieten wie Antriebe und

Energie, menschliche Gesundheit und Adaptierung, geschlossene Lebenserhaltung, Rohstoffverwertung und Ökologie, Systemzuverlässigkeit und -langzeitbetrieb, Habitatbau, Automation und Robotik, deren Entwicklungen vielschichtig und schrittweise verlaufen werden.

Das heißt: Die im vorgenannten Technik-»Pool« integrierten besten Wissenschaftler und Ingenieure der beteiligten Nationen werden auf dem bereits vorliegenden Wissensfundus von Organisationen wie NASA, ESA und Russlands Roscosmos aufbauen und Neues schaffen (siehe ISECG). Aus den sich allmählich herauskristallisierenden Aufgabenstellungen, gestaltannehmenden Systemkonzepten und bevorzugten Technologien entstehen zunächst einzelne Betriebssysteme im Rahmen näherfristiger Schwerpunktprogramme, die ihrerseits weiterführende Entwürfe, Fabrikation, Erprobung und Demonstration neuer Fluggeräte, Aggregate, Prozesse und Software für nachfolgende Großsysteme des Vorhabens hervorbringen. In der Folge dieses sich nach dem Lernprinzip logisch aufbauenden und entfaltenden Evolutionsvorgangs erzeugt das »Jahrtausendprojekt« in aufeinanderfolgenden Phasen technischen Einfallsreichtum und Innovationen, und diese lösen wiederum neue Schübe in allen Aspekten unseres Alltags und unserer Kultur aus. Der technische Fortschritt, den ein solches Megaunternehmen vorantreibt, ist also ein wesentlicher Nutzfaktor des Ganzen, ein Technologieschub, der den des *Apollo*-Programms weit in den Schatten stellen wird. Hinzu kommen der erwähnte synergistische Effekt durch eine im Staatenbündnis gemeinsam entwickelte Technologiebasis und die zwangsläufige globale Verteilung der Errungenschaften mit ihrer ausgleichenden und stabilisierenden Wirkung.

Bei der Raumfahrt geht es ferner um Arbeitsplätze, und die sind heute überall auf der Welt gefragt. Auf seinem Höhepunkt beschäftigte *Apollo* über 400 000 Männer und Frauen in der NASA und in mehr als 20 000 Betrieben in 49 Bundesstaaten, ein nach Ende des Koreakriegs hochwillkommener Jobmarkt. Beteiligt waren außerdem Lehrpersonal und Studenten an etwa 200 Universitäten und akademischen Forschungsinstituten. Die internationale Raumstation hat in den rund 12 Jahren ihres Baus allein für die USA 42 000 Jobs bedeutet (zu einem Kostensatz für die USA von rd. 50 Dollarmilliarden, eingeschlossen Shuttle-Transportdienste, die zum größten Teil in Lohntüten geflossen sind). Darüber hinaus sind auch die Arbeitsplätze in völlig neuartigen Berufen zu berücksichtigen, die der ständige Betrieb der Internationalen Raumstation bereits erzeugt hat und in den kommenden Jahren hervorbringen wird. Es dürfte angesichts solcher Beispiele nicht zu weit gegriffen sein, für das Mars-Programm, das (über die ersten zehn Jahre genommen) finanziell schätzungsweise zwei- bis dreimal »mächtiger« als *Apollo* sein wird, weltweit einen Arbeitsplatzbedarf von siebenstelliger Größe zu erwarten.

Mit dem Abklingen der Forderung nach nationaler Sicherheit im Zug der politischen Entspannung unserer Tage muss man sich in absehbarer Zeit für neue Anwendungsbereiche unserer kritischen technologischen Ressourcen entscheiden. Wird die Entwicklung von Hochtechnologien nicht länger primär durch Rüstung und Verteidigung gefördert, so müssen die hierzu nötigen, für die zukünftige Welt und die Menschheit erforderlichen Impulse von woanders herkommen, doch woher? Bei der Raumfahrt liegt der technologische Nutzfaktor wesentlich höher als bei der Rüstung (vom psychischen und moralischen ganz zu schweigen). Das heißt: Investition in die erstere erspart ein Vielfaches davon an Investition in die letztere; die »eingesparte« Differenz könnte anderen Sozialbedürfnissen zugeführt werden. Schon jetzt zeigt sich deutlich, dass solche Nationen, die im wirtschaftlichen Wettbewerb der kommenden Jahrzehnte bestehen wollen, den Weltraum als Schlüsselinvestierung des 21. Jh. betrachten. Die USA liegen (noch) vorne. Die Japaner sind mit ihrer neuerlich geplanten Aufwertung der bemannten Raumfahrt in ihrer Haushaltsplanung ein weiteres Beispiel. China stößt mit Macht vor und errichtet seine erste bemannte Raumstation. Indien hat sich für eine erhöhte Förderung der Weltraumforschung und bemannten Raumfahrt entschlossen. Andere Länder folgen (siehe ISECG). Wenn ein Land wie Deutschland in der bemannten Raumfahrt noch länger zögert, könnte es eines Tages mit der Feststellung erwachen, dass es zum Kunden und nicht zum Lieferanten geworden ist, weil andere mittlerweile die Potenziale des Alls erschlossen haben.

Hinsichtlich der Gesamtkosten des Unternehmens, in der Größenordnung mehrerer Hundert Dollarmilliarden, ist es wichtig, dass man Kostenangaben nicht aus dem Zusammenhang herausnimmt und ohne die dahinterstehenden Programme und Nutzungspotenziale sieht. Als die NASA für das SEI-Programm von Präsident George H. W. Bush 1989 eine Gesamtsumme von $400–500 Milliarden nannte, war der Plan politisch erledigt. Ein Staatenbündnis wird sich auf Weltraumexploration großen Stils erst dann einlassen, wenn es sich zur Realisierung einer ständigen menschlichen Präsenz im Sonnensystem entschlossen hat. Die Kosten dafür hängen davon ab, für wie lange man den Unterhalt des Programms zu tragen bereit ist (Sustainability, Nachhaltigkeit), und die Kosteneffizienz davon, welchen Nutzen man aus ihm bezieht; dieser aber lässt sich unmöglich im Voraus beziffern. Fragt etwa heute jemand nach den Kosten der Erschließung des nordamerikanischen Kontinents? Die USA haben für ihr Straßensystem kumulativ an die 2,5 Billionen Dollar ausgegeben, ein gigantisch erscheinendes Investment, das sich jedoch in Wirklichkeit nutzwirkend vielfach ausgezahlt und unermessliche Profite gebracht hat. Angesichts der langfristigen Nutzungspotenziale der Weltraumexploration muss eine fortbestehende Investierung im All wie der Straßenbau gesehen werden: als eine vitale Kapitalanlage in eine Infrastruktur jenseits von Wenn und Aber.

Die Raumfahrt mit ihrer Wissensfokussierung und globalen Perspektive, verkörpert durch das Jahrtausendprojekt Mars, verändert die Einstellung und Wertmaßstäbe der Welt und liefert bereits heute mit Methoden des Intellekts das erste Handwerkszeug, die kulturelle Ausrüstung zur Lösung von Makroproblemen des gerade erst begonnenen Jahrhunderts: vernetztes Denken und Handeln, Erkennen neuer Alternativen außerhalb eingefahrener Denkweisen, effiziente Nutzung knapper Energien und Versorgungsgüter und sparsamer Umgang mit begrenzten Rohstoffen, Einsatz effizientester technischer Leistung, Entwicklung und Betrieb hochzuverlässiger technischer Großsysteme und weltweite partnerschaftliche Zusammenarbeit an globalen Problemstellungen. Als Pionierunternehmen erstellt die Raumfahrt ohne Gefahr für das Gemeinwesen, wenngleich niemals ohne Risiko für den Beteiligten, Systemansätze, die der zukünftige Mensch als Rüstzeug braucht: Umgang mit Wirkungsschleifen und Regelkreisen anstelle eindimensionaler Wirkungspfeile, Verständnis der Gleichgewichtsbewegungen vernetzter Systeme, Konzentration auf Wechselwirkungen zwischen Systemelementen (statt auf einzelne Elemente) und Wahrnehmung der Ganzheit des Systems, Unterscheidung zwischen dynamischem Prozess und statischer Struktur und damit Einbeziehung von Zeitdauer und Irreversibilität (Nichtumkehrbarkeit), Erstellung von Modellen der Realität und Bewertung von Fakten anhand der Funktion solcher Modelle, interdisziplinäre statt disziplinorientierte Ausbildung und zielorientierte statt detailfokussierte Handlungsweisen.

Eine Schlüsselrolle spielt hierbei natürlich das Bildungswesen. Was uns Schulen und Universitäten noch heute vermitteln, ist gewöhnlich eine Kollektion (und Kollage) getrennter Einzelbereiche: Mathematik, Biologie, Physik, Geografie, Soziologie, Landwirtschaft, Energietechnik, Chemie, Medizin und Betriebswirtschaft, systematisch geordnet und nach Ressorts und Fachdisziplinen abgeteilt. In der Wirklichkeit der Welt hängen diese Einzelbereiche jedoch eng miteinander zusammen und bilden ein vernetztes System. Dies gilt auch für die großen Probleme, die uns heute begegnen und in den kommenden Jahrzehnten zunehmend in Atem halten werden. Ihre Bewältigung verlangt eine Denkweise, die die Betonung eher auf die Wechselwirkungen und Beziehungen zwischen den Einzelbereichen statt auf diese selbst legt. In der bemannten Raumfahrt in ihrer Vorreiterrolle ist diese Anschauung längst ständige Praxis.

So finden wir den geschlossenen Regelkreis auch beim Bildungswesen. Denn der Weltraum ist nicht nur eine ständige Quelle neuen Wissens, sondern, wie sich gezeigt hat, auch ein starker Magnet fürs Lernen. Raumfahrtorientierte Schulungs- und Trainingsstätten in den USA wie »Space Camp«, »Space Academy« und ein Dutzend »Challenger-Centers« sind seit vielen Jahren feste und außerordentlich populäre Begriffe für eine zukunftsbegeisterte Jugend geworden. Diesem Phänomen begegnen wir auch in Russland und in Europa. Davon ausgehend wird die Marslandung ohne Zweifel nicht nur im Bildungsbereich eine gewaltige neue Herausforderung bilden, sondern auch Anreiz und Begeisterung für neue Generationen von Schülern und Studenten, aus denen die zukünftige wissenschaftliche und technische Belegschaft der Nationen, die im dritten Jahrtausend benötigte Crew des »Raumschiffs Erde« hervorgehen wird.

Fest steht, dass das Marsprogramm Heerscharen von Wissenschaftlern, Ingenieuren und Technikern mit großem Fachwissen auf zahlreichen Gebieten erfordert. Naturgemäß erfährt damit auch die Nachfrage nach Lehrpersonal und Lehrmitteln einen starken Schub. In mancher Hinsicht wird der Bildungs- bzw. Lehrerstand sogar ein wichtiger Schlüssel zur Expansion im All, die ja nicht als eine Abkehr von der Erde, als Flucht in weite Ferne gemeint ist, wie sie in Science-Fiction vielfach gesehen wurde, sondern eine Zuwendung zur Erde, eine »Rückkehr nach Hause« und ein Hilfsprogramm zum Aufbau einer neuen Welt für uns. Im Gegensatz zur historischen Umwandlung von Grenzland in Kulturland und neuen Lebensraum tritt an die Stelle der traditionellen Pioniere, bei denen Härte und Draufgängertum gefordert wurden, ein neuer Menschentyp, der diese Superökologie begreift und neben der technisch/wissenschaftlichen Bereitschaft auch die erforderliche geistig-idealistische und moralische Bereitschaft, Entschlossenheit und Nachhaltigkeit aufbringt. Zu seiner Ausbildung werden an vorderster Front die dem Kommenden aufgeschlossenen Lehrer gebraucht, die damit die neue Pionierrolle übernehmen.

Bevor das Programm auf internationaler Ebene akzeptiert wird, sind erhebliche Weiterentwicklungen erforderlich – in Bildung, internationaler Verständigung, Kooperation und Politik, Soziologie, kurz: im allgemeinen Reifezustand der Völker. Ein menschliches Expansionsprogramm ist ja nicht eine Ansammlung kostspieliger Technikprodukte, eine »Infrastruktur« von großen Mengen »Aluminium im All«, sondern ein Prozess, ein Ausdruck einer Gesamtkultur, ein Teil eines Volksethos. Die Mondlandung war ein derartiger Ausdruck; sie sollte die Vision, Kühnheit und Fähigkeiten eines Landes demonstrieren und entsprach voll und ganz ihrer Ära. Unser gegenwärtiger Zeitgeist würde ein großangelegtes bemanntes Raumflugprogramm über die Raumstation hinaus kaum unterstützen. Unsere Prioritäten liegen derzeit anders; wir haben »Wichtigeres« zu tun. Damit ergibt sich für uns die Aufgabe, uns zu einer Gesellschaft weiterzuentwickeln, für die ein menschliches Expansionsprogramm von der Art der Marserschließung ein natürlicher, unzweifelbarer Ausdruck »jenseits von Wenn und Aber« ist.

Entgegen oft gehörter Meinung ist Raumfahrt also, wie schon gesagt, keineswegs allein eine Sache der Technik. Oder umgekehrt formuliert: Die Technik der Raumfahrt ist nur ein Teil des Raumzeitalters. Als intellektuelles, soziales und ethisches Wesen hat der Mensch im All neben seinem utilitären Nutzen zweifellos auch eine bedeutende transutilitäre humanistische Rolle; ihre Stärke entspringt dem Abenteuercharakter des Raumflugs sowie unseren idealistischen Bedürfnissen, Wünschen und Sehnsüchten. Bei ihrer Bewertung werden jedoch utilitären Anwendungen und Wirtschaftsimpulsen heute immer wieder der höchste Stellenwert eingeräumt, nicht ohne gewisse Berechtigung. In Wirklichkeit sind sie aber eine Wirkung und nicht eigentlich Ursache der Raumfahrt. Die Ursache liegt viel tiefer im menschlichen Wesen – auf persönlicher Erfahrungsebene: darin besteht ihr Hauptanreiz für die meisten Menschen. Ihre technische Realisierung wirkt dann mit eigener Magie auf die Fantasie der breitesten Schichten, die darauf mit neuen wissenschaftlichen Anstößen und anderen Kulturausdrücken reagiert. Jede neue Großstufe der Menschheitsentwicklung verlangt nach einem Gleichgewicht zwischen Materie und Geist, nach einer der praktischen Seite Sinn gebenden »Ideologie«. Dass diese Notwendigkeit auch für den Schritt ins All besteht, wird noch immer nur von relativ wenigen erkannt. Staat und Kirche, Politik, Religion und moderne Philosophie – sie alle haben es bis heute noch nicht verstanden, die Weltraumfahrt als globales Evolutionsphänomen sinnvoll in unser Leben und seine täglichen Bedürfnisse einzuordnen; das zeigt, dass eine neue Daseinsphilosophie erforderlich ist. Alle krampfhaften und verkrampften Versuche, Raumfahrt allein durch wirtschaftliche Kosten/Nutzen-Vergleiche zu rechtfertigen und andere Beweggründe als niederrangig und nicht konkret abzutun, haben bisher gezeigt, dass dabei viel Absurdes und wenig wirklich Überzeugendes herauskommt.

So wie die im 17. Jh. beginnende Wissensrevolution in Frankreich, England, USA und Deutschland dem rationalen, liberalen, humanistischen und wissenschaftlichen Denken der Aufklärung im 18. Jh. den Weg bereitete, so kann unsere neue Weltsicht aus der Perspektive des Alls diese Aufklärung einen Schritt weiterführen. Für mich ist deshalb die Raumfahrt, ob bemannt oder unbemannt, utilitär oder transutilitär, im nahen Erdorbit oder zum fernen Mars, immer schon die eigentliche »Mission zum Planeten Erde« im weitesten (und wahrsten) Sinn dieses sich zur Zeit näherliegend auf NASAs Umweltprogramm aus der Umlaufbahn beziehenden Begriffs und ihr Prozess eine Metapher der Zukunft schlechthin.

In dieser neuen Aufklärung darf man sich, um den Schritt zum Mars zu begreifen, nicht auf die engen Perspektiven und Horizonte unserer traditionellen Umwelt beschränken. Die wirklichen Gründe, warum Menschen Raumfahrt unternehmen und trotz aller sich ihnen in den Weg stellenden Hindernisse zum Mars fliegen werden, liegen auf einer anderen, höheren Ebene. Deren einzig sinnvolle Begründung als notwendige und logische Entwicklungsstufe kann nur von der Warte der großen Linien der Geschichte unseres Planeten im Rahmen noch größerer Welt- und Lebensgesetze kommen. Entsprechend ist es ein uns langsam erscheinender Prozess, der Generationen braucht, um sichtbare Früchte reifen zu lassen. Selbst die großen Naturphilosophen des alten Ägyptens und Griechenlands haben das Weltbild in ihrer Ära nicht verändert; heute gibt es jedoch keinen Zweifel über ihr Tun, das die Welt mittlerweile einschneidend verändert hat.

Exploration *per se*, aber mehr noch die Rolle, die der Mensch dabei spielt, hat in unserem Dasein schon immer einen hohen Stellenwert eingenommen, und es besteht kein Grund, warum sich daran in Zukunft etwas ändern sollte: Die hauptsächliche Motivation, der treibende Motor hinter einem fortlaufenden und mit Nachdruck betriebenen bemannten Explorationsprogramm ist die Identifizierung der Öffentlichkeit mit Abenteurern, die im Namen ihrer Herkunftsnationen große Taten vollbringen. Das daraus erwachsende Selbstverständnis und die Erkenntnis der eigenen Vitalität und der Grenzenlosigkeit menschlicher Existenz sind notwendige Elemente für den Fortbestand und das umweltgerechte Wachstum der Menschheit. Der Weltraum als natürliches Betätigungsfeld und der Mars als seit Urzeiten lockendes Ziel, als »Pull«, bieten hierzu eine vortreffliche Herausforderung, wie sie nirgendwo sonst mehr auf Erden zu finden wäre. Die dadurch demonstrierte

Aufhebung terrestrischer Begrenzungen und Beschränkungen in den Zukunftsvorstellungen des Menschen könnte auf die pannationalen Aspektierungen und Entscheidungen des 21. Jh. hinsichtlich Erhaltung, Schutz und Pflege unseres eigenen Planeten einschneidenden und nachhaltigen Einfluss nehmen und sich für die Erde des 21. Jh. und die weitere Zukunft unserer Gattung als segensreich, ja von unermesslichem Wert erweisen.

Die in Kapitel 1 beschriebene kopernikanische Revolution im himmelskundlichen Selbstverständnis der Erde und ihrer Bewohner gegenüber dem Universum muss auch auf Gebiete wie Ökologie und andere Begriffsbereiche übergreifen. Denn das geschlossene geozentrische Ökosystem des 19. Jh., ausgehend von Ernst Haeckel (1866), kennt für das menschliche Wachstumsbedürfnis nur zwei Alternativen: Entweder hört das Wachstum auf und die Umwelt bleibt erhalten, oder es geht weiter und Umwelt samt Menschheit werden zerstört. Die dritte Möglichkeit einer kopernikanischen Systemöffnung zum Weltraum hinaus und ihre Konsequenzen sind auch heute nur wenigen bewusst. Wie jeder Schritt ins Äußere ist dieser nicht nur physisch: Naturgemäß bewirkt er auch einen Schritt tiefer ins Innere und ist deshalb »arational« und von transutilitärer Bedeutung für den heutigen Menschen, nur muss man sich seinen bewusstseinsändernden ethischen Kräften öffnen – sowohl individuell als auch über den mehr kollektiven Weg des Bildungswesens. Raumfahrt ist für den Menschen psychisch erfüllend, weil sie nicht unnatürlich ist, sondern ein Ausdruck der Natur in uns und durch uns. Sie weitet unsere Erfahrungswelt und damit unseren Bewusstseinshorizont, d. h.: Sie gibt uns ein neues, integrales Selbstverständnis im Schöpfungsplan. Tatsächlich hat der Mensch erst vom All aus seinen eigenen Planeten in seiner Ganzheit gesehen, als blau-weiß gescheckte Murmel in der Schwärze über der öden Mondlandschaft schwebend. Dieses Bild versetzte uns in ein bewussteres Zusammengehörigkeitsverhältnis zu unserem Planeten und all seinen Lebewesen. Der Anblick der Erdkugel, wohl das wertvollste Vermächtnis von Apollo, wurde uns dadurch vertraut, und er begleitet uns als verselbstständigtes Archetypsymbol durchs Leben. Er hat vielleicht mehr als irgendetwas anderes die Einmaligkeit und Verwundbarkeit unseres Planeten dramatisiert und das kopernikanische Weltbild, das diese schimmernde Kugel als einen Planeten im Sonnensystem inmitten einer unermesslichen Zahl anderer Sonnensysteme und Milchstraßen sieht, zu einem Grundbestandteil des allgemeinen Weltbewusstseins und Naturgefühls gemacht. Das

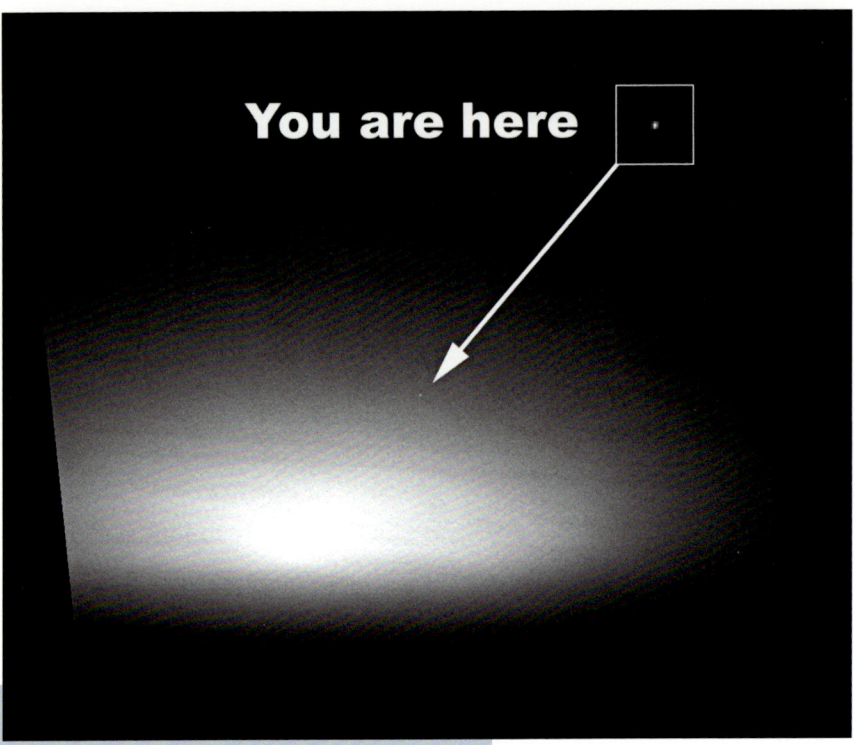

You are here

Bild motivierte zu weiteren Schritten, denn fortan konnten wir unsere Welt auch in ihrer zusammenhängenden Ganzheit erkunden und verstehen lernen. Wie wird das menschliche Bewusstsein erst bei den Expeditionen zum Mars expandieren, wenn die Bilder der zum strahlenden Lichtpunkt zusammenschrumpfenden Erde, dann der ebenfalls kleiner werdenden Sonne für die Erdbewohner zu ikonhaften Symbolen ihrer Ära werden!

Wie der visuelle »Overview« (Überblick)-Effekt im Einzelnen die Erfahrung prägt, hängt vom betreffenden Individuum und Missionsablauf ab, doch zeigt er sich allgemein als eine Erweiterung des menschlichen Daseinsbereichs, bzw. als ein Schrumpfen der Erde und ein Wachsen des begrifflichen Horizonts: als eine zunehmend globalere Einstellung, die Grenzen und soziale Fragmentierungen überschreitet. Gemeinsame Raumfahrt kann die Aufteilung der Welt vergessen lassen (siehe Apollo 11 und ISS). Wichtig ist, dass er sich dabei nicht auf den Astronauten beschränkt, sondern auch

Zurückbleibende erfassen kann. Schon bei Apollo hat sich der empathische »Stellvertreter-Effekt« gezeigt: Wenn ein Mensch fliegt, fliegen wir alle.

Dass es die moderne Technik ermöglichen wird, das bewusstseinsändernde Erlebnis All auch dem auf »sicherem Boden« Zuhausebleibenden zuteil werden zu lassen, ist von früheren Visionären glatt übersehen worden. Dank umwälzender Fortschritte in den Techniken der Telekommunikation, von Video und Audio, Relaissatelliten, Computersimulationen, Animationen, IMAX-Kino und »Virtueller Realität« wird es in Zukunft jedem Menschen möglich sein, als Astronaut im Raum zu schweben und durch seine Tiefen zu reisen, auf der Wunderwelt Mars zu spazieren, in der Gluthölle der Venus zu landen und selbst die dem Menschen verwehrten äußeren Gasriesen wie Jupiter und Saturn zu besuchen, ohne den häuslichen Armsessel verlassen zu müssen. Damit weitet sich auch sein Horizont.

Begriffs- und Bewusstseinswandel bergen stets die Chance neuer Fortschritte im kollektiven geistigen Reifungsprozess in sich. Deshalb meine ich, dass allein schon dieses Phänomen, selbst wenn es den praktischen Nutzen der Raumfahrt nicht gäbe, genügend rationale Rechtfertigung für sie liefert. Es gilt noch immer die alte Weisheit, dass der Mensch, der sich nicht verändern, d. h. nicht sein Bewusstsein erweitern will, wieder und wieder die gleichen Fehler begeht. Der Erlebnisbereich Weltraum bietet eine neue Chance, zu einer Denkweise zu finden, die uns positiv beeinflusst und befähigt, mit unserer Heimatwelt liebevoller und behutsamer umzugehen und ein neues Verhältnis zur Natur zu finden. Wer den Weltraum erlebt hat, gewinnt an Verantwortungsgefühl für die Erde und erkennt die zwingende Notwendigkeit, dieses »Raumschiff« intakt zu halten.

Die Erfahrung zeigt, dass sich der durch die Seinsbereichserweiterung angeregte Bewusstseinswandel nicht als Quantensprung auswirkt, sondern kontinuierlich-gleitend, zumeist im Unbewussten. Ich glaube, dass er im Verlauf der nächsten 30–50 Jahre Menschen formen wird, deren Weltsicht und Reife in ihren Umweltbeziehungen deutlich anders sein werden als bei uns heute. So wird die Raumfahrt beitragen zum Entstehen eines neuen Menschentyps mit einem neuen Verständnis der Wirklichkeit, der für neue Maßstäbe, neue Ziele und neue Werte gebraucht wird: weg von Kurzsichtigkeit, Scheuklappensicht und dem engen Horizont von Ethnozentrismus, Rassismus, Fremdenangst und Fremdenhass, die unsägliches Leid über die Welt gebracht haben und bringen.

Bei allen der Raumfahrt angelegten praktischen Maßstäben dürfen wir niemals aus den Augen verlieren, wie wichtig die uns in die Wiege gelegte Neugier und Wissbegierde ist, der Wunsch, mehr zu wissen und besser zu verstehen, tiefer zu graben und höher aufzusteigen, zu forschen. Aber auch das Bedürfnis, zu träumen. Man kann sagen, unsere Zivilisation ist die Summe aller Träume, wahr geworden aus den Anstrengungen unserer Vorväter und -mütter. Ohne Träume und ohne den Willen, diese Träume Wirklichkeit werden zu lassen, sähe es um die Zukunft der Menschheit zweifellos kärglich aus. Wir schulden es unseren Nachkommen, weil wir es unseren Vorfahren verdanken; es ist eine moralische Pflicht. Verbunden damit gibt es noch einen zweiten moralischen Imperativ, warum sich renommierte Kulturstaaten heute an der bemannten Raumfahrt beteiligen müssen: Da die Entwicklung dieser Initiativen, wie oben gezeigt, für die Zukunft global werteschaffend ist, meine ich, dass ein Land in das schiefe Licht eines »Schwarzfahrers der Geschichte« rückt, wenn es die mit einem solchen Unterfangen verbundenen Opfer und Risiken immer nur durch die anderen eingehen lässt, um dann später mittelbar oder unmittelbar doch an den Früchten teilzuhaben. Wie ein Mensch bzw. ein Staat auf die komplexen, zwingenden Herausforderungen der Weltraumerschließung reagiert, ist ein Maßstab für seinen Reifezustand und die Mündigkeit seines gesellschaftlichen Bewusstseins, für sein Selbstverständnis als Nation und seine Fürsorge- und Zuwendungsbereitschaft für seine Nachkommenschaft. Raumfahrt ist mehr als Kulturaufgabe: Sie ist Kulturpflicht.

Um es zusammenzufassen: Durch ihre hochtechnologischen Schübe bereichert die bemannte Raumfahrt die technologische Evolution mehr als irgendein anderes vergleichbares Unternehmen. In der Volkswirtschaft überwiegt ihr ökonomischer Nutzen ihre Kosten im Kurzfristigen knapp, mittelfristig bei Weitem und langfristig unvergleichlich. In ökologischer Sicht nutzt sie der Umwelt kurzfristig beachtlich, mittelfristig wesentlich und langfristig entscheidend. Eine große Zahl von Wissenschaften fördert sie direkt und eine noch größere indirekt durch neue Daten, Informationen und Erfahrungen. Auf dem Gebiet der Politik stärkt die bemannte Raumfahrt durch ihr globales Betätigungsfeld und ihre Vision vom »Raumschiff Erde« das Bewusstsein der Erdbewohner, dass sie eine transnationale Schicksalsgemeinschaft bilden, und damit dient sie dem Weltfrieden. Sie fördert die kreativen Kräfte der Menschheit durch Neuorientierungen, Entdeckungen und Innovationsschübe, überwindet durch ihre Perspektive des »globalen Dorfs« nach und nach die Schranken des Isolationsindividualismus, Kollektivismus, Rassismus und Nationalismus und erweitert den (geistigen) Begriffshorizont zunächst einzelner Menschen, dann von Gesellschaften und schließlich der Menschheit. Der Wahrheitssuche, Weltorientierung und Selbsterkenntnis, Zentralmotiv der Philosophen fast aller Kulturen, verleiht sie neue Impulse und Motive. Sie entspricht dem Bibelwort »Die Wahrheit wird euch frei machen« und führt dadurch auf technologisch-praktischer Ebene den von fast allen Religionen angestrebten Selbstbefreiungsprozess der Menschheit wirksam fort.

Historisch gesehen ist die bemannte Raumfahrt eine Antwort auf die ganz spezielle Herausforderung unseres globalen Zeitalters, und zwar in der einzig möglichen und angemessensten Weise durch die Ausweitung und Selbsttranszendenz des zusammenhängenden Erde/Mensch-Systems – ein frappierend stimmiger Auftakt zum dritten Jahrtausend. Und im Rahmen der menschlichen Evolution sorgt sie letzten Endes dafür, dass die Erde nicht zur »Todesfalle« des *Homo sapiens* werden kann; damit erfüllt sie die Grundvoraussetzung für das Überleben der Menschheit im Kosmos.

Wie der saarländische Philosoph Ernst Sandvoss 1994 gezeigt hat, steht sie damit im Knotenpunkt einer Verknüpfung von Natur, Mensch und Kultur zu einer kosmischen Sinneinheit, als ein Nexus von Außenwelt, Umwelt, Mitwelt und Innenwelt. Danach lässt sich zeigen, wie eine geschichtliche Orientierung durch rückblickende Auswertung von Philosophien, Religionen und Mythen wissenschaftliche Weltbilder von heute und morgen relativieren und der Zug des Menschen zu neuen Welten im All als logisches Fortschreiten einer langen, vorgegebenen Evolution verstanden werden kann. Das bedeutet eine immanente Zwangsläufigkeit nicht nur unserer biologischen Evolution, sondern auch unserer daran anknüpfenden technologischen Weiterentwicklung: Der Wachstumsimperativ des Lebens ist auch der treibende Motor hinter unserer Technologie. Wir sind vorprogrammiert.

Was könnte das für die Verwirklichung der Marserschließung bedeuten? Ich habe im Vorstehenden dafür zahlreiche durchaus rationale und stichhaltige Gründe angeführt, die sowohl den praktisch greifbaren als auch den mehr ideellen und politischen Nutzen für die Gesellschaft ebenso betreffen wie dem innersten menschlichen Wesen entspringende Motivationen und letztlich der Notwendigkeit der Schaffung neuen Lebensraums für zukünftige Generationen und vielleicht auch der Arterhaltung. Doch reichen solche

Auflistungen rationaler Gründe nicht aus, den bemannten Flug zum Mars herbeizuführen: Er bleibt ein Wolkenkuckucksheim, solange beim freien Menschen nicht auch ein aus tieferen Bewusstseinsquellen schöpfender Konsens der Gemeinschaft zum kollektiven Willensakt die Tat auslöst. Diesen mentalen Schritt hat der heutige Mensch noch nicht getan. Bei aller rationalen Begründung des Mars als neues Menschheitsziel, bei aller vorhandenen technischen Reife zu seiner Erreichung wird es erst dann zur Aktion kommen, wenn durch Bewusstseinserweiterung auch der mentale Reifezustand erreicht ist, der diese Notwendigkeit nicht länger infrage stellt, sondern ebenso quasi emotional und intuitiv erkennt, wie es die im ISS-Raumstationsprogramm zusammengeschlossene internationale Partnergemeinde bereits erkannt hat und jetzt mit der (noch lockeren) ISECG-Initiative weiterführend instrumentalisieren will.

Der Überlebenstrieb, je nach Kulturstufe bezogen auf das Selbst, die Blutlinie, die Sippe, das Volk mit seinem »Way of Life«, die Gattung Mensch und ihre Umwelt, war schon immer beim Menschen der stärkste Instinkt. Die Raumfahrt steht in der großen Tradition der Erforschung unbekannter Grenzen, nicht nur als begriffliche Grenze geistiger Vorstellung, sondern auch als physische Grenze für Geist und Körper. Um des Menschen Vordringen ins All als Ausdruck des Überlebensinstinkts zu verstehen, mag man sich den Schritt des Lebens in Urzeiten vom Schwimmzustand im Meer zur Luftatmung an Land vergegenwärtigen. Jahrmillionen lang hatte dieses Leben die unermesslichen Weiten des Ozeans durchzogen und sich dabei, wie ganze Gebirge von Sedimentgestein zeigen, unvorstellbar vermehrt. Der Lebensraum wurde zu eng. Dem Druck weichend, entstieg dem Lebenselement Wasser eines Tages eine neue Mutation. Mühsam muss sie sich mithilfe ihrer Flossenstummel aus dem Schlamm ans Ufer gezogen haben. Eine glühende Kugel brannte auf sie herunter, und die Biosphäre, die sie vorfand, war ihr nicht freundlich gesinnt. Aber aus irgendeinem Grund – *Überleben* – schleppte sich die Mutation weiter. Sie füllte ihre Schwimmblasen mit Luft, und vielleicht erstickte sie oder die dunkelgelbe Sonne sengte sie zu Tode. Aber andere folgten, immer und immer wieder, und zumindest eine Art schaffte es. Nicht weil sie wollte, sondern weil sie musste. Zum Weiterbestehen und Wachsen hatte sie einfach keine andere Wahl.

Die neue Mutation heute ist der Raumfahrer, entstanden aus einer evolvierenden symbiotischen Partnerschaft zwischen Mensch und Maschine, die zum Menschen von Morgen führt. Dieser Mensch, schon immer ein Geschöpf

des Weltraums, gehört wohl mit den Füßen dem Erdboden an, strebt jedoch seit jeher mit Augen, Geist und Seele ins Universum. Wir finden dieses Streben bereits in den frühen Weltmythen, im Gilgamesch-Epos, in der Odyssee, der Geschichte vom wagemutigen Feuerbringer Prometheus, dem Sieg des Apollon und dem epischen Zug von Jason und den Argonauten, in den Göttervorstellungen und Werkzeugen des Altertums – den Sterngloben, Armillarsphären, Astrolabien und dem Triquetrum der Alten, dem Mauerquadranten des Tycho Brahe und dem »Perspektivglas« des Brillenmachers Jan Lippershey sowie in den Fernrohren von Galilei, Kepler, Huygens und Herschel.

Wir finden dieses Streben in den Sternwarten und Radioteleskopen der Neuzeit, den Messsatelliten und den Bordfernsehkameras der Tiefraumsonden und im Raumteleskop Hubble. So wie sie sind auch die *Saturn V*, die *Apollo*-Raumschiffe, das *Space Shuttle*, die *Sojus*-, *Proton*-, *Ariane*-, H-II- und *Changzheng* (Langer Marsch)-Raketen, die Raumstation ISS, SLS, MPCV *Orion* und die kommenden Mars-Raumschiffe gleichsam nur Werkzeuge, starre Strukturen, die die Aufgabe haben, uns im Fortgang eines vor langer, langer Zeit begonnenen dynamischen Prozesses noch enger mit der Umwelt, dem All, dem gesamten Sein der Welt zu verbinden.

Und der nächste logische Schritt ist Mars.

Anhang

Tabelle I: Satellitendaten – Phobos und Deimos

	Phobos	Deimos
Große Halbachse der Bahnellipse	9378,5 km	23 458 km
Bahnexzentrizität	0,0152	0,0002
Bahnneigung (zum Marsäquator)	1,03°	1,83°
Siderische Periode	7 h 39 m 13,85 s 0,319 (Erd-)Tage	30 h 17 m 54,87 s 1,266 (Erd-)Tage
Synodische Periode (Mond/Mars)	11 h 6 m	5,477 (Erd-)Tage
Rotation	synchron	synchron
Länge des Tages (= ½ Bahnperiode)	3 h 49 m 37 s	15 h 9 m 25 s
Durchmesser (triaxiales Ellipsoid) – langer – mittlerer – kurzer	26,6 km 22,2 km 18,6 km	15,2 km 12,4 km 10,8 km
Volumen	5680 km^3	1052 km^3
Masse	1,08 x 10^{16} kg	1,8 x 10^{15} kg
Mittlere Dichte	1,905 g/cm^3	1,7 g/cm^3

Tabelle II: Planetendaten – Mars und Erde

	Mars	Erde
Große Halbachse	1,52366 AE	1 AE
der Bahnellipse	227 936 500 km	149 598 000 km
Bahnexzentrizität	0,0934	0,01675
Sonnenabstand		
– mittlerer	226 620 000 km	149 598 000 km
– größter (Aphel)	249 226 000 km	152 096 000 km
– kleinster (Perihel)	206 650 000 km	147 100 000 km
Abstand von der Erde		
– kleinster (Perihelopposition)	56 000 000 km	
– Aphel-Opposition	99 000 000 km	
– größter (Aphelkonjunktion)	544 000 000 km	
Bahngeschwindigkeit		
– mittlere	24,1 km/s	29,77 km/s
– kleinste (im Aphel)	21,8 km/s	29,52 km/s
– größte (im Perihel)	26,4 km/s	30,02 km/s
Mittlere synodische Periode (Mars/Erde)	779,74 (Erd-)Tage	
Siderische Periode (Länge des Jahres)	686,980 (Erd-)Tage	365,257 Tage
Rotationsperiode (Länge des Tages)	24h 37m 22,7s (= 1 Sol = 1,03 Tage)	23h 56m 4,1s (= 1 Tag)
Achsenneigung (Äquatorebene zur Bahnebene)	25,19°	23,45° (»Schiefe der Ekliptik«)
Neigung der Bahnebene zur Ekliptik (Erdbahnebene)	1,85°	–
Durchmesser		
– äquatorial	6787 km	12 756 km
– polar	6751 km	12 713 km
Scheinbarer Durchmesser von der Erde	max.: 25,7 min.: 3,5	–
Masse	$6,41815 \times 10^{23}$ kg	$5,9743 \times 10^{24}$ kg
– bezogen auf Erdmasse	0,1072	1
Gauß'sche Gravitationskonstante	$6,54433 \times 10^{6}$ m³/2 s	$1,99666 \times 10^{7}$ m³/2

	Mars	Erde
Mittlere Dichte (Wasser = 1 g/cm³)	3,9335 g/cm³	5,527 g/cm³
Volumen	$1,6318 \times 10^{20}$ m³	$1,083 \times 10^{21}$ m³
– bezogen auf Erdvolumen	0,151	1
Oberfläche	$1,4441 \times 10^{14}$ m²	$5,09951 \times 10^{14}$ m²
– bezogen auf Erdoberfläche	0,283	1
Mittlere Fluchtgeschwindigkeit (parabolisch)	5,027 km/s	11,2 km/s
Mittlere Schwere- beschleunigung am Boden	3,725 m/s²	9,81 m/s²
Abplattung	$^1/_{190}$ = 0,0052	$^1/_{297}$ = 0,0036
Mittlere Temperatur am Boden	– 63°C max.: + 20° (Süd-Mittsommer/Mittag) min.: – 100° (Südkappe/Mittwinter)	+ 20°C
Mittlerer Luftdruck am Boden	5,6 mb	1013 mb
Mittlere Sonneneinstrahlung	0,0589 W/cm² 371 cal/cm²/Sol	0,139 W/cm² 839 cal/cm²/Tag
Mittlere Albedo	0,25	0,45
Magnetfeld (Gauß)	50–100	60 000

Tabelle III: Robotische Marssonden – USA und andere Länder

NAME (Herkunft)	MASSE (kg)	START (Erde)	ANKUNFT (Mars)	MISSION
Unbenannt (UdSSR)	?	10. 10. 1960	–	Misslingt.
Unbenannt (UdSSR)	640	14. 10. 1960	–	Misslingt. Erdorbit nicht erreicht.
Unbenannt (UdSSR)	890	24. 10. 1962	–	Misslingt. Havariert im Erdorbit.
Mars 1 (UdSSR)	894	1. 11. 1962	–	Misslingt. Telemetrieausfall nach 106 Mio. km durch Steuerfehler. Verfehlt Mars am 19. 6. 1963.
Unbenannt (UdSSR)	890	4. 11. 1962	–	Misslingt. Havariert im Erdorbit.
Mariner 3 (USA)	261	5. 11. 1964	–	Misslingt. Erdorbit nicht erreicht.
Mariner 4 (USA)	261	28. 11. 1964	14. 7. 1965	Erster erfolgreicher Mars-Vorbeiflug. 22 Fotos.
Sond 2 (UdSSR)	890	30. 11. 1964	–	Misslingt. Sondenausfall nach 5 Monaten. Verfehlt Mars (1500 km).
Sond 3 (UdSSR)	890	18. 7. 1965	–	Fotografiert Mond. Weiterflug zum Mars (keine Daten).
Mariner 6 (USA)	413	24. 2. 1969	31. 7. 1969	2. Mars-Vorbeiflug (3360 km). 75 Fotos und Messwerte.
Mariner 7 (USA)	413	27. 3. 1969	5. 8. 1969	3. Mars-Vorbeiflug (3520 km). 126 Fotos und Messwerte.
Unbenannt (UdSSR)	3190	27. 3. 1969	–	Misslingt. Erdorbit nicht erreicht.
Unbenannt (UdSSR)	3190	2. 4. 1969	–	Misslingt. Erdorbit nicht erreicht.

NAME (Herkunft)	MASSE (kg)	START (Erde)	ANKUNFT (Mars)	MISSION
Mariner 8 (USA)	1031	8. 5. 1971	–	Misslingt. Erdorbit nicht erreicht.
Kosmos 419 (UdSSR)	4650	10. 5. 1971	–	Misslingt. Havariert im Erdorbit.
Mars 2 (UdSSR)	4650	19. 5. 1971	27. 11. 1971	Landung misslingt. Erstes Erdobjekt auf Mars. Orbiter übermittelt Messwerte.
Mars 3 (UdSSR)	4650	28. 5. 1971	3. 12. 1971	Senderausfall nach Landung. Zweites Erdobjekt auf Mars. Orbiter übermittelt Messwerte.
Mariner 9 (USA)	1030	30. 5. 1971	13. 11. 1971	3. Mars-Orbiter (1395 km). Übermittelt 7329 Fotos. Kontakt reißt am 27. 10. 1972 ab.
Mars 4 (UdSSR)	3950	21. 7. 1973	10. 2. 1974	Misslingt. Orbiteinschuss versagt. Sonde verfehlt Mars (2240 km).
Mars 5 (UdSSR)	3950	25. 7. 1973	12. 2. 1974	Teilerfolg. Ausfall nach Orbiteinschuss.
Mars 6 (UdSSR)	3950	5. 8. 1973	12. 3. 1974	Landung misslingt. Verstummt beim Aufschlag.
Mars 7 (UdSSR)	3950	9. 8. 1973	9. 3. 1974	Landung misslingt. Verfehlt Mars (1280 km).
Viking 1 (USA)	3400	20. 8. 1975	19. 6. 1976	Orbiter+Lander. Sehr erfolgreich. Landet am 20.7.1976 in Chryse (22,48° nB, 47,97° wL).
Viking 2 (USA)	3400	9. 9. 1975	7. 8. 1976	Orbiter+Lander. Sehr erfolgreich. Landet am 3.9.1976 in Utopia (47,97° nB, 225,74° wL), 7420 km NO von Viking 1.

NAME (Herkunft)	MASSE (kg)	START (Erde)	ANKUNFT (Mars)	MISSION
Phobos 1 (UdSSR)	6000	7.7.1988	–	Misslingt. Radioausfall am 31.8.1988 durch falsches Mittkursmanöverkommando.
Phobos 2 (UdSSR)	6000	12.7.1988	29.1.1989	Misslingt. Sondenausfall am 27.3.1989 durch Manöverfehler im Marsorbit nach Übermittlung von Daten und 40 TV-Aufnahmen von Mond Phobos.
Mars Observer (USA)	2573	25.9.1992	21.8.1993	Misslingt. Sonde verstummt beim Einschussmanöver am Mars (Verlust der Raumlagesteuerung).
Mars Global Surveyor (USA)	1060	7.11.1996	12.9.1997	(MGS Orbiter in 2 Std. sonnensynchroner polarer Kreisbahn zur Oberflächenkartierung.)
Mars 96 (Russland)	6180	16.11.1996	–	Misslingt. 4. Proton-Einschussstufe versagt.
Mars Pathfinder (USA)	870	4.12.1996	4.7.1997	Landung erfolgte im Ares Vallis. Setzte ferngesteuerten 12-kg-Mikro-Rover »Sojourner« aus.
Nozomi (Japan)	540	3.7.1998		Misslingt vor der Ankunft
Mars Climate Orbiter (USA)	338	11.12.1998	23.9.1999	Misslingt bei Landung
Mars Polar Lander (USA)	290	3.1.1999	3.12.1999	Misslingt bei Landung
Mars Odyssey (USA)	376	7.4.2001	24.10.2001	Erfolg (in Betrieb)
Mars Express (Europa)	666	2.6.2003	25.12.2003	Erfolg (in Betrieb)

NAME (Herkunft)	MASSE (kg)	START (Erde)	ANKUNFT (Mars)	MISSION
Beagle 2 (Europa)	33,2	2. 6. 2003	6. 2. 2004	Verschollen bei Landung
MER-A Spirit (USA)	185	10. 6. 2003	4. 1. 2004	Erfolg (verstummt März 2010)
MER-B Opportunity (USA)	185	7. 7. 2003	25. 1. 2004	Erfolg (in Betrieb)
Phobos-Grunt (Russland)	13 200	8. 11. 2011	–	Misslingt (in Erdorbit gestrandet)
Yinghuo-1 (China)	115	8. 11. 2011	–	Misslingt (in Erdorbit gestrandet)
MSL Curiosity (USA)	900			

Literatur

Al-Shamery, Katharina (Hrsg.): »Moleküle aus dem All?«; Wiley-VCN Verlag GmbH & Co., Weinheim, 2011.

Augustine, Norman A., et al: »Seeking a Human Spaceflight Program Worthy of a Great Nation«; Review of U.S. Human Spaceflight Plans Committee, Oktober 2009.

Austin, R.E., C.C. Priest, D.R. Saxton: »Advanced Propulsion Considerations for Future Manned Planetary Missions«; Advanced Studies Report ASR-PD-SA-73-1, NASA Marshall Space Flight Center, Februar 1973.

Avanesow, G.A., Schukow, B.S., Ziman, Ja.L., u. a.: »Televisionnije Issledovanija Fobosa« (Fernseh-Untersuchungen von Phobos, in Russisch); Russische Akademie der Wissenschaften/IKI, Moskau: Nauka, 1994.

Averner, M.M. & MacElroy, R.D. (Hrsg.): »On the Habitability of Mars – An Approach to Planetary Ecosynthesis«; NASA SP-414, NASA Amer. Research Center, National Aeronautics and Space Administration, Washington, D.C., 1976.

Blunck, Jürgen: »Mars and its Satellites – A Detailed Commentary on the Nomenclature«; Exposition Press, Smithtown, N.Y., 1982.

Borowski, Stanley K.: »Nuclear Propulsion – A Vital Technology for the Exploration of Mars and the Planets Beyond«; in: American Astronautical Society (AAS), AAS Science and Technology Series Vol. 74, Paper AAS 87-210, 1987.

Braun, Wernher von: »Konstruktive, theoretische und experimentelle Beiträge zu dem Problem der Flüssigkeitsrakete«; Dissertation 1934. Sonderheft 1, »Raketentechnik und Raumfahrtforschung«; Deutsche Gesellschaft für Raketentechnik & Raumfahrt e.V.

Braun, Wernher von: »Das Marsprojekt – Studie einer interplanetarischen Expedition«; Sonderheft der Zeitschrift »Weltraumfahrt«, Umschau Verlag, Frankfurt/Main, 1952.

Braun, Wernher von: »Ein Beitrag zur Erforschung des Mars« (zusammengestellt: H. Gartmann); »Zeitschrift Weltraumfahrt«, Heft 4, Umschau Verlag, Frankfurt/Main, 1956.

Braun, Wernher von: »Lunetta«; in: Jürgen vom Scheidt (Hrsg.): »Das Monster im Park«; Nymphenburger Verlagsbuchhandlung, München, 1970.

Braun, Wernher von: »Manned Mars Landing Presentation to the Space Task Group«; NASA Headquarters, Washington, D.C., 4. August 1969.

Braun, Wernher von & Ley, Willy: »Die Erforschung des Mars«; S. Fischer Verlag, 1957.

Braun, Wernher von & Ley, Willy: »Die Eroberung des Weltraums«; Fischer Bücherei, Nr. 208, 1958.

Braun, Wernher von & Ley, Willy: »Station im Weltraum«; S. Fischer Verlag, 1957.

Braun, Wernher von, Ley, Willy & Whipple, Fred L.: »Die Eroberung des Mondes«; S. Fischer Verlag, 1957.

Brown, William M.: »Space Ventures and Society; Long-Term Perspectives«, HI-3731/2-RR, Hudson Institute, 31. Mai 1985.

Bugrov, V.: »Марсианский проект С.П.Королёва« (S.P. Korolev's Mars-Project); Фонд Русские Витязи (Foundation Russian Knights), 2009.

Carr, Michael H. (Hrsg.): »The Geology of the Terrestrial Planets«; NASA SP-469, National Aeronautics and Space Administration, 1984.

Carr, Michael H.: »Scientific Objectives of Human Exploration of Mars«; in: American Astronautical Society (AAS), AAS Science and Technology Series Vol. 74, Paper AAS 87–98, 1987.

Chertok, B.E. (ed.): »КОСМОНАВТИКА XXI ВЕКА – Попытка прогноза развития до 2101 года« (Astronautics of the 21st Century – An Attempt to Forecast its Development till 2101); Moscow, Издательство »РТСофт« (Publishing House »RTSoft«), 2010.

Clark, Benton C.: »Manned Mars Systems Study«; in: American Astronautical Society (AAS), AAS Science and Technology Series Vol. 75, Paper AAS 87–201, 1987.

Dornberger, Walter R.: »Peenemünde – Die Geschichte der V-Waffen«; Bechtle Verlag, Esslingen, 1981.

Duke, Michael B. & Budden, Nancy A: »Results, Proceedings and Analysis of the Mars Exploration Workshop«; 11.–12. August 1992, Houston/Texas. EXPO-T2-920008-EXPO, JSC-26001, NASA Lyndon B. Johnson Space Center, Houston, TX, August 1992.

Duke, Michael B. & Budden, Nancy A: »Mars Exploration Study Workshop II«; 24.–25. Mai 1993, Amer. Research Center. NASA Conference Publication 3243, NASA Lyndon B. Johnson Space Center, Houston, TX, 1993.

Ezell, E.C. und L.N. (Hrsg.): »On Mars – Exploration of the Red Planet 1958–1978«; NASA SP-4212, National Aeronautics and Space Administration, Washington, D.C., 1984.

Gangale, Thomas: »The Lost Calendars of Mars«; Spaceflight Magazine (B.I.S.), Vol. 30, 5. 278–283, 30. Juli 1988.

Gerstenmaier, William H.: »Recent Design and Mission Decisions« (NASA's Orion Multi-Purpose Crew Vehicle and Space Launch System). 62. IAC (International Astronautical Congress), IAF (International Astronautical Federation), Cape Town, Südafrika, Oktober 2011.

Glasstone, Samuel: »The Book of Mars«; NASA SP-179, National Aeronautics and Space Administration, Washington, D.C., 1968.

Goldsmith, Donald: »Die Jagd nach Leben auf dem Mars«; Scherz Verlag, München, 1996.

Greeley, Ronald & Michael H. Carr (Hrsg.): »A Geological Basis for the Exploration of the Planets«; NASA-SP-417, National Aeronautics and Space Administration, Washington, D.C., 1976.

Gurjewitsch, A.: »Das Weltbild des mittelalterlichen Menschen«; München, 1986.

Hofgard, Jefferson S.: »The Social Implications of Manned Missions to Mars: A Beginning Framework for Analysis«; in: American Astronautical Society (AAS), AAS Science and Technology Series Vol. 75, Paper AAS 87–226, 1987.

Hohmann, Walter: »Die Erreichbarkeit der Himmelskörper«; R. Oldenbourg, München, 1925.

Kaiser, Karl & Stephan Frhr. von Welck (Hrsg.): »Weltraum und Internationale Politik«; Band 54, Schriften des Forschungsinstituts der Deutschen Gesellschaft für Auswärtige Politik e.V., Bonn., Verlag R. Oldenbourg, München, 1987.

Kelley, K.W. (Hrsg.): »The Home Planet«; The Association of Space Explorers, Addison-Wesley Publishing Company, Inc., 1991.

Kieffer, H.H., Jakosky, B.M., Snyder, C. & Matthews, M.S. (Hrsg.): »Mars«; University of Arizona Press, 1992.

Koroteev, A.S.: »Actual Issues in Cosmonautics of the XXI Century«; 1st International Symposium SPACE & GLOBAL SECURITY OF HUMANITY, Limassol, Cyprus, Novon 2-7, 2009.

Koroteev, A.S.: »Nuclear Energetics in Cosmonautics of XXI Century«; Moscow, Keldysh Research Center (KeRC), 2010.

Lane, Neal: »An Announcement Regarding Possible Early Life on Mars«; Pressemitteilung des Direktors der National Science Foundation (NSF), 9. August 1996, Washington, D.C.

Ley, Willy & Braun, Wernher von: »The Exploration of Mars«; Viking Press, New York, 1956.

Martin, James & Young, Thomas: »*Viking* to Mars – Profile of a Space Exploration«; Journal »Astronauties & Aeronautics«, November 1976, American Institute of Aeronautics and Astronautics.

McKay, David S. u. a.: »Search for Past Life on Mars: Possible Relict Biogenic Activity in Martian Meteorite ALH84001«. SCIENCE Magazine, Vol. 273 16. August 1996, S. 924–930.

Moore, Patrick: »Guide to Mars«; W.W. Norton & Co., New York, 1977.

Murray, B., Michael C. Malin & Ronald Greeley: »Earthlike Planets – Surfaces of Mercury, Venus, Earth, Moon, Mars«; W.H. Freeman and Company, 1981.

NASA: »Alternate Mission Modes Study«; TRW Systems Group (Contract NAS8-18056), September 1967.

NASA: »America's Next Decades in Space – A Report for the Space Task Group«; Sept. 1969.

NASA: »Beyond Earth's Boundaries – Human Exploration of the Solar System in the 21st Century«; Office of Exploration, NASA Headquarters, Washington, D.C., 1988.

NASA: »Integrated Manned Interplanetary Spacecraft Concept Definition (Summary)«; D2-113544-1, NASA-Report CR-66558, The Boeing Company/Aerospace Group/Space Divon, Seattle, Wash., Januar 1968.

NASA: »Manned Mars Exploration in the Unfavorable (1975–1985) Time Period«; Final Study Report (SM-45575), Missile & Space Systems Division, Douglas Aircraft Company, Inc., Santa Monica, CA., Januar 1964.

NASA: »Manned Mars Missions«; Working Group – Summary, NASA-MSFC/Los Alamos, M001, Mai 1986; Revision A, September 1986.

NASA: »Manned Mars Missions«; Working Group Papers, Vol. I & Vol. II, M002, Juni 1986.

NASA: »Mariner-Mars 1964 – Final Project Report«; NASA SP-139, National Aeronautics and Space Administration, Washington, D.C., 1967.

NASA: »Mars – as Viewed by Mariner 9«; NASA SP-329, National Aeronautics and Space Administration, Washington, D.C., 1974.

NASA: »Mars Environmental Survey (MESUR) – Science Objectives and Mission Description«; NASA Amer. Research Center, 19. Juli 1991.

NASA: »Mission Engineering Study of Electrically Propelled Manned Planetary Vehicles«; ANSO Doc. Nr. 6300-213, NASA Contract NAS8-20372, General Electric Company/Missile and Space Divon, 5. Mai 1967.

NASA: »Mission Oriented Advanced Nuclear System Parameters Study (Summary)«; Report 8423-6005-RU000, NASA Marshall Space Flight Center, TRW Space Technology Laboratories, Redondo Beach, CA, März 1965.

NASA: »Report of the 90-Day-Study on Human Exploration of the Moon and Mars«; NASA Headquarters, Washington, D.C., Novon 1989.

NASA: »Scientists May Have Found Signs of Primitive Life on Ancient Mars«; HQ Bulletin, 19. August 1996, NASA Headquarters, Washington, D.C.

NASA: »Statement from Daniel S. Goldin, NASA Administrator«; Pressemitteilung Nr. 96–159, NASA Headquarters, Washington, D.C., 7. August 1996;

NASA: »Meteorite Yields Evidence of Primitive Life on Early Mars«; Pressemitteilung Nr. 96–160, NASA Headquarters, Washington, D.C., 7. August 1996.

NASA: »The New Mars – The Discoveries of Mariner 9«; NASA SP-337, National Aeronautics and Space Administration, Washington, D.C., 1974.

NASA: »The Global Exploration Roadmap«; ISECG (International Space Exploration Coordination Group«, Washington, DC, September 2011.

NASA: »Human Exploration of Mars – Design Reference Architecture 5.0«; NASA SP-2009-566, Juli 2009.

NCOS (National Commission on Space): »Pioneering the Space Frontier – An Exciting Vision of our Next Fifty Years in Space«; Bantam Books, New York, Mai 1986.

NRC (National Research Council): »Assessment of NASA's Mars Architecture 2007–2016«; Committee to Review The Next Decade Mars Architecture, Space Studies Board, Div. on Engineering & Physical Sciences, The National Academies Press, Washington, DC, 2006.

Nock, Kerry T., Friedlander, Alan L.: »Elements of a Mars Transportation System«; in: Acta Astronautica, Vol. 15, No. 6/7, pp 505–522, 1987.

Platoff, Annie: »Eyes on the Red Planet: Human Mars Mission Planning, 1952–1970«, NASA Johnson Space Center, NASA/CR-2001-208928, 2001.

Portree, David S.: »Humans to Mars«; Monographs in Aerospace History 21; NASA SP-2001-4521, Februar 2001.

Puttkamer, Jesco von: »Der Mensch im Weltraum – Eine Notwendigkeit«; Umschau Verlag, Frankfurt/Main, 1987.

Puttkamer, Jesco von: »*Viking*: Robotforscher auf dem Mars«; in: »Der Erste Tag der neuen Welt«, Umschau Verlag, Frankfurt/Main, 1981.

Puttkamer, Jesco von: »Robotische Späher: Vorhut der Menschheit«; in: »Der Erste Tag der neuen Welt«; Umschau Verlag, Frankfurt/Main, 1981.

Puttkamer, Jesco von: »Im Ebenbild der Erde: Die Umwandlung fremder Planeten«; in: »Der Erste Tag der neuen Welt«; Umschau Verlag, Frankfurt/Main, 1981.

Puttkamer, Jesco von: »Der Zweite Tag der neuen Welt – Die Raumfahrt auf dem Weg ins 3. Jahrtausend«; Umschau Verlag, Frankfurt/Main, 1985.

Puttkamer, Jesco von: »Raumfahrt ist Kulturpflicht«; in: Bonner »General-Anzeiger«, 10./11. September 1994.

Puttkamer, Jesco von: »Raumfahrt: Verpflichtung gegenüber der Zukunft?«; in: »Ethik und Sozialwissenschaften« EuS 3 (1992), Heft 4, Westdeutscher Verlag GmbH, Opladen, 1992.

Puttkamer, Jesco von: »Rückkehr zur Zukunft – Bilanz der Raumfahrt nach Challenger«; Umschau Verlag, Frankfurt/Main, 1989.

Puttkamer, Jesco von: »Warum … Trotz Allem?«; Bild der Wissenschaft 7/1993 (Juli).

Puttkamer, Jesco von: »Weshalb die Menschheit den Mars erobern muß«; edition G+J (Gruner + Jahr), März 1998 (Gespräch mit Ulli Kulke, Wochenpost).

Puttkamer, Jesco von: »Jahrtausendprojekt Mars – Chance und Schicksal der Menschheit«; Langen Müller Verlag, München, 1997.

Puttkamer, Jesco von: »Von Apollo zur ISS – Eine Geschichte der Raumfahrt – Aus meinem Weltraumjournal«; Herbig Verlag, München, 2001.

Puttkamer, Jesco von: »Von wegen Science Fiction: Leben im All (Biochemische Evolution? Es geht um's nackte Leben!)«; in: Katharina Al-Shamery, »Moleküle aus dem All?«; Wiley-VCH, Weinheim, 2011.

Puttkamer, Jesco von: »Abenteuer Apollo 11 – Von der Mondlandung zur Erkundung des Mars«; Herbig Verlag, München, 2009.

Puttkamer, Jesco von: »Project Humans to Mars – A Look at 60 Years of Mission Studies«; presented at NSS (National Space Society) International Space Development Conference

(ISDC), 18.–22. Mai 2011. NASA Headquarters presentation also on Youtube: http://www.youtube.com/watch?v=_xUlhaFKjsE&feature=player_embedded!

Reiber, Duke B.: »The NASA Mars Conference«. Proceedings of the NASA Mars Conference held Juli 21–23, 1986, at the National Academy of Sciences, Washington, DC.; American Astronautical Society (AAS), AAS Science and Technology Series Vol. 71, 1988.

Reuters News (International): »Life on Mars? No Surprise, Scientists Say«; Reuters NewsMedia (Internet World Wide Web), 7. August 1996.

Ride, Sally: »Leadership and America's Future in Space«; NASA Headquarters, Washington, D.C., August 1987.

RKK Energia: Mars Mission Concept. (online, 2010): http://www.energia.ru/english/energia/mars/condition.html

Ruppe, Harry O.: »Die Grenzenlose Dimension – Raumfahrt«; Band 1: »Chancen und Probleme« (1980), Band 2: »Werkzeuge und Welt« (1982); Econ Verlag, Düsseldorf/Wien.

Ruppe, Harry O.: »Introduction to Astronautics«; Band 1, Academic Press, New York/London, 1966.

Sandvoss, Ernst R.: »Philosophie im Globalen Zeitalter«; Wissenschaftliche Buchgesellschaft, Darmstadt, 1994.

Sandvoss, Ernst R.: »SPACE PHILOSOPHY – Philosophie im Zeitalter der Raumfahrt«; marixverlag, Wiesbaden, 2008.

Sawyer, Kathy: »Meteorite May Show Mars Once Had Life«; WASHINGTON POST, 7. August 1996, Washington, D.C.

Schopf, J. William: »Briefing on Evidence of Ancient Life«; Hintergrundmaterial für Pressekonferenz am 7. August 1996, NASA Headquarters, Washington, D.C.

Schwartz, Ira & Ernst Stuhlinger: »The Role of Electric Propulsion in Future Space Programs«; Paper 2654-62, American Rocket Society, 17th Annual Meeting, Los Angeles, CA, 13.–18. November 1962.

Stafford, Thomas P., et.al.: »America at the Threshold – Report of the Synthesis Group on America's Space Exploration Initiative«; U.S. Government Printing Office, Washington, D.C., Mai 1991.

Steinhoff, Ernst A.: »A Possible Approach to Scientific Exploration of the Planet Mars«; Beitrag 38 in: »From Peenemünde to Outer Space«; zum 50. Geburtstag von Wernher von Braun (23. März 1962), NASA Marshall Space Flight Center, Huntsville/Alabama, 1962.

Stuhlinger, Ernst & Ordway, Frederick I.: »Wernher von Braun – Aufbruch in den Weltraum«; Bechtle Verlag, Esslingen/Munich, 1992.

White, Frank: »The Overview Effect – Space Exploration and Human Evolution«; Houghton Mifflin Company, Boston, 1987.

Wieland, Paul O.: »Designing for Human Presence in Space: An Introduction to Environmental Control and Life Support Systems«; NASA Marshall Space Flight Center, NASA Reference Publication RP-1324, 1994.

Young, Archie C.: »Mars Mission Profile Options and Opportunities«; in: American Astronautical Society (AAS), AAS Science and Technology Series Vol. 75, Paper AAS 87-250, 1987.

Zak, Anatoly: »Russian Space Web«; http://www.russianspaceweb.com.

Zubrin, R., D. Baker, & Gwynne, O., »Mars Direct: A Simple, Robust, and Cost Effective Architecture for the Space Exploration Initiative«; 29th Aerospace Sciences Meeting, AIAA 91-0326, held in Reno, Nevada, 7.–10. Januar 1991.

Personenregister

Sachregister

288 Seiten, mit zahlr. Abb.
ISBN 978-3-7766-2616-2

Faszination Raumfahrt: Das Standardwerk

Am 20. Juli 1969 geht ein Menschheitstraum in Erfüllung: Neil Armstrong und Buzz Aldrin betreten als erste Menschen den Mond. Mit diesem historischen Schritt definieren sie das Selbstverständnis der Menschheit neu, sie haben ihre alte Lebenswelt, die Erde, verlassen und dringen nun auf der Suche nach neuem Lebensraum ins Universum vor.

Der Augenzeuge und NASA-Experte Jesco von Puttkamer erzählt detailgetreu die achttägige Reise der Apollo 11 zum Mond wie einen spannenden Abenteuerbericht und stellt zugleich die historische Leistung in einen größeren, zukunftsweisenden Zusammenhang: Der Erfolg der Apollo-11-Mission war die Voraussetzung für die Erschließung des Alls, die über das Space Shuttle und den Bau der Internationalen Raumstation ISS geradlinig zum roten Planeten, dem Mars, führt.

HERBiG

272 Seiten, mit zahlr. Abb.
ISBN 978-3-7766-2658-2

Ein Leben in der Schwerelosigkeit

5600 Mal hat er die Erde umrundet, 350 Tage im Weltraum verbracht und dabei einige »Spaziergänge« im All absolviert – was nichts anderes bedeutet, als mit monströsem Anzug bei 28 000 Stundenkilometern aus der vergleichsweise sicheren Raumstation auszusteigen. Thomas Reiter lebt ein Leben der Extreme, er hat sich voll und ganz der Raumfahrt verschrieben.

Die Wissenschaftsjournalistin Hildegard Werth nähert sich dem Leben des bekanntesten deutschen Astronauten. Sie schildert nicht nur seine großen Erfolge und herausragenden Leistungen, sie beschreibt auch die anstrengenden Trainingseinheiten im »Sternenstädtchen« bei Moskau und im Johnson Space Center in Houston und macht erfahrbar, was es heißt, in der Schwerelosigkeit der Raumstationen zu leben und zu arbeiten. Entstanden ist ein wunderbares Porträt des Rekordastronauten und die spannende Geschichte vom tollkühnen Bau der ISS bis heute.